教育部人才培养模式改革和开放教育试点
高专高职类计算机系列规划教材

微机系统与维护

龚祥国　主编

中央广播电视大学出版社

北　京

图书在版编目（CIP）数据

微机系统与维护/龚祥国主编．—北京：中央广播电视大学
出版社，2007.7

（高专高职类计算机系列规划教材）

教育部人才培养模式改革和开放教育试点教材

ISBN 978－7－304－03909－7

Ⅰ．微…　Ⅱ．龚…　Ⅲ．①微型计算机－理论－高等学校：
技术学校－教材②微型计算机－维护－高等学校：技术学校－
教材　Ⅳ.TP36

中国版本图书馆 CIP 数据核字（2007）第 118372 号

教育部人才培养模式改革和开放教育试点

高专高职类计算机系列规划教材

微机系统与维护

龚祥国　主编

出版·发行：中央广播电视大学出版社
电话：发行部：010－58840200
　　　　总编室：010－68182524
网址：http://www.crtvup.com.cn
地址：北京市海淀区西四环中路 45 号　　　**邮编**：100039
经销：新华书店北京发行所

策划编辑：何勇军　　　　　　　　　　**责任编辑**：王立群
印刷：北京云浩印刷有限责任公司　　　**印数**：25001～27000
版本：2007 年 7 月第 1 版　　　　　　2009 年 1 月第 5 次印刷
开本：787×1092　1/16　　　　　　　**印张**：15　**字数**：341 千字

书号：ISBN 978－7－304－03909－7
定价：21.00 元

前　言

微机软硬件技术的飞速发展，使微机的应用渗透到了社会的各个领域，走进了千家万户。随之而来，微机系统的维护显得越来越重要，因此一定的微机硬件知识和组装技术，微机系统软件和应用软件的安装和使用，以及微机的常见故障分析和处理技术已成为微机维修技术人员及 DIY 爱好者必备的知识和技能。

本书是为中央广播电视大学电子信息类计算机网络技术专业统设必修课程"微机系统与维护"编写的理论教学与实训相结合的合一型教材。

全书共分 7 章，第 1 章介绍微机的发展历史、微机的基本工作原理、微机系统的硬件系统与软件系统组成，安排 1 个项目实训；第 2 章介绍 CPU、主板、内存、硬盘、显卡和显示器等微机主要部件的基本性能指标、基本工作原理和选购方法，安排 2 个项目实训；第 3 章介绍微机硬件的选型配置、配置流程以及微机的硬件组装技术，安排 2 个项目实训；第 4 章介绍 BIOS 的设置方法和常用设置、硬盘的分区与格式化、Windows XP 操作系统的安装、硬件驱动程序的安装与更新，以及应用软件的安装与卸载，安排 3 个项目实训；第 5 章介绍微机连网硬件、微机的网络连接技术和方法，安排 1 个项目实训；第 6 章介绍软件系统的维护、注册表的结构和常用操作与维护、常用工具软件的使用，安排 3 个项目实训；第 7 章介绍微机故障的种类和产生故障的原因、微机故障诊断和处理的基本原则以及微机常见硬件和软件故障分析和处理，安排 1 个项目实训。

本书以介绍目前微机市场主流硬件产品为主，适应学习者自主学习的要求，内容深入浅出，循序渐进。根据"微机系统与维护"课程实践性极强的特点，突出应用，增强实训，使理论与实践紧密结合，每一章都安排了精心设计的实训内容，以提高学习者的实际操作技能。教材每一章主要由基础知识和项目实训两大部分组成，同时配有学习要求、学习目标、思考与练习及实训练习题等，使学习者在学习基础知识后，通过项目实训的实际操作训练和练习巩固所学知识，激发学习者的学习兴趣和学习信心。

本书第 1 章由龚祥国编写，第 2 章由齐幼菊编写，第 3 章由郁建伟编写，第 4 章由陈小冬编写，第 5、6 章由厉毅编写，第 7 章由齐幼菊编写。全书由龚祥国教授完成统稿工作。

王兆青教授、杨东勇教授、王毅刚教授对全书进行了认真审阅，并提出了许多可贵的修改意见。在本书编写过程中，曾得到浙江师范大学张剑平教授和浙江林学院高峰副教授等许多同行专家和学者的关心和帮助，特别是本书的组织和策划者中央电大何晓新老师给予了极

1

大的关心和经常的指导。虞江锋、蒋融融、郑兵、王鹏、严春、杜华和常琨老师等做了大量的工作。在此，对他们的支持、关心和帮助表示衷心的感谢。

　　本书在编写过程中，参考了许多相关资料和书籍，在此恕不一一列举，编者对这些参考文献的作者表示真诚的感谢。

　　由于策划、组织、编写时间紧，且微机技术发展迅速，软件和硬件的新产品、新技术、新知识不断涌现，更新换代十分迅速，加之我们的能力和水平有限，书中难免有错误、疏漏和不妥之处，恳请广大读者和同行专家给予批评和指正。

编　者

2007 年 4 月　于杭州西子湖畔

内 容 简 介

　　本书是根据中央广播电视大学电子信息类计算机网络技术专业教学大纲的要求编写的理论教学与实训相结合的合一型教材。

　　全书共分7章，第1章介绍微机的基本工作原理、微机系统的硬件系统与软件系统组成，第2章介绍微机主要部件的基本性能指标、基本工作原理和选购方法，第3章介绍微机的硬件组装技术，第4章介绍微机软件系统的安装，第5章介绍微机的网络连接技术和方法，第6章介绍微机系统的维护，第7章介绍微机常见故障分析与处理。

　　本书以介绍目前微机市场主流硬件产品为主，根据课程特点以及适应学习者自主学习的要求，内容深入浅出，循序渐进。同时特别强调课程实践，每一章都安排了精心设计的实训内容，以提高学习者的实际操作技能。教材每一章主要由基础知识和项目实训两大部分组成，同时配有学习要求、学习目标、思考与练习及实训练习题等，使学习者在学习基础知识后，通过项目实训的实际操作训练和练习巩固所学知识，达到"学以致用"的目的。

　　本书可以作为广播电视大学、高职高专的教材，也可作为微机系统维护培训用书，以及从事微机系统维护的技术人员和DIY爱好者的参考书。

目　　录

第1章 微机系统概述

学习内容

1. 微机的发展历史。
2. 微机的基本工作原理。
3. 微机系统的组成。

实训内容

微机应用现状调研。

学习目标

掌握：微机的基本工作原理、微机系统的硬件系统与软件系统组成。
理解：微机的性能评价。
了解：微机的发展历史、微机的配置与选购。

1.1 微机的发展

微机是微型计算机（MicroComputer）的简称，相对于大型机、中型机和小型机而言，微机因其体积小，结构紧凑而得名。我们一般说的微机就是指 PC 机。PC 机（Personal Computer，个人计算机）也叫个人电脑，或简称为电脑。

微机诞生于 20 世纪 70 年代。微机的发展主要表现在微处理器的发展上。微处理器（MicroProcessing Unit）也称 CPU（Central Processing Unit，中央处理器），是微机的核心芯片。它将微机的运算器和控制器集成在一块电路芯片上。一款新型的微处理器出现时，会带动微机系统的其他部件的相应发展，如微机体系结构的进一步优化，存储器存取容量的不断增大，存取速度的不断提高，外围设备性能的不断改进以及新设备的不断出现等。

　　根据微处理器的集成规模和处理能力，可将微机的发展划分为以下几个阶段：

1. 第一代微机（20 世纪 70 年代初期）

　　采用 4 位或 8 位微处理器的微机都属于第一代微机。1971 年美国 Intel 公司首先研制成 4004 微处理器，它是一款 4 位微处理器。1972 年，又研制出 8 位微处理器 Intel 8008，8008 于 1974 年被一款名为 Mark-8 的设备采用，Mark-8 是第一批家用计算机之一，被认为是台式机的雏形。由于当时缺乏大容量的半导体存储器与配套的外围芯片和外围设备，而且微处理器耗电量大，所以第一代微机没有得到推广。

　　提示： 4 位微处理器指的是微处理器处理信息的字长为 4 位，字长是衡量微处理器性能的重要指标，将在后续章节中介绍。

2. 第二代微机（20 世纪 70 年代中后期）

　　第二代微机是典型的 8 位微机，即采用了 8 位微处理器。8 位微处理器的典型产品有 Intel 公司的 8080 和 8085，Motorola 公司的 6800 和 Zilog 公司的 Z80 等处理器芯片。其中，Intel 8080 作为第一款个人计算机 Altair 的微处理器，对于微机的发展具有划时代意义。采用这类微处理器芯片的微机，其性能、集成度较第一代有了较大的提高。

　　在 20 世纪 70 年代末到 80 年代初，微机陆续配置了外存储器和外围设备，如 5 英寸软盘驱动器、5 英寸 10MB 温氏硬盘、阴极射线管（CRT）显示器、点阵式打印机、小型绘图机和鼠标器等。至此，微机开始普及。

3. 第三代微机（20 世纪 80 年代初期到中期）

　　第三代微机是典型的 16 位或准 16 位微机，即采用了 16 位微处理器。16 位微处理器的典型产品有 Intel 公司的 8086 和 80286，Zilog 公司的 Z8000，Intel 公司的准 16 位微处理器 8088，Motorola 公司的 M6809。1981 年，IBM 推出的首批 PC 机选用了英特尔 8088 芯片。1984 年 IBM 推出了以 80286 处理器为核心组成的 16 位增强型个人计算机 IBM PC/AT。由于 IBM 公司在发展 PC 机时采用了技术开放的策略，使 PC 机风靡世界。

　　第三代微机支持多种应用，如数据处理和科学计算。由于液晶显示器和低功耗的 CMOS 器件的发展，还出现了电池供电的手提式微机（笔记本电脑）。

4. 第四代微机（20 世纪 80 年代后期至 90 年代初期）

　　第四代微机是典型的 32 位或准 32 位微机，即采用准 32 位微处理器或 32 位微处理器。32 位微处理器的典型产品有 Intel 公司的 80386 和 80486，Motorola 公司的 M68020 和 M68040 等。

　　这一代的微机功能已经达到甚至超过小型机，能满足包括文字、图形、表格处理及精密科学计算等多方面的需要。

5. 第五代微机（始于 20 世纪 90 年代中期）

　　第五代微机采用了更为强大的 Pentium 系列微处理器，如 Intel 公司的 Pentium，Pentium

Pro，Pentium MMX，Pentium Ⅱ，Pentium Ⅲ，Pentium 4，AMD 公司的 K6，K6-2，K7 等。

这一代微机在网络化、多媒体化和智能化等方面跨上了更高的台阶，能满足图形图像、实时视频处理、语言识别、大流量客户机/服务器应用等领域的需求。

6. 第六代微机（21 世纪初）

Intel 公司于 2001 年 5 月推出的 Itanium 微处理器标志着微机已进入第六代，即采用 64 位微处理器的微机。Intel 公司、AMD 公司相继推出其 64 位微处理器，随着微软公司 64 位 Windows 操作系统的出炉，64 位微机逐渐成为当前市场的主流微机。

随着微处理器的发展，微机正向着快速化和微型化、网络化、智能化、多媒体化的方向发展。

1.2 微机的工作原理

美籍匈牙利数学家冯·诺依曼在 1946 年提出了关于计算机组成和工作方式的基本设想。至今为止，尽管计算机制造技术已经发生了极大的变化，但是就其体系结构而言，仍然是根据他的设计思想制造的，这样的计算机称为冯·诺依曼结构计算机。微机就其基本组成而言，同样采用冯·诺伊曼型计算机的设计思想，以冯·诺伊曼原理为其基本工作原理。

1. 冯·诺依曼原理

冯·诺依曼设计思想可以简要地概括为以下 3 点。

（1）计算机应包括运算器、控制器、存储器、输入和输出设备 5 大基本部件。冯·诺依曼计算机的基本结构如图 1-1 所示。

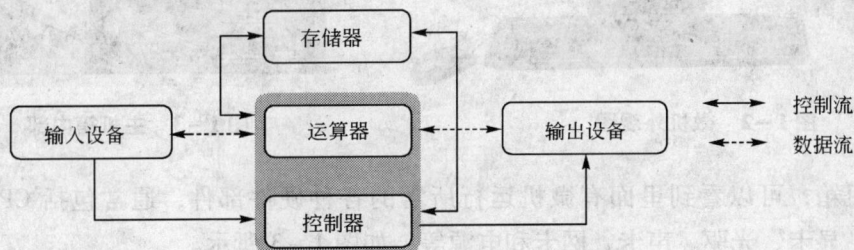

图 1-1 冯·诺依曼计算机基本结构图

（2）计算机内部应采用二进制来表示指令和数据。

（3）将编写完成的程序送入内存储器中（存储程序），然后启动计算机工作，计算机无需操作人员干预，能自动逐条取出指令和执行指令（程序控制）。

2. 微机的工作过程

微机之所以能在没有人直接干预的情况下，将输入的数据信息进行加工、存储、传递，并形成相应的输出，自动地完成各种信息处理任务，是因为人们事先为它编制了各种工作程序。可以说，微机的工作过程就是执行程序的过程。

要让微机工作，首先要编写程序，然后存储程序，即通过输入设备将程序送到存储器中保存，接着由计算机自动执行程序。而程序是由一条条指令组合而成的，因此微机系统的工作过程实际上就是"取指令→分析指令→执行指令"的不断循环的过程。

1.3　微机系统的组成

微机系统由硬件系统和软件系统组成。硬件系统是指构成微机的所有实体部件的集合，软件系统是为运行、维护、管理和应用微机所编制的各种程序和支持文档的总和。

1.3.1　微机的硬件系统

微机硬件是指构成微机的那些看得见、摸得着的具体设备。微机一般由主机箱、显示器、鼠标、键盘、音箱等部分组成，如图1-2所示。

图1-2　微机外观图

图1-3　主机箱内部

打开主机箱，可以看到里面有微机运行所需的各种硬件部件，通常包括CPU、主板、内存、硬盘、显卡、光驱、声卡、网卡和电源等，如图1-3所示。

主机箱不仅为CPU、主板、各种扩展板卡、光盘驱动器、硬盘驱动器等设备提供空间，同时还起着保护板卡、电源及存储设备的作用；另外，主机箱面板上的按钮可以让操作者更方便地操纵微机，其指示灯可让操作者了解微机的运行情况。

下面我们来简单认识一下微机主机箱内外的主要硬件部件。

1. CPU

CPU是整个微机系统的核心，负责对微机各部件的统一协调和控制。

2. 主板

主板，又名主机板（Mainboard）、母板（Motherboard）或系统板（System Board），是微

机中最重要的部件之一，也是微机中最大的一块电路板。主板上布满了芯片（北桥、南桥、时钟芯片、I/O 芯片、BIOS 芯片和声卡芯片等）、插槽（CPU 插槽、内存插槽、PCI 插槽和 AGP 插槽等）、接口（PS/2 接口、USB 接口、串行接口、并行接口、IDE 接口和 S-ATA 接口等）、供电接插件、电阻和电容等元件。

3. 内存

内存也叫主存，或叫内存储器、主存储器，用来存放程序和数据。内存是 CPU 能直接访问的存储空间。

4. 硬盘

硬盘或称硬盘存储器，是微机系统的磁介质外存储器，用来长期保存程序和数据，具有容量大、存储速度快的特点。

5. 键盘

键盘是微机最常用的输入设备。通过键盘，可以将程序和数据输入到微机，也可以向微机发出命令，用以实现人机对话。

6. 鼠标

鼠标是微机目前使用最频繁的输入设备。通过鼠标可以方便、快速地移动光标或者选中菜单上的某项功能，许多操作使用鼠标比使用键盘更为便捷。

7. 显卡

显卡，又叫显示器适配卡。它是连接主机与显示器的接口卡，其作用是将主机的输出信息转换成字符、图形和颜色等信息，传送到显示器上显示。

提示：现在也有一些显卡是集成在主板上的。

8. 显示器

显示器是微机不可缺少的输出设备，用来显示用户输入的信息和经过处理后的信息。

9. 光驱

光驱，即光盘驱动器，是多媒体微机的必备部件之一，是用来存取光盘信息的读写设备。

10. 声卡

声卡，也叫音频卡，是多媒体微机的必要部件之一，用来实现模拟音频信号和数字信号的转换。

提示：现在也有一些声卡是集成在主板上的。

11. 电源

电源为微机中的所有部件不间断地提供稳定的电能。如果微机电源的电压不稳、过量或不足，所连接的设备就有可能不正常运作。

12. 调制解调器

调制解调器（Modem）是微机与电话线路之间进行数字、模拟信号转换的装置。通过调制解调器和电话线路可以实现微机之间的数据通信。

13. 网卡

网卡即网络适配器，是局域网中最基本的部件之一，是微机与网络连接的硬件设备。

14. 音箱和耳机

音箱或耳机也是多媒体微机的必备配置。

除了上述硬件设备外，还可以为微机配备一些其他外部设备，如打印机、扫描仪和摄像头等。

1.3.2　微机的软件系统

软件系统是微机系统的重要组成部分，由系统软件及应用软件两大类组成。

系统软件是指管理、控制、维护和监视微机正常运行的各类程序，其主要任务是使各种硬件能协调工作，并简化用户操作。系统软件包括操作系统、语言处理程序等。

应用软件是针对各类应用的专门问题而开发的软件，它可以是一个特定的程序，比如图像浏览软件 ACDSee，也可以是一组功能联系紧密，可以互相协作的程序集合，比如微软的 Office 办公软件。

提示：在实际应用中根据不同需要安装各种各样的应用软件。

1.3.3　微机的性能评价

一台微机整体的功能强弱或性能好坏，由它的系统结构、指令系统、硬件组成、软件配置等多方面的因素综合决定。但仅从硬件角度出发，可根据下列指标来评价微机性能。

1. 运算速度

运算速度是衡量微机性能的一项重要指标。通常所说的运算速度是指每秒钟所能执行的指令条数，一般用 MIPS（Million Instruction Per Second，百万条指令/秒）来描述。同一台计算机，执行不同的运算所需时间可能不同，因而对运算速度的描述常采用不同的方法，常用的有主频、IPS（Instruction Per Second，每秒平均执行指令数）等。微机一般采用主频来描述运算速度，例如，Pentium 4 3.2G 的主频为 3.2GHz。

提示：主频是指 CPU 内部的时钟频率，是 CPU 进行运算时的工作频率。一般来说，主频越高，一个时钟周期里完成的指令数也越多，CPU 的运算速度也就越快。

2. 字长

字长是指 CPU 一次能同时处理的二进制位数。一般在其他指标相同时，字长较长的微机，处理数据的速度快，相对而言也具有更强的信息处理能力。早期微机的字长一般是 8 位和 16 位。目前微机字长大多是 32 位，有些已达到 64 位。

3. 内存容量

内存是 CPU 可以直接访问的存储器，要执行的程序与要处理的数据需要存放其中。内存容量的大小反映了微机即时存储信息的能力。一般来说，内存容量越大，系统能处理的数据量也越大。随着操作系统的升级，应用软件的不断丰富及其功能的不断扩展，微机的内存容量也在不断提高。目前主流微机的内存容量已达 1GB。

4. 外存容量

外存容量，即微机联机时的外存储器容量，以字节数表示。微机的外存容量主要取决于硬盘，硬盘容量越大，可存储的信息就越多，系统性能也随之增强。目前，硬盘容量一般为 160GB，有的甚至已达到 400GB。

1.4 微机的配置与选购

市场上的微机有原装机和组装机之分。由一定规模和技术实力的微机生产厂商生产或组装，并标识有经过注册的商标品牌的微机，一般称为原装机或品牌机，如联想电脑、DELL 电脑等。由用户或销售商将不同厂家生产的各种符合 PC 标准的部件组装起来的微机则称为组装机。

选购微机之前，首先要明确购买微机的目的，即微机的主要用途是什么，如用于上网，用于学习，用于办公，用于玩电脑游戏，或者用于图形图像处理等。微机的用途是决定所购微机配置的主要因素。选购时要从微机的主要用途出发，并非越高档越好，而是够用就行。如对于以上网作为微机主要用途的用户来说，一般对性能要求不是很高，但若要下载大量影音资料则需要配置较大容量的硬盘；对于办公人员来说，微机的稳定性是最重要的，对处理器速度要求并不是很高；对于以游戏为微机主要用途的用户来说，就要求处理器速度快，对显卡、内存、声卡的要求也都比较高，这样才能充分表现游戏效果。

除了明确微机的主要用途，还需要考虑使用微机的用户类型。对于非专业的用户，可以依据需求选择一款原装机。因为原装机是整机销售的，即使用户不了解微机的组成、硬件的兼容性也无妨，它的配置方案都经过专业测试，一般具有较好的兼容性、稳定性和系统性能。而且原装机一般为用户提供良好的售后服务。但原装机价格相对较高。非专业用户也可以选择市场上主流的产品进行组装，一般销售商会提供针对不同应用需求的组装机配置清单，用户可以根据需要选择。对于从事计算机工作的专业用户来说，一般比较了解硬件的性能、各硬件的兼容性等，除了可选择高配置的原装机外，更多用户倾向于选购不同厂家生产的硬件，配置一台兼容性好、性价比高的微机。相对原装机来说，组装机升级或更换硬件比较方便，可满足用户的特殊需求。

提示：原装机往往不允许用户打开机箱，如打开机箱则保修条款将失效。

注意：这里我们仅介绍微机配置和选购的基本原则，在大家具体学习后续章节中的微机各部件的工作原理、性能指标和组装微机之后，对如何配置和选购微机会有更明确的认识。

1.5 实训1 微机应用现状调研

1. 实训目的：了解现阶段微机的应用情况以及微机技术的发展现状。

2. 实训内容：按要求进行微机市场的现场调研或网上资料的搜集。

3. 实训要求：实训前认真复习本章内容，通过市场的现场调研或互联网搜索，学生能够初步认识微机系统的基本组成、微机的主要应用和发展，并书写实训报告。建议 3~5 人组成实训小组。

4. 实训步骤

（1）微机硬件组成调研

第一步：调查高、中、低档品牌机、组装机的主流配置，至少各获取一份配置清单。

第二步：针对获得的配置清单，分析清单中哪些硬件是必须配置的，哪些是可选的配置，并分析各种硬件的作用。

（2）市场主流微处理器调研

了解并记录两款主流 CPU 的名称、主频和其他指标。

（3）市场主流内存调研

了解并记录两款主流内存的名称、容量和其他指标。

（4）微机操作系统调研

第一步：至少考察 3 款原装机，了解它们的目标客户群（办公人员、学生、游戏玩家等），记录它所使用的操作系统，并调查分析为什么采用该操作系统。

第二步：至少考察 3 款主流组装机，了解它们的目标客户群（办公人员、学生、游戏玩家等），了解并记录它们使用的操作系统，并调查分析为什么采用该操作系统。

第三步：简要介绍当前最新操作系统的概况。

（5）微机常用应用软件调研

第一步：至少访问周围3位微机用户，了解他们使用微机的主要用途，了解并记录他们在微机上安装了哪些应用软件，并简要说明这些软件的功能。

第二步：了解当前比较受欢迎的杀毒软件，尝试分析它们的优缺点。

（6）用户对微机性能的关注程度调研

第一步：了解并记录用户购买微机时最关注的是什么，如性能指标、售后服务、微机外观等。

第二步：上网搜索并结合市场调研情况，分析购买微机时要关注哪些性能指标，简要说明它们的含义。

（7）微机主要用途调研

第一步：至少访问3位打算购买微机的客户，了解并记录他们购买微机后的主要用途。

第二步：至少访问3位已拥有微机的用户，了解并记录他们微机的主要用途。

第三步：上网搜索，结合在第一步、第二步访问得到的结果，分析当前微机的主要用途。

本章小结

本章主要介绍了微机系统的概念、微机的发展、微机基本工作原理、微机系统的软硬件组成、微机的配置和选购等内容。通过本章的学习，可使读者对微机系统有概括性的认识。同时，本章还设计了一个实训项目，读者可通过市场调研和资料查询来了解当前微机应用情况，进一步增进对微机系统的认识。

思考与练习

1. 思考题

（1）简述微机系统的组成。

（2）微机的主要性能指标有哪些？

（3）简述微机的工作原理。

（4）简述微机的发展历程。

（5）什么是微机软件系统？

2. 单项选择题

（1）以下不属于微机输入或输出设备的是（　　）。

    A. 鼠标   B. 键盘   C. 扫描仪   D. CPU

（2）以下属于应用软件的是（　　）。

    A. Windows XP Home   B. Linux

    C. Office 2003   D. DOS

（3）CPU 的主要功能是对微机各部件进行统一协调和控制，它包括运算器和（   ）。

    A. 判断器　　　　　　B. 控制器　　　　　　C. 指挥器　　　　　　D. 触发器

（4）1981 年 IBM 推出首款个人电脑，开创了全新的计算机时代，该电脑选用的芯片是（   ）。

    A. Intel 4004　　　　B. Intel 8086　　　　C. Intel 8088　　　　D. Intel 80286

（5）Intel 公司推出的 80x86 系列中的第一个 32 位微处理器芯片是（   ）。

    A. Intel 8086　　　　B. Intel 8086　　　　C. Intel 80286　　　　D. Intel 80386

（6）用于微机与电话线路之间进行数字、模拟信号转换的装置是（   ）。

    A. 网卡　　　　　　B. 调制解调器　　　　C. 路由器　　　　　　D. 交换机

（7）CPU 能直接访问的存储器是（   ）。

    A. 内存　　　　　　B. 硬盘　　　　　　C. U 盘　　　　　　　D. 光盘

（8）以下不属于冯·诺依曼原理基本内容的是（   ）。

    A. 采用二进制来表示指令和数据

    B. 计算机应包括运算器、控制器、存储器、输入和输出设备 5 大基本部件

    C. 程序存储和程序控制思想

    D. 软件工程思想

3. 判断题

（1）微机的核心部件是 CPU，它是微机的控制中枢。（   ）

（2）一个完整的微机系统由硬件系统和软件系统组成。（   ）

（3）微机的软件系统可分为系统软件和应用软件。（   ）

（4）微机系统的工作过程是取指令、分析指令、执行指令的不断循环的过程。（   ）

（5）微机的字长是指微机进行一次基本运算所能处理的二进制位数。（   ）

（6）计算机内部是采用二进制表示指令，但数据还是用十进制表示。（   ）

（7）运算速度是衡量微机性能的唯一指标。（   ）

（8）内存是指在主机箱内的存储部件，外存指主机箱外可移动的存储设备。（   ）

第2章　微机硬件系统

学 习 内 容

1. CPU、主板和内存。
2. 外存储器设备。
3. 输入输出设备。
4. 多媒体设备。
5. 其他设备。

实 训 内 容

1. 认识微机的主要部件。
2. 多媒体微机配置市场调研。

学 习 目 标

掌握：CPU、主板、内存、硬盘、显卡和显示器等主要微机部件的基本性能指标。

理解：键盘、鼠标、打印机、光驱、光盘、声卡和音箱等微机部件的主要性能指标，微机各部件的选购要点。

了解：微机各部件的基本工作原理。

2.1　CPU、主板和内存

2.1.1　CPU

CPU 是微机系统完成各种运算和控制的核心，是决定微机性能的最关键部件。CPU 是一个复杂的集成电路芯片，主要由控制部件、算术逻辑运算部件（ALU）和存储部件（包括内部总线及缓冲器）3 部分组成。

1. CPU 的发展和主流产品

从 1971 年由 Intel 公司推出了第一款 4 位微处理器 4004 之后，相继推出 8 位、16 位、32 位以及 64 位微处理器，30 余年的发展可谓日新月异。如 Intel 公司在 4004 后又推出了 8080，8086，8088，80286，80386，Pentium，Pentium MMX，Pentium II，Pentium Ⅲ，Pentium 4 等微处理器，同样 AMD，VIA，Cyrix，IDT，RISE，IBM 等 CPU 生产厂家也不断有自己的微处理器产品推出。

目前 CPU 的主要生产厂家是 Intel 和 AMD 两家，其市场主流产品是 Intel 公司的 Pentium 4 系列、Pentium D 系列，AMD 公司的 Athlon 64 系列等，如图 2 - 1 所示。

Pentium 4　　　　　Pentium D　　　　　Athlon 64

图 2 - 1　Intel 和 AMD 公司主流 CPU 产品

2. CPU 的工作原理

CPU 的工作过程由控制部件负责协调和控制，其工作原理是：控制部件负责先从内存中读取指令，然后分析指令，并根据指令的需求协调各个部件配合运算部件完成数据的处理工作，最后把处理结果存入存储部件。

3. CPU 的外观与构造

CPU 的物理结构主要包括内核、基板、封装以及接口 4 个部分，但从 CPU 的外观上看，不同的生产厂家、不同的型号以及不同的时期会有一定的差异。

（1）内核

内核是 CPU 中最关键的部分，它在一定程度上决定了 CPU 的工作性能。内核主要包括运算器和控制器两部分。随着 CPU 技术的发展，生产厂家会不断推出新的 CPU 内核类型，如 Pentium D 的内核有 Smithfield，Presler 等。

（2）基板

基板是承载 CPU 内核，负责内核和外界通信的电路板。基板上有控制逻辑、贴片电容、电阻等元件。基板一般采用陶瓷或有机物制造。因有机物的电气和散热性能比陶瓷好，所以目前基板大多采用有机物材料。

内核芯片和基板之间及内核芯片周围会加一些填充物，一方面可以把芯片固定在电路基板上，另一方面可用来缓解来自 CPU 散热器的压力。

（3）接口

CPU 的接口有针脚式、引脚式、卡式、触点式等，目前 CPU 的接口多为触点式和针脚式接口。如 Intel Pentium 4 采用针脚式 Socket 478 接口，Intel Pentium D 采用触点式 LGA 775 接口，如图 2 - 2 所示。

注意：不同 CPU 接口类型的插孔数、体积、形状都有变化，所以对应主板的 CPU 插座类型也不同，不能互相接插。

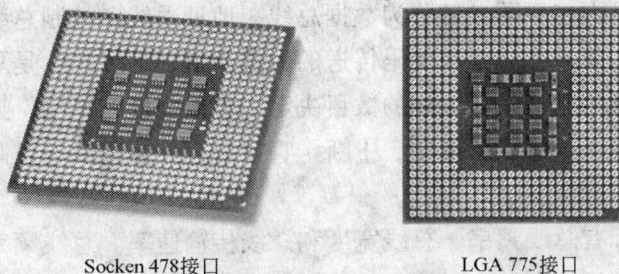

Socken 478接口   LGA 775接口

图 2 - 2　CPU 接口

（4）封装

CPU 制造工艺的最后一步是 CPU 的封装，即将集成电路用绝缘的塑料或陶瓷材料打包。封装技术的好坏会直接影响芯片自身性能的发挥。

4. CPU 的主要性能指标

（1）主频

主频是 CPU 内核工作的时钟频率（CPU Clock Speed），单位是 MHz 或 GHz，是 CPU 内数字脉冲信号震荡的速度。如 Intel Core 2 Duo E6300 1.86GHz，它的主频为 1.86GHz。

一般说来，主频越高 CPU 的运算速度也就越快。但主频并不直接代表 CPU 的运算速度，因为各种 CPU 的内部结构不同，有可能主频较高的 CPU 其实际运算速度并不高，如 AMD Athlon XP 系列 CPU 的主频大多低于 Intel 公司 Pentium 4 系列 CPU 的主频，而实际运算速度并不低。因此，CPU 的运算速度还要看 CPU 其他方面的性能指标，如缓存、指令集、CPU 的位数等。

提示：由于 AMD CPU 能在较低主频上达到与高主频的 Intel CPU 同样的性能，因此 AMD 采用了 PR（Pentium Rate，标称值）值的命名方式，如 Athlon XP 2000 + 的实际主频为 1.67GHz，而 PR 值 2000 + 表示其性能与 Pentium 4 的 2.0GHz 差不多。

（2）外频

外频是指主板为 CPU 提供的基准时钟频率，也称系统总线频率，单位是 MHz。如 Intel Core 2 Duo E6300 1.86GHz，它的外频为 266MHz。

提示：一个 CPU 默认的外频只有一个，主板必须能支持这个外频。因此在选购主板和 CPU 时必须注意，如果两者不匹配，系统就无法工作。

（3）前端总线（Front Side Bus，FSB）频率

总线是微机各部件间互连和传输信息的通道。总线的速度对系统性能有着极大的影响。

总线根据传输信息内容不同又可分为数据总线、地址总线和控制总线。数据总线是外部设备和总线主控设备之间进行数据和代码传送的数据通道；地址总线是外部设备和总线主控设备之间传送地址信息的通道，地址线的数目决定了直接寻址的范围；控制总线是传送控制信号的总线，用来实现命令、状态传送、中断、直接对存储器存取的控制，以及提供系统使用的时钟和复位信号等。

总线主要性能指标有总线频率、总线宽度和总线传输速率。总线频率是影响总线传输速率的重要因素之一，总线频率越高，速度越快。总线宽度指总线能同时传送数据的位数。总线传输速率是指在一定时间内总线上可传送的数据总量。

前端总线频率指 CPU 和北桥芯片间总线的速度，直接影响 CPU 与内存传输数据的速度。

在 Intel Pentium 4 之前，前端总线频率与外频相同。从 Intel Pentium 4 开始，采用了四倍数据传输（Quad Data Rate，QDR）技术，使得前端总线频率提高为外频的 4 倍。如 Intel Core 2 Duo E6300 1.86GHz 的外频为 266MHz，它的前端总线为 1066MHz。

（4）倍频系数

在 Intel 80486 之前，CPU 的主频与外频也相同。Intel 80486 之后，利用倍频技术可使 CPU 主频提高为外频的倍数，而外部设备仍工作在较低的外频上。倍频系数（或称倍频）则指 CPU 主频与外频的比，用公式可以表示为：

$$主频 = 外频 \times 倍频$$

如 Intel Core 2 Duo E6300 1.86GHz 的外频为 266MHz，倍频为 7，所以它的主频是 1.86GHz。

通过提高外频或倍频来提高 CPU 的主频，称为超频。目前 CPU 的倍频一般被生产厂商锁定，所以超频时经常需要超外频。

注意：超频有一定的风险，有可能损坏微机硬件。

（5）字长

字长是指 CPU 一次能同时处理的二进制数的位数，字长一般是字节的整数倍。字长越

长，用来表示数值的有效数位就越多，计算精度也就越高。因此，字长直接影响着微机的计算精度。

提示：二进制数系统中，每个 0 或 1 就是一个位（Bit），位是内存的最小单位，8个位称为一个字节（Byte）。

（6）缓存

缓存（Cache）是位于 CPU 与内存之间的小容量高速存储器，其目的是使高速的 CPU 直接从相对高速的缓存中读取数据，从而提高了 CPU 的运行效率。缓存分一级缓存（L1 Cache）和二级缓存（L2 Cache）。

CPU 读取数据的过程为：先从 L1 中寻找所需读取的数据，如在 L1 中找不到再从 L2 中寻找，若 L2 中也找不到则再到内存寻找。因 CPU 访问缓存的命中率一般在 90% 以上，所以大大缩短了 CPU 访问数据的时间。

（7）其他

CPU 的性能指标还有工作电压、HyperTransport 总线技术、制作工艺、指令集、流水线和超标量等。

5. CPU 的新技术

（1）超线程技术（Hyper-Threading，HT）

超线程技术是把单个物理的处理器模拟成两个逻辑的处理器，从而实现并行处理，提高 CPU 的运行效率，如 Intel Pentium 4631 处理器支持超线程技术。

（2）双核处理器

双核处理器是指在单个处理器上放置两个一样功能的处理器核心，即将两个物理处理器核心整合入一个内核中，如 Intel Pentium D，Core 2 Duo 和 AMD Athlon 64 X2 都是双核处理器。

6. CPU 的选购

CPU 的更新换代速度很快，一般最新推出的 CPU 产品价格都较高。因此，选购 CPU 时应根据具体应用需求选择性价比合适的主流产品，同时还应考虑 CPU 与其他微机部件的关系。

7. CPU 散热器

为了防止烧坏 CPU，CPU 上都要求安装散热器，以便及时散发热量。CPU 风冷散热器主要由散热片和散热风扇组成，如图 2－3 所示。为了增加散热的效果，可以在散热片上涂导热硅脂。散热风扇的性能指标主要有风量、风压、转速、噪音、使用寿命等。

散热风扇
散热片

图 2－3　CPU 风冷散热器

（1）风量

风量是指散热风扇每分钟排出或吸入的空气总体积，单位是 CFM（Cubic Feet Per Minute，立方英尺/分钟）。当散热片材质相同时，风量是衡量散热性能最重要的指标。

（2）风压

风压是指输出气流对出口处物体施加的压力值。如果风扇转速高、风量大，但风压小，风则吹不到散热器的底部；相反风压大、风量小，没有足够的冷空气与散热片进行热交换，也会造成散热效果不好。

（3）转速

风扇转速是指风扇扇叶每分钟旋转的次数，单位是 RPM（Revolutions Per Minute，转/分钟）。风扇的转速越高，风量就越大，CPU 获得的冷却效果就会越好。

（4）功率

风扇功率越大，风扇转速越快，风扇风力越强劲，散热效果也就越好。

（5）噪声

噪声是风扇工作时产生的杂音，单位为 dB（Decibel，分贝）。产生风扇噪声的主要因素是轴承摩擦、空气流动和风扇的自身振动。

（6）风扇的选购

风扇种类繁多，风扇的选购除了应与 CPU 类型匹配外，还要重点看风扇的尺寸、转速、电流与功率值。

　　提示：1. 选购散热器时还需要考虑散热片的尺寸、形状、空隙大小等因素，使热交换面尽可能大，保证气流顺畅，充分发挥风扇的性能。

2. 在选择 CPU 芯片时，最好选择盒装的 CPU，因为盒装的 CPU 一般都会有配套使用的散热器。

2.1.2　主　板

主板是整个微机工作的基础。主板拥有重要的芯片组、插槽、接口、供电接插件、电阻和电容等元件，同时也是微机各部件的连接载体，如 CPU、内存、显卡等都将安装在主板上。

1. 主板结构

主板结构可分为 AT，Baby-AT，ATX，Micro ATX 及 BTX 等结构。其中，AT 和 Baby-AT 结构已经淘汰；ATX 是目前市场的主流结构；Micro ATX 又称 Mini ATX，是 ATX 结构的简化版；而 BTX 则是 Intel 公司制定的新一代主板结构。另外，目前很多整合型主板集成了声卡、显卡等部件。

如图 2-4 所示为华硕 P5LD2SE 主板，其中芯片组为 Intel 945P，CPU 插槽类型为 LGA 775、主板结构为 ATX，集成声卡、网卡，支持 DDR2 内存类型，显卡接口标准为 PCI-Express。

图 2-4 华硕 P5LD2SE 主板

2. 主板芯片组

主板芯片组（Chipset）一般包含南桥芯片和北桥芯片，是主板的核心组成部分。芯片组性能的优劣，会影响到整个微机系统性能的发挥。

（1）北桥芯片（North Bridge）

北桥芯片在芯片组中起主导的作用，一般芯片组的名称也以北桥芯片的名称命名。北桥芯片在主板上离 CPU 最近，它主要负责 CPU 和内存、显卡之间的数据传输，决定主板的 CPU 类型和主频、系统总线频率、前端总线频率、内存类型和容量、显卡插槽规格等。北桥芯片的数据处理量非常大，发热量也大，所以北桥芯片上一般用散热片。

（2）南桥芯片（South Bridge）

南桥芯片主要负责与低速率传输设备之间的联系，如 USB 设备、板载声卡、网卡、PATA 设备、SATA 设备、PCI 总线设备等。南桥芯片在主板上一般位于离 CPU 插槽较远的下方。

3. CPU 插座

CPU 插座用来安装 CPU，目前主流的 CPU 插座有 Socket 478，LGA 775，Socket AM2 和 Socket 939 等。

（1）Socket 478 插座：有 478 个针脚，支持 Intel Pentium 4 处理器，如图 2-5 所示。

（2）LGA 775 插座：有 775 个触点，支持 Intel Pentium 4，Pentium 4 EE，Celeron D 以及双核心的 Pentium D 和 Pentium EE 等，如图 2-5 所示。

（3）Socket AM2 插座：有 940 根针脚，支持 AMD Sempron，Athlon 64，Athlon 64 X2，Athlon 64 FX 等，如图 2-6 所示。

（4）Socket 939 插座：有 939 根针脚，支持 AMD Athlon 64，Athlon 64 FX 和 Athlon 64 X2 等，如图 2-6 所示。

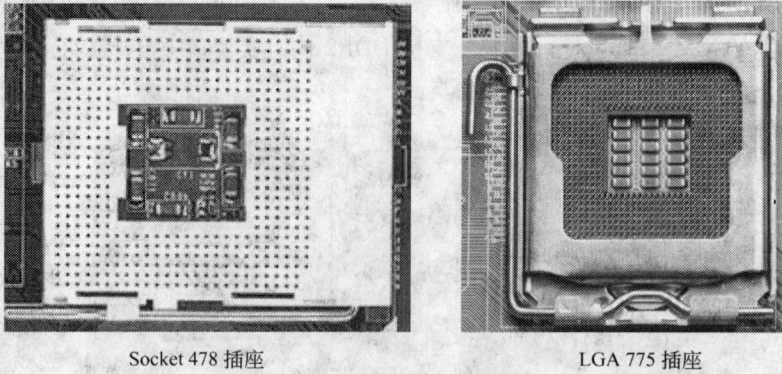

Socket 478 插座　　　　　　　　　　LGA 775 插座

图 2 – 5　Intel CPU 插座

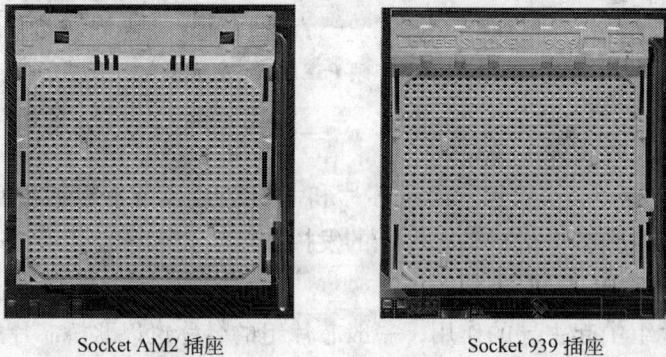

Socket AM2 插座　　　　　　　　　　Socket 939 插座

图 2 – 6　AMD CPU 插座

4. 主板的选购

主板的类型和型号很多，合理地选择主板对微机的整体性能起着关键的作用。选购主板时，除了考虑主板的品牌、质量、性能和服务，还需综合考虑主板的布局设计、芯片组的性能、主板的可扩展性以及与 CPU 类型的匹配等因素。

2.1.3　内　存

内存有两种基本的类型：ROM（Read-Only Memory，只读存储器）和 RAM（Random Access Memory，随机存储器）。ROM 中存储的内容只能读出不能写入，且断电后内容不会消失。RAM 用来存储程序运行所需要的信息，既能读出又能写入，且断电后信息将全部丢失。

1. ROM

ROM 一般用于存储微机的重要信息，如主板的 BIOS（基本输入/输出系统）等。ROM 可分为 MASK ROM（MASK Read-Only Memory，掩模型只读存储器）、PROM（Programmable

Read-Only Memory，可编程只读存储器）、EPROM（Erasable Programmable Read-Only Memory，可擦写可编程只读存储器）和 EEPROM（Electrically Erasable Programmable Read-Only Memory，电可擦除可编程只读存储器）4 种。

（1）MASK ROM：这是标准的 ROM，用于永久性存储重要数据。

（2）PROM：允许信息一次性写入，但一旦写入将永久保存。

（3）EPROM：可以利用紫外线照射抹去或重写信息。

（4）EEPROM：可以利用电抹去或重写信息。

另外，Flash Memory（闪存）也是一种非易失性的内存，属于 EEPROM 的改进产品。目前 Flash Memory 已被广泛用于 BIOS 和硬盘替代品。

2. RAM

RAM 可分为 SRAM（Static RAM，静态随机存储器）和 DRAM（Dynamic RAM，动态随机存储器）两种。

（1）SRAM：SRAM 的存取速度很快，但制造成本较高，多用于主板、CPU 等部件的高速缓存。

（2）DRAM：即通常意义上的内存。DRAM 的存取速度比 SRAM 慢，但价格要便宜得多，因此容量上可以做得更大。目前市场中 DRAM 的主要类型有 SDRAM（Synchronous DRAM，同步动态随机存储器）、DDR SDRAM（Double Data Rate SDRAM，简称 DDR，双倍速率同步动态随机存储器）、DDR2 SDRAM（Double Data Rate 2 SDRAM，简称 DDR2，第二代双倍速率同步动态随机存储器）和 RDRAM（Rambus DRAM，简称 RDRAM，存储器总线式动态随机存储器）。

①SDRAM

SDRAM 内存工作速度与系统总线速度同步，一个时钟周期内只传输一次数据。SDRAM 曾被广泛应用，其插槽为 168 针 DIMM（Double In-line Memory Module，双列直插内存模块）结构，如图 2-7 所示，内存条金手指（即内存条引脚）每面为 84 针，有两个卡口。

图 2-7 SDRAM 内存条和 168 针 DIMM 内存插槽

②DDR

DDR 内存在一个时钟周期内传输两次数据，因此称为双倍速率同步动态随机存储器。DDR 内存插槽为 184 针 DIMM 结构，如图 2-8 所示，内存条金手指每面有 92 针，只有一个卡口。

图 2-8 DDR 内存条和 184 针 DIMM 内存插槽

③DDR2 SDRAM

DDR2 是 DDR 的换代产品。它的预读取能力是 DDR 的两倍，DDR2 内存每个时钟能够以 4 倍外部总线的速度读/写数据，并且能够以内部控制总线 4 倍的速度运行。DDR2 内存插槽为 240 针 DDR2 DIMM 结构，如图 2-9 所示，内存条金手指每面有 120 针，也只有一个卡口，但卡口位置与 DDR 稍有不同，因此 DDR 内存和 DDR2 内存不能互插。目前 DDR2 内存已成为市场的主流产品。

图 2-9　DDR2 内存条和 240 针 DDR2 DIMM 内存插槽

④RDRAM

RDRAM 采用串行数据传输模式的内存，内存插槽为 184 针 RIMM（RAMBUS In-line Memory Module，RAMBUS 内联内存模块）结构，如图 2-10 所示，中间有两个靠得很近的卡口。因价格较高市场产品很少。

图 2-10　RDRAM 内存条和 184 针 RIMM 内存插槽

3. 内存性能指标

（1）容量

内存容量是内存条的关键性参数，以 MB 为单位。目前微机采用的主流内存容量有 512MB 和 1GB 等。

（2）内存主频

内存主频表示内存所能达到的最高工作频率，以 MHz 为单位。内存主频越高，一定程度上表示内存所能达到的速度越快。目前市场主流 DDR2 内存主频有 400MHz，533MHz，667MHz 和 800MHz。

（3）CL（CAS Latency）设置

CL 设置一定程度上反映内存在 CPU 接到读取内存数据的指令到开始读取数据所需的等待时间。目前市场主流 DDR2 533 的 CL 值为 4 或 5，少量可达到 3。

内存总延迟时间是反应内存速度最直接的指标，其计算公式为：

$$总延迟时间 = 时钟周期 \times CL 值 + 存取时间$$

4. 内存的选购

内存是微机系统的一个关键部件，内存的容量、规格指标以及做工质量将会影响到整个系统的性能发挥和稳定性。选购内存时除了要注意内存的品牌，还要考虑内存和主板的匹配关系。

2.2 外存储设备

2.2.1 软盘驱动器与软盘

软盘驱动器，简称软驱，曾经是微机不可缺少的一个部件，早期微机一般配置两个软驱，并经常用软盘来启动系统。但现在软驱的作用越来越小，有渐渐被淘汰的趋势。

1. 软驱

软驱是驱动软盘旋转并同时读写软盘数据的设备，如图 2-11 所示。软驱由控制电路板、马达、磁头定位器和磁头等 4 部分组成。工作时，马达带动软盘的盘片转动，转速大约为每分钟 300 转；磁头定位器负责把磁头移动到正确的磁道；由磁头通过软盘读写孔和盘片接触完成读写操作。

2. 软盘

软盘是早期最常用的便携式磁介质外存储器。软盘的硬质塑料壳内装有一片圆形磁盘片，盘片上称为磁道的同心圆用于记录信息。如图 2-12 所示，磁道按顺序编号，最外面一个磁道编号为第 0 道，0 道在磁盘中具有特殊用途，这个磁道的损坏将导致磁盘报废。每个磁道又被划分成若干邻接的段，称为扇区，扇区是存放信息的最小物理单位。每个扇区的容量一般为 512 个字节。

$$存储量 = 面数 × 每面磁道数 × 每道扇区数 × 每扇区字节数$$

例如：3.5 英寸软盘存储容量 = 2 面 × 80 磁道 × 18 扇区 × 512B = 1.44MB。

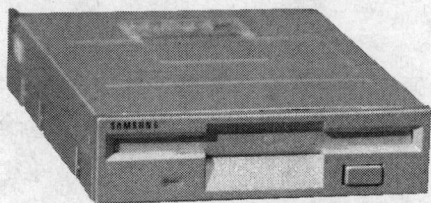

图 2-11 软盘驱动器

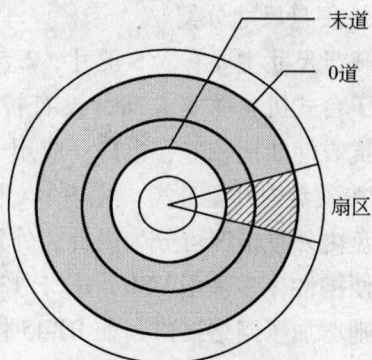

图 2-12 软盘结构

2.2.2 硬 盘

硬盘是目前微机系统中必不可少的磁介质外存储器，由磁头、盘片和控制电路组成。信息存储在表面涂有磁性介质的盘片上，由磁头负责读写。磁头根据存取数据的地址，通过磁盘的转动找到正确的位置，读取数据并保存到硬盘的缓冲区中，缓冲区中的数据通过硬盘接口与外界进行数据交换，从而完成数据的读写操作。

1. 硬盘的分类

（1）按接口类型分类

硬盘接口类型主要有 IDE（Integrated Drive Electronics，电子集成驱动器）、SCSI（Small Computer System Interface，小型计算机系统接口）和 SATA（Serial ATA，串行 ATA）、USB（Universal Serial Bus，通用串行总线）和 IEEE 1394。SCSI 硬盘主要应用于中、高端服务器和高档工作站。目前市场主流硬盘接口为 SATA 和 IDE。

① IDE 硬盘：IDE 接口也称 ATA（Advanced Technology Attachment，高级技术附件规格）接口，ATA 接口的发展经过了 ATA-1（IDE），ATA-2（EIDE Enhanced IDE/Fast ATA），ATA-3（Fast ATA-2），ATA-4（ATA 33/Ultra DMA 33），ATA-5（ATA 66/Ultra DMA 66），ATA-6（ATA 100），ATA-7（ATA 133）。目前市场主流 ATA 接口为 ATA 100 和 ATA 133，其数据最高传输率达 100MB/s 和 133 MB/s。

② SATA 硬盘：SATA 即串行 ATA，采用串行方式进行数据传输，具备更强的纠错能力和更高的数据传输可靠性，且串行接口结构简单、支持热插拔。SATA 1.0 的数据传输率达 150MB/s，SATA 2.0 的数据传输率可达 300MB/s，SATA 3.0 的最高数据传输率将达到 600MB/s。SATA 1.0 和 SATA 2.0 已成为目前的主流硬盘接口。

注意： 目前市场的主流主板一般都支持 SATA 硬盘，但早期的主板一般不支持 SATA 硬盘。

（2）按硬盘尺寸分类

目前硬盘尺寸主要有 3.5 英寸、2.5 英寸、1.8 英寸、1 英寸和 0.85 英寸。3.5 英寸硬盘大多用于台式机，防震方面并没有特殊的设计。2.5 英寸硬盘是专门为笔记本电脑设计的，所以抗震性能比较好，也广泛应用于移动硬盘。

（3）按硬盘内外置分类

按硬盘内外置情况可分为内置、外置硬盘。移动硬盘与网络硬盘都属于外置硬盘，外置硬盘强调便携性，多采用 USB，IEEE 1394 或 eSATA（External SATA，外置 SATA）等接口。网络硬盘则增加了网络接口，如 RJ-45 接口。

2. 硬盘的结构

（1）硬盘的外部结构

硬盘的外部结构主要由电源接口、数据接口、控制电路板构成。

① 电源接口：IDE硬盘电源接口为D型4针接口，SATA硬盘采用15针的SATA专用电源接口（有的还会另外再提供D型4针电源接口），如图2-13所示。

② 数据接口：IDE硬盘采用80芯40针数据接口（老式硬盘采用40芯40针数据接口），SATA硬盘的数据线接口采用7针数据接口，如图2-13所示。

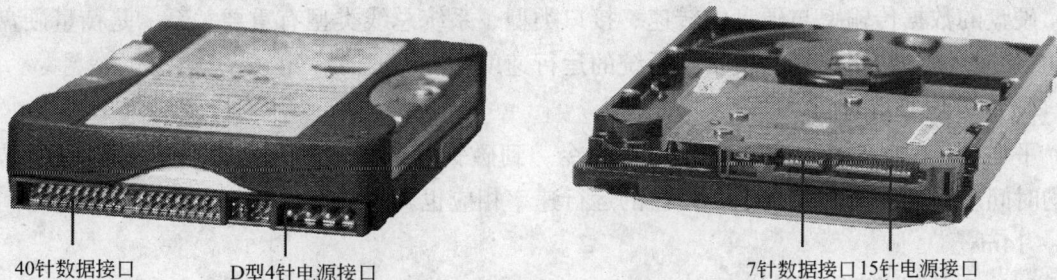

40针数据接口　　　D型4针电源接口　　　　　　　　　　7针数据接口 15针电源接口

图2-13　IDE硬盘、SATA硬盘

提示：如果电源没有提供SATA硬盘专门的电源线插头，且SATA硬盘又没有提供D型4针电源接口，则需要另购一条4针电源转SATA电源接口的转接线。

③ 控制电路板：硬盘的控制电路板由主轴调速电路、磁头驱动与伺服定位电路、读写控制电路、控制与接口电路等构成。此外，还有高速缓存和一块用于存储硬盘初始化程序的ROM芯片。

（2）硬盘的内部结构

硬盘内部结构包括盘体、主轴电机、磁头驱动机构和读写磁头等主要部件。

① 盘体：盘体由多个碟片组成，类似软盘，也分磁头（Head）、柱面（Cylinder）与扇区（Sector），其中扇区是磁盘存取数据的最基本单位。

硬盘容量 = 磁头数×柱面数×扇区数×512字节

② 主轴电机：硬盘的主轴组件主要是轴承和马达。硬盘内的电机都为无刷电机，在高速轴承支撑下机械磨损很小，可以长时间连续工作。硬盘轴承有滚珠轴承、油浸轴承和液态轴承，目前市场主流为液态轴承。

③ 磁头驱动机构：磁头驱动机构主要由电机、磁头驱动小车和防震机构组成。磁头驱动机构驱动磁头，使得在很短的时间内精确定位到系统指令指定的磁道上，保证正确读写数据。

④ 读写磁头组件：读写磁头组件由读写磁头、传动手臂、传动轴3部分组成。磁头采用非接触式结构，读写数据时通过传动手臂和传动轴以固定半径扫描盘片。

3. 硬盘的技术指标

硬盘的主要技术参数有容量、数据传输率、寻道时间、访问时间、缓存、主轴转速、单碟容量等。

（1）主轴转速

主轴转速直接影响硬盘的平均寻道时间和实际读写时间，也就是直接影响硬盘的数据传输速度，单位为 RPM（Rotation Per Minute，转/分钟）。

（2）数据传输率

硬盘的数据传输率与硬盘的转速、接口类型、系统总线类型有重要关系，是衡量硬盘速度的一个关键参数，也直接关系到系统的运行速度。

（3）平均寻道时间

平均寻道时间是指从发出一个寻址命令，到磁头移到指定的磁道（柱面）上方所需的平均时间。平均寻道时间越小，硬盘的运行速率相应也就越快。一般硬盘的平均寻道时间为 7.5～14ms。

（4）平均潜伏期

平均潜伏期是指当磁头移动到指定磁道后，要等多长时间指定的读/写扇区会移动到磁头下方（盘片是旋转的），盘片转得越快，潜伏期越短。平均潜伏期是指磁盘转动半圈所用的时间。

（5）平均访问时间

平均访问时间（也称平均存取时间）是指从读/写指令发出到第一笔数据读/写时所用的平均时间，包括了平均寻道时间、平均潜伏期与相关的内务操作时间（如指令处理）。由于内务操作时间一般很短（一般在 0.2ms 左右），可忽略不计，所以平均访问时间可近似等于平均寻道时间与平均潜伏期之和，因而又称平均寻址时间。

（6）缓存

缓存是为了提高硬盘的读写速度，减少读写硬盘时 CPU 的等待时间。缓存的主要作用是预读取、写缓存和读缓存。缓存的大小与速度是直接关系到硬盘传输速度的重要因素。

（7）单碟容量

单碟容量越大，使用的碟片就越少，系统可靠性也就越好，同时磁头的寻道动作和移动距离减少，使平均寻道时间减少，加快硬盘访问速度。

（8）耐用性

耐用性即使用寿命，通常用平均无故障时间、元件设计使用周期和保用期等指标来衡量，磁盘的磁性寿命为 10 年以上，而马达的寿命较短，一般不会超过 5 万小时，另外 PCB 线路以及工作环境都是影响硬盘寿命的因素。

4. 硬盘的选购

选购硬盘除了需要考虑品牌、接口类型和容量外，还应考虑转速、缓存大小、单碟容量等因素。

2.2.3 移动存储设备

随着移动存储技术的发展，移动存储设备的应用越来越普及，目前常用的移动存储设备有移动硬盘、U 盘和微硬盘等。

1. 移动硬盘

移动硬盘存储容量大，携带方便，即插即用，一定程度上满足了用户的需求，如图 2 - 14 所示。目前市场上主流移动硬盘的容量为 40GB 和 80GB。

图 2 - 14 移动硬盘

（1）接口类型：移动硬盘大多采用 USB，IEEE1394 接口，能提供较高的数据传输速度。目前市场主流接口类型为 USB 接口。

（2）转速：目前市场主流移动硬盘的转速为 5400 RPM 和 7200 RPM。

（3）可靠性：移动硬盘多采用硅氧盘片，增加了盘面的平滑性和盘面硬度，具有较高的可靠性。

2. U 盘

U 盘也称闪存盘或优盘，如图 2 - 15 所示，一般由闪存（Flash Memory）、控制芯片和外壳组成。U 盘采用 USB 接口，具有体积小、防磁、防震、防潮的优点。目前，U 盘和移动硬盘已经成为了移动存储的主角。

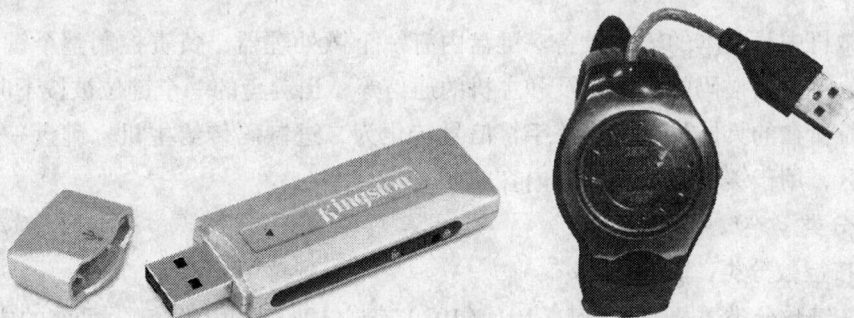

图 2 - 15 U 盘

25

（1）容量：目前主流的 U 盘容量有 128 MB，256 MB，512 MB，1GB 等。随着 Flash 芯片技术的提高，已推出了容量高达 8GB，16GB 的 U 盘。

（2）可靠性：可以采用独有的加密模式对盘体整体加密，也可以对 U 盘进行自定义分区，并对每个分区进行自定义加密。

3. 微硬盘

采用标准硬盘结构的存储设备，尺寸 1.8 英寸及以下的硬盘称为微硬盘，如图 2-16 所示。微硬盘采用低成本高容量的硬盘技术，一般用于笔记本电脑、数码相机、MP3 和 MP4 播放器、手机、PDA、掌上导航设备和迷你移动硬盘等设备。

图 2-16　微硬盘

（1）接口类型：微硬盘所采用的接口有 USB 接口、IEEE1394 接口、CE-ATA 接口、PCMCIA 接口和 CFⅡ接口等。目前主流微硬盘多采用 USB 接口、CFⅡ接口和 CE-ATA 接口。

（2）转速：微硬盘的数据读取和存储速度主要由转速和缓存大小决定。目前主流微硬盘的转速为 4500 RPM，数据缓存一般为 128KB。

2.3　输入输出设备

2.3.1　键　盘

键盘是微机中最基本的输入设备。键盘内有一个微处理器，负责控制整个键盘的工作，如键盘自检、键盘扫描码的缓冲以及和主机的通信等，当键盘的一个键位被按下时，微处理器依据该键位所在的具体位置，将该字符信号转化为二进制码传给主机。键盘一般有 20 个字符的缓冲区，用于缓存高速键入的内容。

1. 键盘分类

（1）按按键数分类

键盘以按键数分类主要有 83 键、101（102）键、104 键和 108 键，目前的主流键盘是 104 键和 108 键键盘，有的还增加 VCD/CD 播放键、上网操作键等按键。如图 2-17 所示为 104 键的普通键盘。

图 2-17 键盘

（2）按工作原理分类

键盘按工作原理分类主要有机械式键盘、电容式键盘、塑料薄膜式键盘和导电橡胶式键盘。

（3）按接口分类

分为标准接口（AT 接口）、串行接口（PS/2 接口）和 USB 接口。

（4）按外形分类

按外形分类可以分为标准键盘和人体工程学键盘。

另外还有集成鼠标的键盘、手写键盘、无线键盘、"蓝牙"键盘、集成 USB HUB 的键盘以及集成 Mic 和 Speak 的键盘等多种形式的键盘。

2. 键盘的选购

键盘的选购除了选择品牌以外，还应考虑键盘接口、手感舒适和外观等因素。

2.3.2 鼠 标

微机操作中鼠标的使用越来越频繁，已成为微机必备的输入设备，如图 2-18 所示。

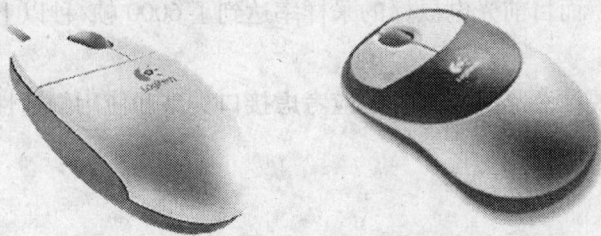

图 2-18 有线鼠标、无线鼠标

1. 鼠标的分类

（1）按结构分类：常用鼠标可分为机械式、光机式、光电式等。

（2）按接口分类：可分为 COM 接口、PS/2 接口、USB 接口等。

另外，还有一些新型的鼠标，如无线鼠标、蓝牙鼠标、3D 鼠标等。

2. 常用鼠标的工作原理

鼠标的基本工作原理是当移动鼠标时，把移动的距离及方向信息转换成脉冲信号，再把脉冲信号转换成鼠标器光标的坐标数据，从而达到指示位置的目的。当然不同类型的鼠标其具体的工作原理还是有区别的。

（1）光机鼠标工作原理

光机鼠标利用内部自由滚动的小球、编码器滚轴和栅信号传感器来确定光标在屏幕上的位置。当鼠标在平面上移动时，小球的滚动带动滚轴及光栅轮的旋转，光栅轮间断地阻挡发光二极管发出的光而形成脉冲信号，感知鼠标的垂直和水平方向位移变化，从而控制屏幕上光标箭头的移动。

（2）光电鼠标工作原理

① 老式光电鼠标

用光电传感器代替了滚球，利用光束发射到特制的鼠标垫并从反射回来的信号判断鼠标的移动方向和移动距离，从而定位光标的坐标值。特制的鼠标垫一般带有条纹或点状图案的反光板。

② 新式光电鼠标

采用光学感应器，利用发光二极管或激光二极管为光源照射鼠标底部表面，并每隔一定的时间做一次快照，然后分析处理两次图片的特性，来判断坐标的移动方向及位置。

3. 鼠标的性能指标

（1）分辨率

鼠标的分辨率以 dpi（Dots Per Inch，每英寸点数）来表示，分辨率越高，鼠标越灵敏，定位也越精确。目前主流光电鼠标的分辨率为 400，800 和 1000dpi。

（2）采样频率

鼠标采样频率是指图像感应器每秒采集分析的能力，单位为帧/秒。早期的光学引擎采样率仅有 1500 帧/秒，而目前光电鼠标的采样率达到了 6000 帧/秒以上。

4. 鼠标的选购

鼠标的选购除了要注意品牌以外，还应考虑接口类型和使用舒适性等因素。

2.3.3　显　卡

显示卡也称显示器适配卡，简称显卡。显卡是连接主机与显示器的接口卡，是微机显示输出处理的重要部件，如图 2－19 所示。

1. 显卡的结构

显卡由显示芯片、显存、显示 BIOS、数字/模拟转换器（Random Access Memory Digital/Analog Converter，RAMDAC）、总线接口以及输出接口等组成。其中显示芯片是显卡的核心芯片，直接决定显卡的性能。

图 2-19　PCI Express 显卡

2. 显卡工作原理

显卡从 CPU 接受显示数据和控制命令，把需要显示的数据通过总线送入显示芯片进行处理，显示芯片负责完成大量的图像运算和内部控制工作，并把处理后的数据送入显存，再由显存送入 RAMDAC 完成把数字信号转换成模拟信号，最后送显示器输出。

3. 显卡接口类型

显卡的接口决定着显卡与系统之间数据传输的最大带宽，也就是瞬间所能传输的最大数据量。显卡接口有 ISA，PCI，AGP，PCI Express，其中 ISA，PCI 接口的显卡已经基本被淘汰，目前 PCI Express 接口已经成为主流显卡接口。

4. 显卡的技术指标

（1）芯片位宽

芯片位宽是指显示芯片内部数据总线的位宽。目前主流的显示芯片基本都采用了 256 位的位宽，采用更大的位宽意味着在数据传输速度不变的情况，瞬间所能传输的数据量更大。

（2）核心频率

核心频率是指显示芯片的工作频率，在一定程度上可以反映出显示核心的性能。但显卡的性能是由核心频率、显存、像素管线、像素填充率等多方面的情况所决定的，因此在显示核心不同的情况下，核心频率高并不代表显卡性能强劲。

（3）显存

显存的性能和容量直接关系到显卡的最终性能表现。显存的作用是用来存储经显卡芯片处理或者即将提取的渲染数据。

① 显存类型：目前市场上的显存类型主要有 DDR，DDR2 和 DDR3。

② 显存容量：显存容量决定显存能临时存储数据的能力，特别在使用三维动画制作软件或玩大型 3D 游戏时大容量的显存显得尤为重要。目前主流显卡的显存容量为 128MB，256MB，高档显卡则可达 512MB，1GB。

（4）最高分辨率

显卡最高分辨率是指显卡在显示器上所能描绘的像素点的数量，通常以"水平像素 ×

29

垂直像素"表示,如 1024×768。

注意:要达到显卡的最高显示分辨率,还必须有相应的显示器配合,如果显示器不支持,那么显卡的最高显示分辨率就无法发挥作用。

5. 显卡的选购

显卡的选购除了选择品牌、用料、做工、设计等以外,还应考虑实际需求、显卡接口、显卡性能等因素,如果没有特殊需求也可以使用主板的集成显卡。

2.3.4 显示器

显示器是微机的主要输出设备,一般可分为 CRT(Cathode Ray Tube,阴极射线管)显示器和 LCD(Liquid Crystal Display,液晶显示)显示器两类,如图 2-20 所示。

图 2-20 LCD 显示器、CRT 显示器

1. 工作原理

(1)CRT 显示器工作原理

CRT 显示器的阴极射线管主要由电子枪、偏转线圈、荫罩、荧光粉层及玻璃外壳 5 部分组成。屏幕上涂有一层荧光粉,电子枪发射出的高速电子,经过垂直和水平的偏转线圈控制高速电子的偏转角度,最后高速电子击打在屏幕上使荧光粉发出强弱不同的红、绿、蓝 3 种光,形成一个像素点,从而产生了图像。

(2)LCD 显示器工作原理

LCD 的主要部件是液晶板。液晶板包含两片导电的玻璃基板,中间夹着一层液晶。当通电时液晶排列变得有秩序,使光线容易通过;不通电时液晶排列混乱,阻止光线通过。每一个像素都是由 3 个液晶单元格构成,其中每一个单元格前面都分别有红色、绿色,或蓝色的过滤器。这样,通过不同单元格的光线就可以在屏幕上显示出不同的颜色,从而形成图像。

2. 技术指标

（1）点距

点距一般是指显示屏上相邻两个同色像素点之间的距离，即两个红（或绿、蓝）色像素单元之间的距离。CRT 显像管分荫罩式和荫栅式显像管，荫栅式显像管用栅距来表示，栅距是指荫栅式显像管平行的光栅之间的距离。

LCD 的点距是两个液晶颗粒（光点）之间的距离，点距是液晶面板的宽或高除以水平像素数或垂直像素数所得的数值，如液晶面板的宽 47.3cm、高 29.6cm、水平像素 1680、垂直像素 1050，则点距为 473mm/1680（或 296mm/1050）≈0.282mm。

目前 CRT 显示器的点距大多为 0.20～0.26mm，而 LCD 点距多为 0.26～0.32mm。

（2）分辨率

分辨率是一个非常重要的性能指标。它指的是屏幕上水平和垂直方向所能够显示的点数的多少，分辨率越高，同一屏幕内能够容纳的信息就越多。如分辨率 1280×1024 表示：屏幕垂直方向有 1024 行（线），水平方向（每行）有 1280 个像素点。

液晶显示器的最佳分辨率，其实也是唯一的分辨率。因为液晶面板的分辨率实际上是固定的，而对显示器分辨率的调节则是采用插值计算实现的。

（3）刷新率

CRT 显示器的刷新率是由其行频和当时的分辨率决定的，行频越高，同一分辨率下的刷新率就越高；而行频一定的情况下，分辨率越高则它所能达到的刷新率越低。一般来讲，屏幕的刷新率要达到 75Hz 以上，人眼才不易感觉出屏幕的闪烁。刷新率越高，显示效果越稳定。

因为 LCD 中每个像素都在持续不断地发光，直到不发光的信号被送至控制器才会停止发光，所以 LCD 不存在刷新率的问题。

（4）视角

一般以水平视角为主要参数，该值越大则可视角度越大。目前大多数 CRT 纯平显示器的视角都能达到 180 度。而 LCD 可视角度根据工艺先进与否而有所不同，市场上产品的水平视角介于 100～150 度，部分新型产品已达到 160 度。

（5）屏幕尺寸

CRT 显示器的屏幕尺寸指显像管的对角线尺寸，LCD 显示器的屏幕尺寸是指液晶面板的对角线尺寸。LCD 标称的尺寸基本等同于屏幕尺寸，而 CRT 显示器的屏幕尺寸比标称值要小得多，如 17 寸 CRT 显示器的屏幕尺寸约在 15.8～16 英寸左右，而 15 寸显示器的屏幕尺寸则只有 13.8 英寸左右。

（6）响应时间

响应时间是 LCD 显示器的特定指标，它是指 LCD 显示器各像素点对输入信号反应的速度，其单位是毫秒（ms）。响应时间长，在显示动态影像时，会有较严重的显示拖尾现象。目前主流 LCD 的反应速度都在 5ms 以上，而 CRT 的反应时间只有 1ms。

（7）色彩

LCD 只能显示大约 26 万种颜色，大多产品宣称能显示 32 位色，实际是通过抖动算法实现的，与真正的 32 位色相比还是有很大差距，所以在色彩的表现力和过渡方面不及传统 CRT。LCD 在表现灰度方面的能力也不如 CRT。

（8）显示效果

目前绝大部分家用级 CRT 都不同程度地存在着聚焦、汇聚、呼吸效应等方面的问题。而 LCD 因为不需要聚焦所以没有聚焦等问题。不过在线形与非线形失真等问题方面，LCD 也有可能会出现，只不过 CRT 更容易出现罢了。

3. 显示器的选购

显示器的选购应按实际需求选择 CRT 或 LCD 显示器，除了品牌、性能和环保认证以外，同时还应注意显示器和显卡的匹配关系。

2.3.5　打印机

打印机是微机配置中的一种常规性输出设备，如图 2－21 所示。目前打印机类型很多，常用的打印机有针式打印机、喷墨打印机、激光打印机 3 类。

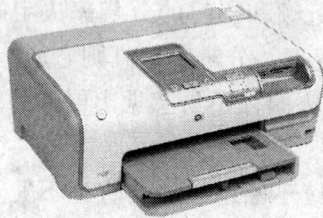

图 2－21　打印机

1. 针式打印机

针式打印机主要由打印头、字车结构、色带、输纸机构和控制电路组成。打印头是针式打印机的核心部件，包括：纵向排成单列或双列的打印针、电磁铁等。打印针在电磁铁的带动下，通过打击色带，把字符点阵印到纸上形成整个字符。

针式打印机由于速度慢、噪声大和打印质量差等原因，目前多用于票据打印等特殊场合。

2. 喷墨打印机

喷墨打印机主要由墨盒、喷头、清洗部分、传感器、输纸机构、字车机械和控制驱动电路等组成。喷墨打印机是目前广泛应用于家庭和办公的主流打印机。

（1）喷墨技术

喷墨打印机按工作原理可分为固态喷墨和液态喷墨两种。液态喷墨又可分为连续喷墨和间断喷墨两种方式。目前常用间断喷墨方式有压电喷墨技术和热喷墨技术。

压电喷墨技术利用压电陶瓷在电压作用下发生伸缩变形使喷嘴喷出墨汁，在输出介质表面形成图案，其墨盒和喷头为分离式结构。

热喷墨技术通过强电场的作用将喷头管道中的一部分墨汁气化，形成气泡，将喷嘴处的墨水喷到输出介质表面形成图案，其墨盒和喷头为一体化结构。

（2）打印质量

目前市场主流喷墨打印机的分辨率为 4800×1200 dpi。但打印质量受墨水和纸张等多种因素的影响，具有不稳定性。

彩色喷墨打印机的颜色数是打印质量的重要因素。目前市场上一般彩色喷墨打印机为 4 色，照片打印机则为 6 色。

3. 激光打印机

激光打印机由光学系统、感光硒鼓、电晕和静电清除器组成。随着激光打印机价格的下降，目前激光打印机作为一种高速度、高质量、低成本的打印设备，已经越来越被广大用户所接受。

（1）工作原理

激光打印机利用激光扫描，在硒鼓上形成电荷潜影，然后吸附墨粉，再将墨粉转印到打印纸上，最后经过高温加热使图像固着在纸张表面。

（2）打印质量

黑白激光打印机的分辨率有 600×600 dpi，1200×600 dpi，1200×1200 dpi，2400×600 dpi 等，彩色激光打印机的分辨率有 600×600 dpi，2400×600 dpi，9600×600 dpi 等。但激光打印机 600 dpi 分辨率的打印质量已高于喷墨打印机的 1200 dpi 分辨率。激光打印机对纸张的要求比较低，打印效果足以和印刷文档媲美。

4. 打印机的选购

目前打印机市场品种繁多，购买打印机时除了要注重品牌与服务外，还应综合考虑应用需求、打印成本和打印速度等因素。

2.3.6 扫描仪

扫描仪是微机的一种输入设备，是一种高精度的光电一体化的高科技产品，如图 2-22 所示。它能够将图片、文字及各种印刷品，甚至是立体实物的图像信息输入到微机系统中。

图 2-22 扫描仪

1. 扫描仪分类

扫描仪的种类繁多，根据扫描仪扫描介质和用途的不同，目前市场上常见扫描仪有平板式扫描仪、底片扫描仪、文件扫描仪和鼓式扫描仪。除此之外还有名片扫描仪、手持式扫描仪、馈纸式扫描仪、笔式扫描仪、实物扫描仪和 3D 扫描仪等。

2. 扫描仪工作原理

扫描仪主要由光学部分、机械传动部分和转换电路 3 部分组成。扫描仪获取图像时，首先由光源将光线照在原稿上，产生表示图像特征的反射光（反射稿）或透射光（透射稿）。光学系统采集这些光线，将其聚焦在感光器件上，由感光器件将光信号转换为电信号，然后由电路部分对这些信号进行 A/D（Analog/Digital）转换及处理，产生对应的数字信号输送给微机。

感光元件是扫描仪的核心，是影响扫描仪扫描质量的关键。目前大多数扫描仪采用的感光元件是 CCD（Charge Coupled Device，电荷耦合器）、CIS（CMOS Image Sensor，接触式感光器件）和 CMOS（Complementary Metal-Oxide Semiconductor，互补性氧化金属半导体）。其中，CCD 感光元件因技术成熟应用最为广泛。

3. 扫描仪接口类型

扫描仪按接口类型可分为 3 种：EPP，USB，SCSI，目前市场上主流扫描仪接口为 USB 接口。USB 接口扫描仪的优点是速度较快、支持热插拔、使用更方便。

4. 扫描仪的性能指标

（1）分辨率：分辨率是衡量扫描仪的关键指标之一。它表明了系统能够达到的最大输入分辨率，以每英寸扫描像素点数（dpi）表示。制造商常用"水平分辨率 × 垂直分辨率"作为扫描仪的标称。其中水平分辨率又被称为"光学分辨率"；垂直分辨率又被称为"机械分辨率"。光学分辨率是由扫描仪的传感器以及传感器中的单元数量决定的。机械分辨率是步进电机在平板上移动时所走的步数。光学分辨率越高，扫描仪解析图像细节的能力越强，扫描的图像越清晰。目前市场上扫描仪的分辨率有 1200 × 1200 dpi，1200 × 2400 dpi，6400 × 9600 dpi 等，选购时主要考察水平分辨率。

（2）色彩深度：也称色彩位数，是扫描仪对图像进行采样的数据位数，也是扫描仪所能辨析的色彩范围。扫描仪的色彩位数越高，图像色彩就越真实、丰富。目前市场上主流扫描仪的色彩深度有 36 位、42 位和 48 位等多种，但一般家用 36 位就足够了。

（3）亮度：亮度决定的是明暗色调的强度，是一幅影像中明暗程度的平衡。

（4）色彩校准：色彩校准确保影像的色彩能够被精确地重建。色彩校准通常分为两个步骤：第一步是校准输入设备（扫描仪）；第二步是校准输出设备（打印机或显示器）。精确地校准输入和输出设备后，扫描仪就可以准确地捕捉色彩，屏幕或打印机也可以忠实地将色彩表现出来。

（5）对比度：对比度指的是一幅影像中最亮的色调和最暗的色调之间的差异范围，对比度越大表示差异范围越大，对比度低的影像看起来灰暗且平淡。

（6）扫描幅面：扫描幅面通常有 A4、A4 加长、A3 等规格。大幅面扫描仪价格很高，如果没有特殊需求一般选用 A4 幅面的扫描仪。

5. 扫描仪的选购

选购扫描仪时，一般考虑扫描仪的性能指标、品牌、外观、噪音以及附带的软件等因素。当然还需要根据实际需求选购，如报纸、书本等普通文字扫描及识别，对扫描仪的要求比较低；如照片的扫描就需要高档次的扫描仪。选购扫描仪时，也可以自带黑白和彩色原稿，用以检查扫描仪的实际扫描效果。

2.4 多媒体设备

2.4.1 光驱与光盘

1. 光驱

光盘驱动器简称光驱，是多媒体计算机的基本配置部件。随着多媒体的应用越来越广泛，各种软件的容量越来越大，光驱已经成为微机必不可少的重要部件。

（1）光驱的分类

光驱主要可分为 CD-ROM、DVD-ROM、CD 刻录光驱、DVD 刻录光驱和全能光驱等。

CD-ROM 光驱：用于读取 CD 光盘信息的光驱，能兼容 CD-ROM，CD-Audio，Video CD 和 CD-R/RW 等光盘格式。

DVD-ROM 光驱：用于读取 DVD 光盘信息的光驱，同时兼容 CD-ROM，DVD-ROM，DVD-VIDEO 和 DVD-R 等常见光盘格式。

CD 刻录光驱：既可用于读取 CD 光盘信息，也能刻录可写 CD 盘片的光驱。它包括了 CD-R 刻录光驱和 CD-RW 刻录光驱。CD-RW 刻录光驱一般有 3 个速度，如 20/10/40，表示写入 CD-R 盘、擦写 CD-RW 盘和读盘的最大速度分别是 20 倍速、10 倍速和 40 倍速。

DVD 刻录光驱：DVD 刻录光驱又分 DVD＋R/RW，DVD-R/RW 和 DVD-RAM 等。目前 DVD 刻录机有 DVD-RW 和 DVD＋RW 两大阵营。DVD-RW 阵营兼容 DVD-RAM，DVD-RW 和 DVD-R 格式；DVD＋RW 阵营兼容 DVD＋RW 和 DVD＋R 格式。

康宝：是一种将 CD 刻录、CD-ROM 和 DVD-ROM 集合为一体的多功能光驱。

（2）光驱的工作原理

光驱主要由主体支架、光盘托架、激光头组件、电路控制板组成，其中激光头是光驱最精密的心脏部分，由一组透镜和光电二极管组成，主要负责数据的读取工作。当光驱在读光盘时，从光电二极管发出的电信号经过转换，变成激光束，再由平面棱镜反射到具有凹凸小坑的光盘上形成相应强弱的反射光，反射光再经过平面棱镜的折射，由光电二极管变成电信号，经过控制电路的电平转换，变成数字信号，也即光盘的内容。

（3）光驱的外观和接口

光驱的面板一般由托盘、打开/关闭按钮、工作指示灯、紧急打开孔等组成，如图 2 - 23 所示。紧急打开孔用于光盘不能退出时，可插入小硬棒退出光盘。

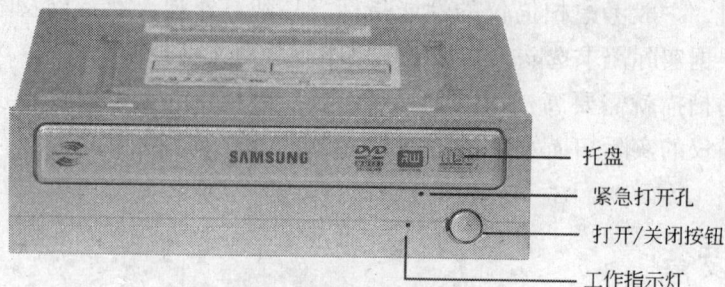

托盘
紧急打开孔
打开/关闭按钮
工作指示灯

图 2 - 23　光驱面板

光驱的背面，如图 2 - 24 所示。主要由电源插座、数据线接口、主/从跳线、音频输出接口等组成。光驱的接口方式有 IDE 接口、SCSI 接口和 USB 接口等。IDE 是目前微机普遍使用的光驱接口方式；SCSI 光驱接口一般应用于网络服务器；USB 接口一般用于外置光驱。音频输出接口可通过音频线和声卡相连。

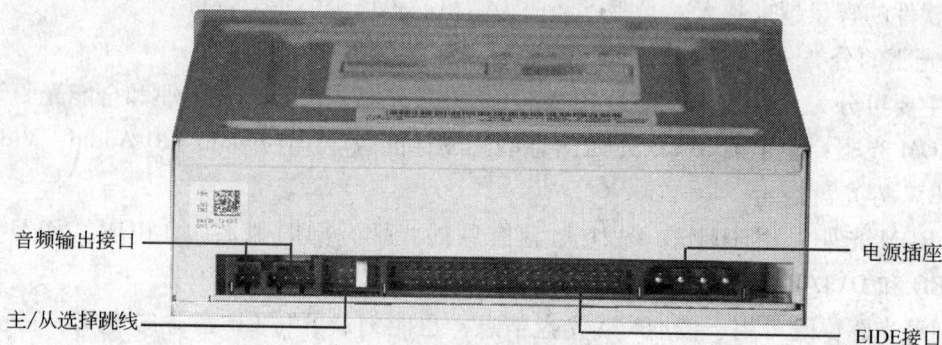

音频输出接口
主/从选择跳线
电源插座
EIDE接口

图 2 - 24　光驱的背面

（4）光驱的性能指标参数

光驱的性能指标包括数据传输模式、数据传输率、平均寻道时间、内部数据缓冲等。

① 数据传输模式：光驱的传输模式主要有 PIO（Programmed Input/Output，可编程输入输出）、MDA（Direct Memory Access，直接内存访问）和 UMDA（Ultra DMA）3 种。UMDA 模式下光驱读取数据时 CPU 的占用率最低，并且有最高的传输速度。

② 数据传输速率：数据传输速率是光驱最基本的性能指标，它是指光驱在每秒钟能读取的最大数据量。CD-ROM 光驱的读取速度以 150KB/s 数据传输率的单倍速为基准，如 48 倍速 CD-ROM 光驱其数据传输率即为 7200KB/s。但 DVD-ROM 速率的单倍速率基准为 1385KB/s，如 16 倍速 DVD 光驱的传输率为 22160 KB/s。

③ 寻道时间：寻道时间指激光头在接收到读取命令后将光头调整到数据所在轨道上方

所用的时间。40～56 倍速光驱的寻道时间为 80～100ms，刻录光驱的平均寻道时间一般都比 CD-ROM 的平均寻道时间要长。

④ CPU 占用时间：CPU 占用时间指光驱在维持一定的转速和数据传输率下读取数据所占用 CPU 的时间。该指标是衡量光驱性能的一个重要指标。

⑤ 容错能力：光驱的容错能力也是光驱的重要技术参数。AIEC（Artificial Intelligence Error Correction，人工智能纠错）是一项比较成熟的光驱容错技术。有些光驱为了提高容错能力，提高了激光头的功率，但这会加速激光头的老化。

⑥ 缓存：光驱的缓存能够提高数据传输效率，目前主流光驱的缓存大小为 512KB 和 2MB。

（5）光驱的选购

光驱的选购除了考虑品牌和直接影响整个多媒体系统性能充分发挥的性能指标外，还应注意以下几点。

① 数据传输速率

无须盲目追求高传输速率，因为光驱标称的传输速率都是最快速率，只有在读取盘片最外圈时才有可能达到这个速率。如果容错性不好，再快的速率也发挥不了作用。一般读取质量稍差的盘片时，光驱会自动降低读盘速度，所以这个最快速率是很难达到的。其实光驱的缓存、寻址能力和容错性也起着非常大的作用。

② DVD 刻录机类型

由于盘片的兼容性问题，目前市场上主流刻录机是 DVD Dual 机型和 DVD SuperMulti 机型。其中 DVD Dual 机型兼容 DVD-R/RW 和 DVD＋R/RW，满足一般用户需求；DVD Super-Multi 机型能够兼容包括 DVD-RAM 等所有的盘片格式。

2. 光盘

光盘存储器具有容量大、存储密度高、成本低、非易失、易保存、可靠性高、寿命长、互换性好的特点。光盘容量从最初 700MB 的 CD、4.7GB 的 DVD、8.5GB 的双层 DVD，发展到新一代蓝光 DVD 技术，采用全新的蓝色激光波段进行工作，存储容量可提高 6 倍，即蓝光 DVD 单面单层盘片的存储容量可达 23.3GB，25GB 和 27GB。除此之外，已经研发出的最新光盘容量可高达 50TG，相当于 6000 张 25GB 的蓝光盘。

目前，主流光盘一般可分为只读型光盘和可记录型光盘两类，其中只读型光盘包括 CD-ROM，DVD-ROM 等类型，可记录型光盘包括 CD-R/RW，DVD-R/RW，DVD＋R/RW，DVD-RAM 等类型。

2.4.2　声卡与音箱

1. 声卡

声卡是多媒体微机中进行音频信号处理，实现模/数信号相互转换的部件。声卡具有声音合成、多声道混音、录音 3 个基本功能,可把来自话筒、光盘的原始声音信号加以转换,输出到耳机、音箱等设备,或通过 MIDI 接口(Musical Instrument Digital Interface,音乐设备数字接口)使乐器发出美妙的声音。

(1)声卡的工作原理

声卡的工作原理就是实现模拟信号和数字信号的转换。模/数转换电路负责将麦克风等音频输入设备采到的模拟音频信号转换为微机能处理的数字信号;而数/模转换电路负责将微机使用的数字音频信号转换为喇叭等设备能使用的模拟信号。

(2)声卡的结构

声卡主要由音频处理主芯片、MIDI 电路、CODEC(Coder Decoder,编码/解码器)模/数与数/模转换芯片、运放输出芯片组成。

不同的声卡其输入/输出接口稍有不同,如创新 Audigy Lctiva Audio 5.1 声卡具有标准的 4 音频接口设计,如图 2−25 所示。

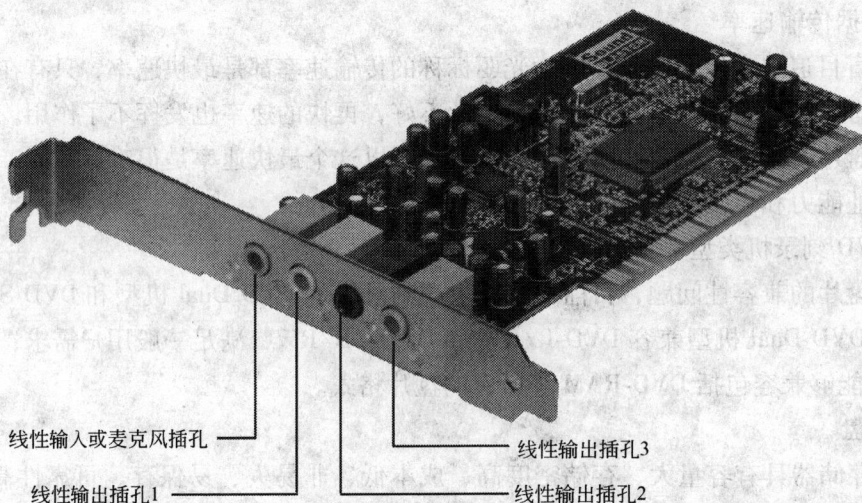

线性输入或麦克风插孔 ———
线性输出插孔1 ———
线性输出插孔3
线性输出插孔2

图 2−25 声卡

● 线性输入或麦克风插孔(Line in,淡蓝色):也就是音频输入接口,通常连接话筒和外部音频设备(如 CD 音响、DVD 播放器等)的 Line Out 端。

● 线性输出插孔 1(Line Out 1,绿色):连接有源音箱、耳机或其他的放音设备的 Line in 接口。在 5.1 声道和 7.1 声道等配置中连接前置音箱,2 声道和 2.1 声道只要将音箱连接此接口即可。

● 线性输出插孔 2(Line Out 2,黑色):在 5.1 声道和 7.1 声道等配置中连接后置音箱。

● 线性输出插孔 3(Line Out 3,橙色):在 5.1 声道和 7.1 声道等配置中连接中置音箱。

(3)声卡的性能指标

① 采样频率

因为模拟音频信号是连续的电信号,所以必须对模拟音频信号进行采样和量化,转换成微机所能处理的数字音频信号。

采样频率是指每秒钟对音频信号的采样次数。采样频率越高声音的还原就越真实越自然。目前市场主流声卡的采样频率已达到 44.1KHz 或 48KHz，即达到所谓的 CD 音质水平了。

② 量化位数

采样得到的离散信号序列仍为模拟量，还需要把它们转化为数字量。转换后的数字用 n 位二进制数来表示，称为量化位数。8bit 可以描述 256 种状态，16bit 则可以表示 65536 种状态。量化位数越高，声音的质量就越好。目前市场主流产品的量化位数是 16 位、24 位。

③ 声道

声道是指音频信号通过扬声器的通道。如 5.1 声道包括中央声道、前置左/右声道、后置左/右环绕声道以及 0.1 声道的超重低音声道，可连接 6 只喇叭。

④ 信噪比

信噪比是输出信号电压与同时输出的噪音电压的比例，是声卡抑制噪音的能力，也是衡量声卡音质的一个重要因素，单位是 dB。信噪比越大，代表噪音越小。一般集成声卡的信噪比在 80dB 左右，PCI 声卡的信噪比大多数可以达到 90dB，有的高达 195dB 以上。

⑤ 频率响应

频率响应是对声卡 D/A 与 A/D 转换器频率响应能力的评价。人耳的听觉范围是在 20Hz ~20KHz 之间，声卡就应该对这个范围内的音频信号响应良好，最大限度地重现播放的声音信号。

⑥ 声效合成技术和三维音效技术

声效合成技术有 Wave 音效合成技术、MIDI 音乐的合成技术，以及 FM 合成、波表合成和 DLS 技术等。三维音效技术有 Direct Sound 3D，A3D，A3D Surround 和 EAX 等三维音效 API（Application Programming Interface，应用编程接口）。

（4）集成声卡

现在主板上集成的声卡主要有两种，一种是符合 AC97（Audio Codec'97，音效多媒体数字信号编/解码器）标准的软声卡，另一种就是集成有音效芯片的硬声卡。

（5）声卡的选购

声卡的选购除了按需选购外，同时还应关注声卡技术、兼容性，以及与音箱的合理配合等因素。

2. 音箱

音箱是将电信号还原成声音信号的一种装置，声音还原的真实性是作为评价音箱性能的重要标准。

（1）音箱的分类

按箱体数量音箱可分为 2.0，2.1，4.1，5.1，7.1 等多种类型。目前市场上的 HIFI（High Fidelity，高保真）音箱大都属于 4.1 声道或 5.1 声道，由一个带重低音的独立功放和 2~4 个辅音箱组成。其中".1"声道，则是一个专门设计的超低音声道，这一声道可以产生频响范围 20～120Hz 的超低音。

如果以欣赏音乐（如 CD，MP3 等）为主，配 2.0 音箱比较合适；如果主要用于观看 DVD 或玩具有环绕立体声效果的游戏，建议配 5.1 音箱。

按声学结构音箱可分为密闭箱、倒相箱（又叫低频反射箱）、无源辐射器音箱、传输线音箱等类型。目前市场的主流是倒相箱。

按有无内置的功率放大器，音箱可分为无源音箱和有源音箱。

（2）音箱的输入输出接口

不同的音箱其输入/输出接口也不同，如漫步者 M2 2.0 音箱的输入/输出接口如图 2－26 所示。

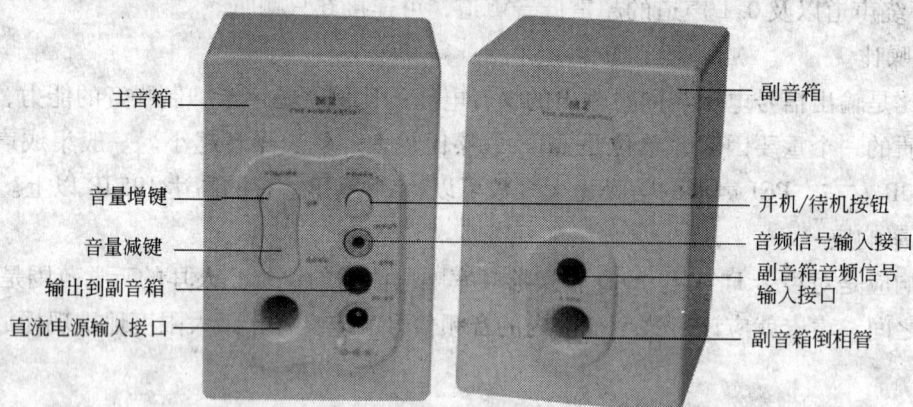

图 2－26　音箱

（3）音箱的性能指标

① 频率响应

频响范围是指音频信号重放时，在额定功率状态下并在指定的幅度变化范围内音箱所能重放音频信号的频响宽度。普通人耳的听力范围是频率为 20Hz～20KHz 的声音，因此，音箱的频率响应至少要达到 45Hz～20KHz 才能保证基本覆盖人耳的有效听力范围。一般说来，多媒体电脑音箱的频率响应在 40Hz～20KHz 范围内就能基本满足要求。

② 灵敏度

该指标是指在给音箱输入端输入 1W/1kHz 信号时，在距音箱喇叭平面垂直中轴前方 1 米的地方所测得的声压级，单位为 dB。音箱的灵敏度每差 3dB，输出的声压就相差 1 倍，普通音箱的灵敏度在 85～90dB 范围内，85dB 以下为低灵敏度，90dB 以上为高灵敏度，通常多媒体音箱的灵敏度则稍低一些。该指标值越高，性能越好。普通音箱的灵敏度一般为 70～80dB。

③ 输出功率

输出功率包括标称功率（即连续输出功率）和峰值功率（即最大输出功率）。标称功率是指音箱谐波失真在标准范围内变化时，音箱长时间工作输出功率的最大值；峰值功率是指在不超负荷的工作状况下音箱瞬时功率的最大值。在选购时要注意其标注的是标称功率还是峰值功率。按照流行的计算方法，峰值功率一般是标称功率的 8 倍左右。

④ 信噪比

信噪比是指音箱回放的正常声音信号与无信号时噪声信号（功率）的比值，用 dB 表示。信噪比数值越高，噪音越小。一般来说，音箱的信噪比不能低于 80dB，低音炮的信噪比不能低于 70dB。

⑤ 阻抗

该指标是指输入信号的电压与电流的比值。音箱的输入阻抗一般分为高阻抗和低阻抗两类，一般高于 16 欧姆的是高阻抗，低于 8 欧姆的是低阻抗，音箱的标准阻抗是 8 欧姆。但是最好不要购买低阻抗的音箱，推荐值是标准的 8 欧姆，这是因为在功放与输出功率相同的情况下，低阻抗的音箱可以获得较大的输出功率，但是阻抗太低了又会造成欠阻尼和低音劣化等现象。

（4）音箱的选购

音箱的选购除了需要考虑音箱的性能指标外，各种电源接线、开关、插头应符合安全要求，同时还应关注箱体材质、振膜材质、扬声器单元口径、防磁性能，以及与声卡的匹配等因素。

2.5 其他设备

2.5.1 机 箱

机箱一般包括外壳、支架、面板上的各种开关、指示灯等，如图 2－27 所示。外壳用钢板和塑料结合制成，硬度高，主要起保护机箱内部元件的作用；支架主要用于固定主板、电源和各种驱动器。

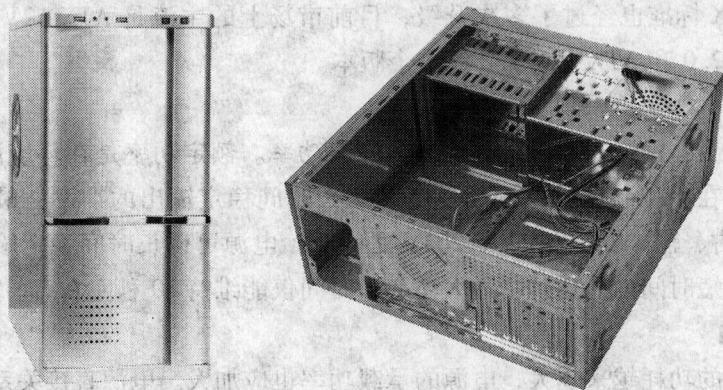

图 2－27 机箱

1. 机箱的分类

机箱可分为 AT，ATX，Micro ATX 以及最新的 BTX 四种类型。各种机箱类型支持的主板类型会有所不同，且电源也有差别。

AT 机箱布局规范有很多不足，ATX 机箱内部结构更为合理，支持绝大部分类型的主板，是目前最常见的机箱。Micro ATX 机箱在 ATX 机箱基础之上缩小了体积，用于追求外观的品牌机，但扩充性较差。最新推出的 BTX 机箱改变了布局，重新设计机箱内部气流回路，使散热、机械性能及噪音等方面到达最佳平衡，同时便于主板的安装。

2. 机箱的选购

机箱用来支撑、固定和保护微机部件，在选购时，既要考虑选择好的品牌、材质、工艺，以及拆装方便性，也要综合考虑散热、扩展性、防震、防尘和减少辐射电磁波等性能。

2.5.2 电 源

电源的作用是将交流电转换为微机工作所需要的低压直流电。一般是把一套开关电源变换器件装配在一个单独的铁盒内，如图 2-28 所示。

图 2-28 电源

1. 电源分类

电源分 AT 电源和 ATX 电源。1995 年至今，ATX 电源一直是业界的标准。从最初的 ATX1.0 开始，ATX 标准也经过了多次升级，目前市场上的主流是 ATX 12V 标准，有 ATX 12V1.3，ATX 12V2.0 和 ATX 12V 2.2 等多个版本。

2. 电源功率

电源功率可分为：额定功率、最大功率、峰值功率。额定功率是在环境温度在 -5~50 度之间、输入电压在 180~264V 之间时，电源能长时间稳定输出的功率；最大功率是在环境温度在 25 度左右、输入电压在 200~264V 之间时，电源可以长时间稳定输出的功率；峰值功率是电源在极短时间内能达到的最大功率，时间仅能维持 30 秒左右。

3. 电源的选购

随着微机部件的功耗越来越大，电源的承载功率也应加大。电源直接关系到微机各个部分的正常运作，劣质电源会导致系统工作不稳定，或造成 CPU、主板、显卡和硬盘等部件的损坏。选购电源时，除了选择好的品牌外，应考虑如下因素。

（1）电源输出功率至少不低于 230W。如果电源输出功率太小，会出现微机不能启动的现象。如果有条件或热衷于"超频"，可考虑选购 300W 以上的电源。

（2）电源的风扇转动应顺畅，且噪声比较小。

（3）应具有双重过压保护功能，以防电压不稳定。否则一旦遇到瞬间高压，会烧毁系统。

（4）优质电源应拥有 3C 认证（China Compulsory Certificate，中国国家强制性产品认证）、FCC 认证（Federal Communication Commission，美国联邦通信委员会）、CE（Communate Europpene，欧盟）认证等安全规范认证。

2.5.3 Modem

Modem 即调制解调器（俗称"猫"），由发送、接收、控制、接口、操纵面板及电源等部分组成。它的主要功能是调制和解调，调制是把数字信号转换成模拟信号，以便在电话线中传输；解调则把接收到的模拟信号再转换成微机可以识别的数字信号。

1. Modem 分类

按网络接入方式分普通 Modem、基于电话线的 ADSL Modem、基于有线电缆的 Cable Modem 等，如图 2-29 所示。

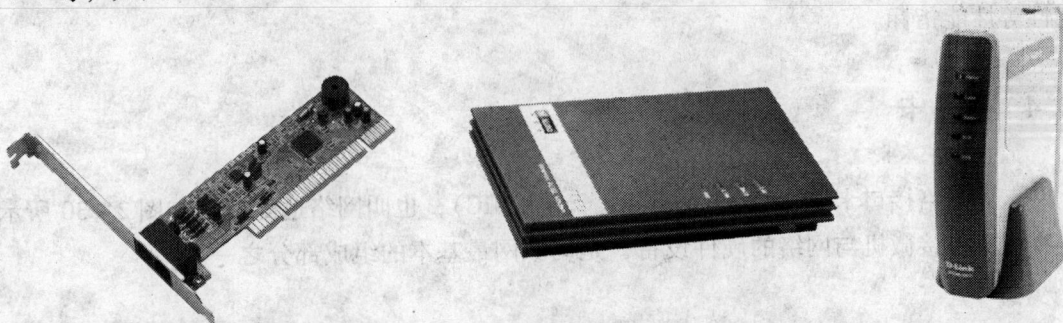

图 2-29 内置 Modem、ADSL Modem、Cable Modem

（1）普通 Modem

按安装方式分，有内置式 Modem、外置式 Modem、PCMCIA Modem 三种。按技术分，有硬 Modem、软 Modem、半软 Modem、AMR（Audio/Modem Riser，声音/调制解调器插卡）四种。

（2）ADSL Modem

ADSL（Asymmetric Digital Subscriber Line，非对称数字用户专线）是 DSL（数字用户专线）的一种。DSL 包括 HDSL、SDSL、VDSL、ADSL 和 RADSL 等，一般称之为 xDSL。它们主要的区别就是体现在信号传输速度和距离的不同以及上行速率和下行速率对称性的不同这两个方面。ADSL 在一对铜线上支持的上传速率为 640Kbps ~ 1Mbps，下载速率为 1Mbps ~ 8Mbps，有效传输距离为 3 ~ 5 千米。由于 ADSL 比普通 Modem 要快 200 倍以上，目前已成为主流技术。

（3）Cable Modem

Cable Modem 是实现数字信号与电缆传输的射频信号之间相互转换的一种设备。Cable Modem 的主要功能是调制数字信号到射频（FR）以及解调射频信号中的数字信息。Cable Modem 接入也是一种上下行带宽不对称技术，其上行速率可达 10Mbps，下行方向速率可高达 51Mbps。

2. Modem 的性能指标

（1）最高传输速率

最高传输速率是 Modem 的关键指标。最高传输速率是在最理想的情况下才可能达到的速率，单位为 bps（Bit Per Second，比特/秒）。目前市场普通 Modem 的最高传输速率为 56Kbps；ADSL Modem 的最高上行速率有 900 Kbps，1024Kbps，最高下行速率为 24Mbps。

（2）稳定性

Modem 的稳定性也很重要。稳定性指 Modem 的各种性能指标在应用中的实际表现，如断线频率、连接和下载速度等。

3. Modem 的选购

选购 Modem 时除了考虑产品品牌和制作工艺外，还要考虑接口类型、最高传输速率、稳定性等性能指标。

2.5.4　网　卡

网卡即网络接口卡（Network Interface Card，NIC），也叫网络适配器，如图 2 - 30 所示。它是物理上连接微机与网络的硬件设备，是局域网最基本的组成部分之一。

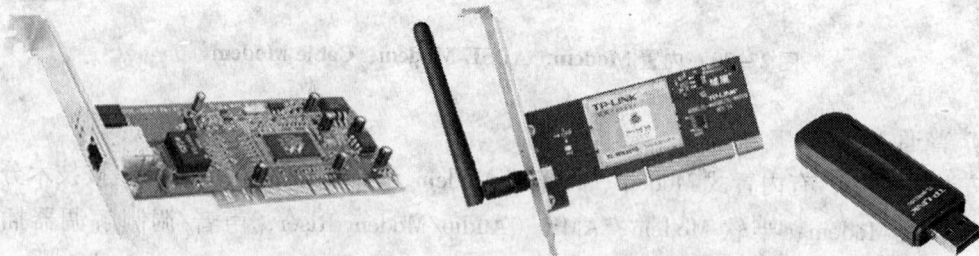

图 2 - 30　PCI 网卡、PCI 无线网卡、USB 无线网卡

1. 网卡的工作原理

网卡的主要功能是将数据封装为帧，并通过网络传输介质将数据发送到其他网络设备；

同时也接收由网络设备传过来的帧，把帧重新组合成计算机可以识别的数据，并传输到所需设备。每块网卡在出厂时会被指定一个唯一的 MAC 地址（物理地址）。

2. 网卡的分类

目前使用的网卡一般都是以太网网卡，按传输速度有 10M 网卡、10/100M 自适应网卡以及千兆网卡。

（1）按总线接口分类

一般可分为 ISA，PCI，PCMCIA 和 USB 四种总线接口网卡。其中 ISA 总线网卡已被淘汰，PCI 总线网卡是目前最常用的网卡接口类型。

PCMCIA 总线网卡应用于笔记本电脑，分为两类，一类为 16 位的 PCMCIA，另一类为 32 位的 CardBus。CardBus 是一种高性能 PC 卡总线接口标准，具有近 90Mbps 的最大吞吐量、总线自主、低功耗和后向兼容 16 位的 PC 卡等优势。

（2）按网络接口分类

不同的网络接口适用于不同的网络类型，目前常见的接口主要有以太网的 RJ－45 接口、细同轴电缆的 BNC 接口和粗同轴电缆 AUI 接口、FDDI 接口、ATM 接口等。有的网卡为了适用于更广泛的应用环境，提供了两种或多种类型的接口，如有的网卡会同时提供 RJ－45、BNC 接口或 AUI 接口。

（3）无线网卡

无线网卡应用在无线局域网内，主要有 PCMCIA 无线网卡、PCI 无线网卡、MiniPCI 无线网卡、USB 无线网卡、CF/SD 无线网卡等。

无线网卡只是一个信号收发的设备，只有在找到连接互联网的出口时才能实现与互联网的连接，所有无线网卡只能局限在已布有无线局域网的范围内。

从速度来看，无线网卡现在主流的速率为 54Mbps 和 108Mbps，其性能和网络环境有很大的关系。

3. 网卡的技术指标

（1）数据传输速率

不同传输模式的网卡其传输速率也不一样，所以网卡也存在多种传输速率。网卡在标准以太网中速度为 10Mbps，在快速以太网中速度为 100Mbps，在千兆以太网中速度为 1000Mbps。无线网卡的传输速率则分为 11Mbps，54Mpbs 以及 108Mbps 三种。

（2）兼容性

网卡的兼容性也很重要，不仅要考虑到和自己的机器兼容，还要考虑到和其所连接的网络兼容，否则连网出了问题很难查找原因。

4. 网卡的选购

网卡对网络性能起着决定性的作用。若网卡的质量不过关或性能有欠缺，就会造成网络经常无故掉线、网速过慢或突然死机等故障。因此，在选购网卡时除了看品牌、性能指标、制作工艺、元件和材质外，还应根据网络组网模式选择合适的网卡，如无线网卡、集成网卡或独立网卡。

2.6 实训 2 认识微机的主要部件

1. 实训目的：正确识别微机主板、CPU、内存、硬盘等基本部件以及常用的外围设备，了解主要部件的主要技术指标。

2. 实训内容

（1）认识 CPU、主板、内存条，了解主要技术指标。

（2）认识硬盘、软盘等存储设备，了解主要技术指标。

（3）认识键盘、鼠标、显卡、显示器等输入输出设备，了解主要技术指标。

（4）认识光驱和光盘、声卡和耳机等多媒体设备，了解主要技术指标。

（5）认识机箱、电源、网卡等其他部件，了解主要技术指标。

3. 实训要求：实训前认真复习本章内容，通过观察微机各部件的外观及标识，参考相应的产品说明书，记录各个部件的型号和技术指标等信息。

4. 实训器材

（1）微机部件：主板，CPU 和风扇，内存条，硬盘，软驱，显卡和显示器，光驱，声卡和耳机，网卡，键盘，鼠标，机箱和电源等。

（2）工具：棉手套、镊子及螺丝刀等。

（3）其他：各微机部件相应说明书，笔，实训报告纸。

5. 实训步骤

（1）注意事项

微机部件要轻拿轻放，不要碰撞，尤其是硬盘。不要用手接触主板、显卡等各类板卡的集成电路，应尽量拿板卡的边缘。

（2）准备工作

第一步：消除静电

可以用手摸一摸金属水管等接地设备，有条件也可以配戴防静电环，防止人体所带静电损坏电子器件。

第二步：检查设备

检查实训所需微机部件和工具是否齐全。

（3）主机部件的认识

第一步：认识 CPU

观察 CPU 的外观及标识，仔细阅读 CPU、主板说明书，并记录 CPU 的型号和技术指标等信息。表 2 – 1 记录了 Intel Pentium D 925 CPU 的各种技术参数。

表2-1 CPU详细技术指标表

序号	参数项	参数值
1	型号	Intel Pentium D 925
2	接口类型	LGA 775
3	主频	3.0GHz
4	外频	200MHz
5	倍频	15
6	一级缓存	32KB
7	二级缓存	2×2048KB
8	前端总线	800MHz
9	电压	1.25/1.4V
10	其他	

第二步：认识CPU散热器

观察CPU散热器的外观及标识，并记录CPU散热器的型号和技术指标等信息。表2-2记录了酷冷至尊ICT-D925R CPU散热器的各种技术参数。

表2-2 CPU散热器详细技术指标表

序号	参数项	参数值
1	型号	酷冷至尊 ICT-D925R
2	散热方式	风冷
3	适用范围	Intel LGA775
4	风扇尺寸	$90 \times 90 \times 25$mm
5	风扇轴承类型	含油轴承
6	风扇转速	2200 RPM
7	散热片材质	铝合金
8	其他	

第三步：认识主板

建议将主板放在比较柔软的物品上，如防静电包装袋以及泡沫袋，以免刮伤主板背部的线路。仔细阅读主板说明书，参考主板PCB上的印刷，观察主板输出接口的不同形状，认识主板的主要芯片组及CPU插槽等主要组成部分，并记录主板的型号和技术指标等信息。表2-3记录了华硕P5LD2 SE主板的各种技术参数。

表 2 - 3　主板详细技术指标表

序号	参数项	参　数　值
1	型号	P5LD2 SE
2	主板架构	ATX
3	CPU 插槽类型	LGA 775
4	支持 CPU 类型	支持 Pentium D，Conroe，Celeron D，Prescott 系列处理器
5	前端总线频率	支持 800MHz，1066MHz，533MHz 前端总线
6	北桥芯片	Intel 945P
7	南桥芯片	Intel ICH7
8	内存描述	双通道 4 DDR DIMM、支持 DDR2 533/667
9	是否集成显卡	无
10	板载声卡	板载 ADI 1986A 6 声道声卡
11	板载网卡	板载 Realtek RTL8111B 芯片千兆网卡
12	硬盘接口	ATA 100，ATA 133，S-ATA150，S-ATA II
13	支持显卡标准	PCI Express 16X
14	PCI Express 插槽	1 × PCI Express X16，2 × PCI Express X1
15	PCI 插槽	3 × PCI
16	扩展接口	8 × USB2.0
17	电源接口	24 Pin + 4 Pin 电源接口
18	其他	

第四步：认识内存

观察内存的外观及标识，仔细阅读内存、主板说明书，同时认真查看主板的内存插槽，并记录内存的型号和技术指标等信息。表 2 - 4 记录了金士顿 DDR2 667 内存的各种技术参数。

表 2 - 4　内存详细技术指标表

序号	参数项	参　数　值
1	型号	DDR2 667 512M
2	内存类型	DDR2
3	内存容量	512MB
4	插脚数目	240Pin
5	芯片分布	单面八颗

序号	参数项	参 数 值
6	内存主频	667MHz
7	颗粒封装	BGA
8	延迟描述	CL = 4 - 4 - 4 - 12
9	内存电压	1.8V
10	其他	

（4）外存储设备的认识

第一步：认识硬盘

观察硬盘的外观及标识、IDE 硬盘数据线和电源线以及它们的接口（如图 2 - 31 所示）、SATA 硬盘数据线和电源线以及它们的接口（如图 2 - 32 所示），仔细阅读硬盘、主板说明书，同时认真查看主板的 IDE 和 SATA 硬盘数据线插槽（如图 2 - 33 所示），并记录硬盘的型号和技术指标等信息。表 2 - 5 记录了希捷酷鱼 7200.9/ ST3160812AS 硬盘的各种技术参数。

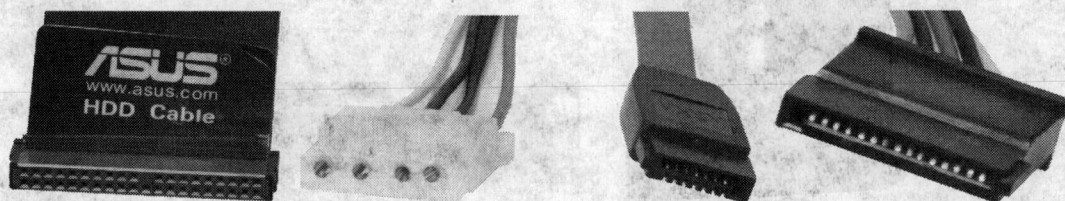

图 2 - 31   IDE 硬盘或光驱数据线插头、电源线插头   图 2 - 32   SATA 硬盘数据线插头、电源线插头

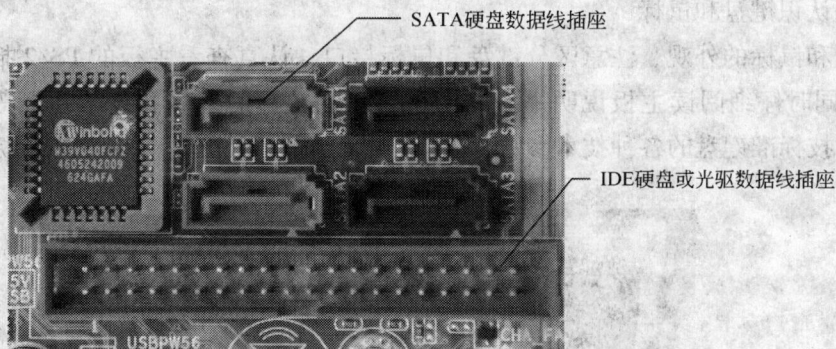

图 2 - 33   IDE 硬盘或光驱数据线插座、SATA 硬盘数据线插座

表 2 - 5　硬盘详细技术指标表

序号	参数项	参　数　值
1	型号	酷鱼 7200.9/ ST3160812AS
2	容量	160GB
3	接口标准	SATA II
4	盘体尺寸	3.5 英寸
5	转速	7200RPM
6	缓存容量	8MB
7	平均寻道时间	8.5ms
8	传输标准	SATA2 300
9	其他	单碟容量 160GB

第二步：认识软驱和软盘

观察软驱和软盘的外观、软驱数据线及接口，认真查看主板的 FDD 软驱数据线插槽，如图 2 - 34 所示，同时仔细阅读主板说明书。

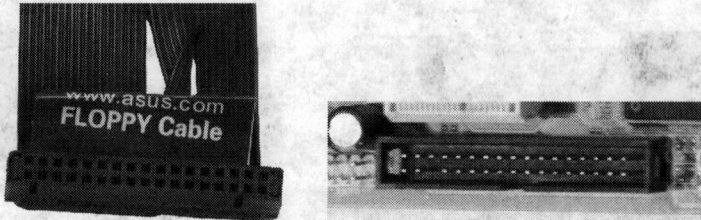

图 2 - 34　软驱数据线插头、插槽

（5）输入输出设备的认识

第一步：认识键盘和鼠标

观察键盘和鼠标的外观、注意区分键盘和鼠标接口，认真查看主板的 PS/2 插座，如图 2 - 35 所示，同时仔细阅读主板说明书，并记录键盘和鼠标的型号和技术指标等信息。表 2 - 6 记录了罗技标准键盘的各种技术参数，表 2 - 7 记录了罗技光电劲貂 PS2 鼠标的各种技术参数。

图 2 - 35　键盘和鼠标 PS/2 插座、插头

表 2-6　键盘详细技术指标表

序号	参数项	参 数 值
1	型号	标准键盘
2	键数	104
3	接口	PS/2
4	其他	人体工程学键盘、防水键盘、防溅洒设计

表 2-7　鼠标详细技术指标表

序号	参数项	参 数 值
1	型号	光电劲貂 PS2
2	鼠标类型	光电鼠标
3	按键数	3 键
4	接口类型	PS/2 接口
5	其他	

第二步：认识显卡

观察显卡的外观，仔细阅读显卡、主板说明书，同时认真查看主板的 AGP 插槽（如图 2-36 所示）或 PCI EX16 插槽（如图 2-37 所示），并记录显卡的型号和技术指标等信息。表 2-8 记录了蓝宝石 X1950PRO 256M 静音版显卡的各种技术参数。

图 2-36　AGP 插槽

图 2-37　PCIEX16 插槽

表 2-8　显卡详细技术指标表

序号	参数项	参 数 值
1	型号	X1950PRO 256M 静音版
2	芯片厂方	ATI
3	芯片型号	ATI RADEON X1950Pro

序号	参数项	参 数 值
4	显存容量	256MB
5	显卡接口标准	支持 PCI Express
6	输出接口	TV-OUT 接口、2×DVI-I 接口
7	核心位宽	256bit
8	显存类型	DDR 3
9	显存位宽	256bit
10	显存速度	1. 2ns
11	核心频率	580MHz
12	显存频率	1600MHz
13	其他	支持 DirectX 9. 0C

第三步：认识显示器

观察显示器的外观，仔细阅读显示器、显卡和主板说明书，同时认真查看显卡的接口或主板的集成显卡接口，如图 2 - 38 所示，并记录显示器的型号和技术指标等信息。表 2 - 9 和表 2 - 10 分别记录了 CRT 显示器飞利浦 107S7、LCD 显示器三星 940BW 显示器的各种技术参数。

图 2 - 38　显示器 DVI-I 插座、DVI-D 插座、D_ Sub 插座

表 2 - 9　CRT 显示器详细技术指标表

序号	参数项	参 数 值
1	型号	飞利浦 107S7
2	尺寸	17 英寸
3	显示屏类型	纯平
4	接口类型	15 针 D-Sub 接口
5	栅距/水平点距	0. 21mm
6	水平扫描频率	30 ~ 71KHz
7	垂直扫描频率	50 ~ 160Hz
8	带宽	110MHz
9	最高分辨率及刷新率	1280 × 1024，60Hz
10	耗电功率	62W
11	认证标准	MPR Ⅱ，3C 认证
12	其他	

表 2－10 LCD 显示器详细技术指标表

序号	参数项	参 数 值
1	型号	三星 940BW
2	显示屏尺寸	19 英寸
3	点距	0.285mm
4	接口类型	15pin D-sub，DVI-D
5	亮度	300cd/m²
6	对比度	500∶1
7	最佳分辨率	1440×900
8	响应速度	4ms
9	面板最大色彩	16.2M
10	耗电功率	42W
11	认证规范	TCO 03
12	其他	

（6）多媒体设备的认识

第一步：认识光驱

观察光驱的外观、IDE 数据线及接口，仔细阅读光驱、主板说明书，同时认真查看主板的 IDE 数据线插槽，并记录光驱的型号和技术指标等信息。表 2－11 记录了三星 18X 刻录机 TS-H652D（白金版）光驱的各种技术参数。

表 2－11 光驱详细技术指标表

序号	参数项	参 数 值
1	型号	三星 18X 刻录机 TS-H652D（白金版）
2	光驱类型	DVD +/-RW
3	接口类型	IDE
4	读取速度	18X DVD +/-R 写入、8X DVD + R DL 写入、8X DVD-R DL 写入、8X DVD + RW 覆写、6X DVD-RW 覆写、12X DVD-RAM、16X DVD-ROM 读取、32X CD-RW 覆写、48X CD-R 写入
5	缓存容量	2MB
6	其他	

第二步：认识声卡

观察声卡的外观及上面的标识，仔细阅读声卡、主板说明书，同时认真查看主板的 PCI

插槽（如图 2 - 39 所示）或主板的集成声卡接口，并记录声卡的型号和技术指标等信息。表 2 - 12 记录了创新 Sound Blaster 5.1 声卡的各种技术参数。

图 2 - 39　PCI 插槽

表 2 - 12　声卡详细技术指标表

序号	参数项	参　数　值
1	型号	Sound Blaster 5.1
2	声卡芯片	CA0103-DBQ
3	支持声道数	5.1 声道
4	音效支持	DirectSound，DirectSound 3D，EAX 1.0，EAX 2.0，A3D 1.0
5	自带接口	前置/后置/中央/低音/线性输入/麦克风输入/辅助音频输入
6	其他	

第三步：认识耳机

观察耳机的外观，如图 2 - 40 所示，仔细阅读耳机、声卡说明书，同时认真查看声卡的输入输出接口或主板的集成声卡接口，并记录耳机的型号和技术指标等信息。表 2 - 13 记录了漫步者 H500 耳机的各种技术参数。

图 2 - 40　漫步者 H500 耳机

表2-13 耳机详细技术指标表

序号	参数项	参 数 值
1	型号	漫步者 H500
2	佩戴方式	头戴式
3	频率响应	20 ~ 20000Hz
4	阻抗	42Ω
5	灵敏度	106dB
6	最大功率	10mW
7	插头	3.5mm 立体声插头
8	其他	

（7）其他设备的认识

第一步：认识机箱

观察机箱的外观及上面的标识、机箱面板连线，仔细阅读主板说明书，同时认真查看主板的机箱面板连线插座，并记录机箱的型号和技术指标等信息。如图2-41所示。表2-14记录了世纪之星 V2 机箱的各种技术参数。

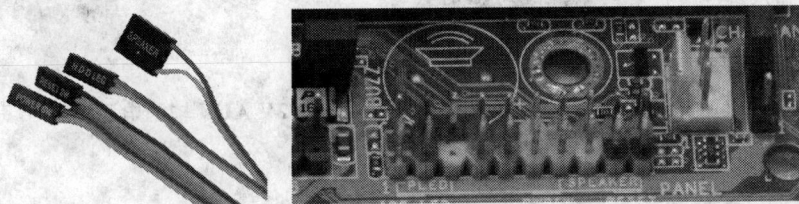

图2-41 机箱面板连线、主板的机箱面板插针

表2-14 机箱详细技术指标表

序号	参数项	参 数 值
1	型号	世纪之星 V2
2	机箱样式	立式 ATX/AT
3	机箱仓位	5.25×4，3.5×6
4	机箱材质	ABS 工程塑料、新日铁钢板
5	标配电源	无
6	前置接口	上置音频、分离式 USB 接口
7	机箱尺寸	459×195×442mm
8	其他	Intel 38 度机箱

第二步：认识电源

观察电源的外观、电源连线，仔细阅读电源、主板说明书，同时认真查看主板的电源插座（如图 2 - 42 所示）、电源所带的电源插头（如图 2 - 43 所示），并记录电源的型号和技术指标等信息。表 2 - 15 记录了航嘉 冷静王钻石版 2.2 电源的各种技术参数。

图 2 - 42　主板 24 Pin 主电源插座、4 Pin 12V AUX 辅助电源插座

注意：24 Pin 主电源插座连接 24 Pin 或 20 Pin + 4 Pin ATX 电源供应器，提供给主板需要的所有电力。

图 2 - 43　20 Pin + 4 Pin 电源插头、4 Pin 12V AUX 辅助电源插头

注意：20 Pin + 4 Pin 电源插头中的 4-Pin 插头只能用于主电源插座，千万不能用于 12V AUX 辅助电源插座。注意 4 Pin 12V AUX 辅助电源插头是采用 2 根黄色电源线与 2 根黑色电源线组合而成的，插在 4 Pin 12V AUX 辅助电源插座上直接为处理器提供 12V 的供电。

表 2 - 15　电源详细技术指标表

序号	参数项	参　数　值
1	型号	航嘉　冷静王钻石版 2.2
2	电源标准	ATX
3	额定功率	300W
4	适用 CPU 范围	支持 AMD 与 Intel 系列 CPU
5	认证规范	3C 认证、国家节能认证
6	接口	20 +4 Pin 接口、4 个 SATA、6 Pin 接口、3 个 D 型接口、1 个软驱接口、可拆卸式方 8 Pin
7	其他	12cm 风扇

第三步：认识网卡

观察网卡的外观，仔细阅读网卡、主板说明书，同时认真查看主板的 PCI 插槽或主板的集成网卡接口，并记录网卡的型号和技术指标等信息。表 2-16 记录了 TP-LINK TF-3239DL 网卡的型号和技术指标等信息。

表 2-16　网卡详细技术指标表

序号	参数项	参 数 值
1	型号	TP-LINK TF-3239DL
2	产品类型	PCI 网卡
3	端口类型	RJ45
4	网络标准	IEEE 802.3，IEEE 802.3u
5	传输介质类型	10Base-T：3 类或 3 类以上 UTP、100Base-TX：5 类 UT
6	传输速率	10/100Mbps
7	其他	

（8）整理工作台

清点实训器件是否齐全和完好无损，如微机部件、说明书等。整理工作台，为下次实验做好准备。

（9）实训总结

通过本实训，能够对微机各部件有一个较深入的感性认识，并能基本掌握微机各部件的主要性能指标。结合教材内容和实训情况，认真总结，按要求及时完成实训报告的撰写。

2.7　实训3 多媒体计算机配置市场调研

1. 实训目的

通过调研微机市场，了解现阶段多媒体微机的基本配置情况，熟悉多媒体微机主要部件的功能和应用，了解多媒体微机主要部件的技术指标和市场主流产品。

2. 实训要求

以实训小组的形式开展市场调研，小组一般由 3 人组成，并选定 1 名小组负责人，具体负责小组任务的分配、协调以及联络工作。小组成员分工合作，共同完成多媒体微机部件的市场行情调研，并撰写一份综合的实训调研报告。

（1）调研电脑市场，了解当前多媒体微机部件市场行情和多媒体微机的一般配置方案。

（2）上网搜索多媒体微机部件的市场行情信息和各部件的技术性能指标，进一步了解当前多媒体微机的一般配置情况。

（3）撰写实训调研报告。

3. 实训条件

（1）软硬件设备：上网微机一台。

（2）其他：电脑公司若干家，笔，实训报告纸。

4. 实训内容与步骤

（1）了解电脑市场现阶段多媒体微机配置情况，列出主板、CPU、内存、硬盘、显卡、显示器等主要微机部件的市场主流产品品牌型号、主要性能参数和单价。

（2）上网进一步搜索多媒体微机各部件的当前市场行情和各部件的技术性能指标。

（3）撰写实训调研报告。

市场调研报告一般由封面、项目小组成员与分工情况介绍、目录、绪论、正文、结论、参考文献和附件等几部分组成。

① 绪论

绪论一般包括调研背景、意义和主要内容概述等。

② 正文

正文一般包括调研目的、调研方法、调研范围、数据分析。

● 调研目的：简要地说明调研的由来或原因。

● 调研方法：对调研方法的介绍，有助于使人确信调查结果的可靠性，因此对所用方法要进行简短叙述，并说明选用方法的原因。如抽样调查法、典型调查法、实地调查法或文案调查法都是一般调研所使用的方法。

● 调研范围：包括调研时间、地点、对象、范围和调研的要点，以及样本的抽取、资料的收集和整理。

● 数据分析：数据分析可采用图表的表现手法，如柱状图表、条形图表、饼形图表等常用图表形式。同时也要说明调查中出现的不足之处，指出对调查报告的准确性分析的影响程度，以提高整个市场调查活动的可信度。

③ 结论

一般根据调查结果总结结论，并结合多媒体微机应用需求的不同，提出相应的配置方案，并对方案作一简要说明。

④ 附件

附件可包括电脑公司抽样名单、调查问卷、主要配件说明书等。

本章小结

本章主要介绍了微机各部件的基本功能、分类、主要性能指标和选购要点。重点介绍了CPU 的工作原理、外观与构造、主要性能指标、新技术以及风扇的性能指标；主板的结构及其主要组成部件的作用和性能；内存的主要类型和性能。介绍了硬盘、移动硬盘和U 盘等常用外存储器设备的性能指标及选购方法。着重介绍了显卡和显示器的工作原理和性能指标；同时对键盘、鼠标、打印机和扫描仪等其他输入输出设备的分类和选购要点也进行了简单描述。介绍了光驱、声卡和音箱多媒体设备的工作原理、性能指标和选购要点。也简单介绍了机箱、电源、Modem 和网卡等其他设备的分类和主要性能。

思考与练习

1. 思考题

（1）说明 CPU 的主要组成和工作过程。

（2）说明内存类型和内存插槽类型的关系。

（3）说明主板芯片组北桥芯片和南桥芯片的作用。

2. 单项选择题

（1）在选用 CPU 时，下列哪个选项不是决定 CPU 性能的主要因素？（　　）。

    A. 频率　　　　　　B. 制造工艺　　　　　C. 针脚数　　　　　D. 缓存

（2）下列哪个选项不是购买主板时应考虑的因素？（　　）。

    A. 品牌　　　　　　　　　　　　　　B. 布局

    C. 扩展能力　　　　　　　　　　　　D. 容错能力

（3）为解决 CPU 和主存储器之间的速度匹配问题，通常采用的办法是在 CPU 和主存储器之间增设一个（　　）。

    A. 高速缓冲器　　　　　　　　　　　B. 辅助存储器

    C. 硬盘　　　　　　　　　　　　　　D. 光盘

（4）微机系统采用总线结构对 CPU、存储器和外部设备进行连接。总线通常由 3 部分组成，它们是（　　）。

    A. 逻辑总线、传输总线和通信总线

    B. 地址总线、运算总线和逻辑总线

    C. 数据总线、地址总线和控制总线

    D. 数据总线、信号总线和传输总线

（5）控制器的基本功能是（　　）。

    A. 实现算术运算和逻辑运算

    B. 控制计算机各个部件协调一致地工作

    C. 存储各种控制信息

    D. 保持各种控制状态

3. 填空题

（1）IDE 硬盘的数据线采用 80 芯 40 针数据接口，SATA 硬盘的数据线采用 _____ 数据接口。

（2）声卡主要由音频处理主芯片、MIDI 电路、_____、运放输出芯片组成。

（3）电源功率可分为_____、最大功率、峰值功率。

（4）声卡的基本功能是_____、多声道混音和录音。

（5）激光打印机由光学系统、_____、电晕和静电清除器组成。

4. 判断题

（1）CPU 超频是通过提高外频或倍频实现的。（　　　）

（2）SRAM 存储器的特点是速度快，价格较贵，常用于高速缓冲存储器。（　　　）

（3）在选购微机部件时，主板类型和 CPU 类型的选择没有关系。（　　　）

（4）CRT 显示器和 LCD 显示器一样，都是刷新率越高，显示效果越稳定。（　　　）

（5）当键盘的一个键位被按下时，键盘内微处理器就把该键位所表示字符信号转化为二进制码传给主机。（　　　）

5. 实训题

（1）目前微机市场的最新技术有哪些？

（2）本章内容中所介绍的主流微机部件产品在目前市场上的应用情况怎样？

第3章 微机组装技术

学 习 内 容

1. 微机硬件的选型和配置。
2. 微机的组装。

实 训 内 容

1. 微机配置方案设计。
2. 组装微机。

学 习 目 标

掌握：微机的组装顺序、组装技术和方法，内部数据线及信号线的连接。

理解：微机硬件配置的类型和微机配置流程。

3.1 微机硬件的选型与配置

3.1.1 微机硬件配置类型

微机的主要部件有主板、CPU、内存、硬盘、显卡、显示器和声卡等。由于微机技术发展迅速，各部件不断推出新品，一般根据微机用户的使用需求选择各部件，遵循够用就行的原则。下面是几种典型的需求分类。

1. 专业图形设计型

专业图形设计型微机配置优先考虑的是高效的图形处理能力和良好的显示效果。专业图形设计领域过去一直是专业图形工作站（如 SGI，HP 等）的天下，但其价格昂贵。对于小型的图形设计公司和图形设计学习者来说，专业图形设计型微机也是很好的选择，它是一套典型的高价、高性能配置的微机。

配置用于专业图形设计和动画制作的微机，应从下列 4 个方面考虑：

（1）必须配备高性能的主机，包括高速的 CPU 和主板、大容量的高速双通道 DDR 内存。因专业图形设计型微机对系统稳定性要求很高，CPU、主板、内存等一般要选择大品牌厂家的高品质产品。

（2）配备适应专业图形处理需求的高性能显卡、显示器。图形设计对显示输出要求较高，一般都选择大屏幕（20 英寸以上）高分辨率 CRT 显示器。

（3）要配备大容量硬盘。一般可选择 SATA 硬盘，其优点为读写速度更快，而且不必像早期的 PATA 硬盘要设置主、从跳线。这是由于 SATA 采用点对点的传输模式，所以串行系统将不再受限于 PATA 单通道只能连接两块硬盘。另外，SATA 的 CRC（循环冗余校验）机制能同时对命令和数据字符进行校验，使误码率进一步降低，大大增加了系统数据的可靠性。SATA 所使用的数据线远比 PATA 简单整齐，连线长度也更长，这不但有利于安装及系统散热，同时也为实现 SATA RAID（硬盘阵列）准备了充足的空间。不仅如此，SATA 还具备热插拔功能，更加方便实用。

（4）带刻录功能的光驱和操作灵敏的鼠标、键盘等其他部件。

以下我们针对当前市场给出了一个专业图形设计型微机的配置实例。它采用了 Intel 高档 CPU、技嘉主板、双通道 DDR II 内存、高端显卡、高分辨率 CRT 显示器、SATA 硬盘等部件，可以说是目前台式微机的高端配置，具体见表 3 - 1。

表 3 - 1　专业图形设计型微机配置实例表

序号	部件名称	型号与规格	参考价/元	数量	价格/元
1	CPU	Intel Core 2 Duo E6600	2700	1	2700
2	主板	技嘉 GA-965P-DQ6	2088	1	2088
3	内存	金士顿 1G DDR II 内存	930	2	1860
4	显卡	影驰 GeForce 7900GS 加强版	1499	1	1499
5	硬盘	希捷 7200 400G	1200	1	1200
6	声卡	主板集成	0	0	0
7	网卡	主板集成	0	0	0
8	光驱	三星金将军光雕刻录机 TS-H652L	299	1	299
9	CRT 显示器	三星 1100 21 英寸	3800	1	3800
10	机箱	世纪之星 V2	378	1	378
11	鼠标、键盘	罗技光电高手套装	199	1	199
12	音箱	漫步者 R201T06	180	1	180
		合　计		11	14203

2. 游戏发烧友型

游戏发烧友型微机配置优先考虑的是良好的游戏效果和操作性能。游戏玩家要在相对有限的预算中获得尽可能好的游戏体验和效果，而微机游戏效果在很大程度上取决于其配置，游戏发烧友型微机配置相对于普通办公、学习型要高些。

配置游戏发烧友型微机，应从下列四个方面考虑：

（1）游戏发烧友型微机需配备较高性能的主机，但它对 CPU 和主板的要求没有专业图形设计型高。尽管 CPU 的性能高低对于游戏运行的速度会有比较大的影响，但不同类型游戏对 CPU 的要求程度有很大区别，因此可根据用户常玩的游戏类别来选择不同档次的 CPU；主板可着重考虑实用性和兼容性；大容量的双通道 DDR II 内存可让游戏运行起来更加顺畅。

（2）配备中高档的显卡、显示器。中档显卡可满足主流游戏的需求，对于部分要求较高的游戏，可选择高档显卡；为得到更好的游戏画面质量，可选择较大屏幕的 CRT 显示器，相比液晶显示器，CRT 显示器能令游戏画面更加艳丽、真实。

（3）需配备声卡、音箱、操作灵敏的鼠标和键盘、游戏手柄等部件。要获得逼真的音效，声卡和音箱必不可少，一般普通声卡和 2.1 音箱就够用了；同样，一款顺手的鼠标、键盘是游戏玩家必备的战斗武器；对于喜欢玩体育类和动作类游戏的玩家，游戏手柄也是必要的装备。

（4）配备较大容量的硬盘，经久耐用的光驱等部件。

以下我们针对当前市场给出了一个游戏发烧友型微机的配置实例。它采用了性价比较高的 AMD CPU、捷波主板、双通道 DDR II 内存、高端显卡、高分辨率 CRT 显示器、大容量硬盘等部件，具体见表 3 - 2。

表 3 - 2 游戏发烧友型微机配置实例表

序号	部件名称	型号与规格	参考价/元	数量	价格/元
1	CPU	AMD AM2 Athlon64 x2 3600 +（盒）	895	1	895
2	内存	宇瞻 512MB	390	2	780
3	硬盘	西部数据 160GB	435	1	435
4	主板	捷波 HA01	790	1	790
5	显卡	影驰 7900GS 高清版	1299	1	1299
6	显示器	三星 19 寸 997MB +	1180	1	1180
7	声卡	主板集成	0	0	0
8	网卡	主板集成	0	0	0
9	光驱	建兴 16X DVD	155	1	155
10	音箱	三诺 iFi-321	338	1	338
11	机箱	百盛 C402	150	1	150
12	电源	全汉 绿宝	380	1	380
13	鼠标、键盘	微软 光学极动套装	160	1	160
	合　计			12	6562

3. 商务办公型

商务办公型微机配置优先考虑的是稳定的性能，适应办公环境要求的外观。

就目前的硬件发展程度来看，普通商务办公对微机的硬件要求较低。但值得说明的是，商务办公型的配置通常还需考虑微机外观是否符合具体办公环境的要求。

配置商务办公型微机，应从下列 4 个方面考虑：

（1）对主机性能要求不高。大部分商务办公用微机的用途都比较简单，多是处理文档资料、上网及收发 E-mail，因此对 CPU 的运算速度要求并不高；对主板的性能要求不高，只需选择与 CPU 性能匹配的主板；内存的容量要求也不高。但办公用微机关键是要稳定，长时间使用不出问题，因此要选择品质可靠的品牌产品。

（2）对硬盘容量要求不高，但质量一定要过硬，否则就会影响正常的工作。

（3）对显示要求不高。一般可选择集成显卡；从办公环境考虑，应选择液晶显示器。

（4）配备光驱、鼠标、键盘等其他部件，还有摄像头、耳机或者音箱等也是商务办公的必备利器，用以满足网上视频会议的需要，提高办公效率。

以下我们针对当前市场给出了一个商务办公型微机的配置实例。它采用了性价比较高的 Intel CPU、华硕主板、DDR Ⅱ 内存、集成显卡、液晶显示器、摄像头等部件，具体见表 3-3。

表 3-3　商务办公型微机配置实例表

序号	部件名称	型号与规格	参考价/元	数量	价格/元
1	CPU	Intel 奔腾 D 820 2.8GHz	665	1	665
2	主板	华硕 P5GZ-MX	630	1	630
3	内存	金士顿 512MB DDRII667	430×2	2	860
4	硬盘	希捷 7200.9 160G SATA2.5	490	1	490
5	显卡	主板集成	0	0	0
6	声卡	主板集成	0	0	0
7	网卡	主板集成	0	0	0
8	光驱	三星金将军光雕刻录机 TS-H652L	299	1	299
9	显示器	液晶显示器 优派 VA703b	1480	1	1480
10	摄像头	罗技	99	1	99
11	机箱	世纪之星 V2	270	1	270
12	鼠标、键盘	多彩 防水高手 K8020P+M338BP	98	1	98
13	音箱	漫步者 R201T06	180	1	180
合　　计				11	5071

4. 家庭娱乐型

家庭娱乐型微机配置优先考虑的是良好的影音效果。

由于微机在人们工作和生活中发挥着越来越重要的作用，其在现代家庭的普及程度也越来越高。大部分家庭用户除了一般用微机学习、上网及收发 E-mail，还要兼顾多媒体欣赏的需要，因此在选购时应注重视听方面的部件。

配置家庭娱乐型微机，应从下列 4 个方面考虑：

（1）对主机性能要求一般。因为主要用途为家庭用户学习、上网、娱乐，所以对 CPU、主板和内存的要求都不高。

（2）需配置性能良好的显卡、声卡。显卡是多媒体微机视频显示的核心部件，它对于画面处理、MPEG 解码，以及视频输入、输出都至关重要。在选购显卡时对显卡的芯片组及接口要特别注意，除了有良好的 MPEG 解码性能，最好能支持连接家用的大屏幕电视；集成声卡能满足一般需求，要欣赏高品质音效可配置独立高性能显卡。

（3）需配置较大容量的硬盘、实用的 DVD 光驱。随着数码相机、DV、MP3 播放机等数码产品的普及，微机家庭用户对硬盘容量的要求也越来越高；DVD 光驱是家庭娱乐型微机的标准配置，因为要想欣赏高品质的多媒体效果，只有 DVD 才是理想的欣赏媒体。

（4）还需配备鼠标、键盘、摄像头、音箱等其他部件。摄像头可满足家庭用户网络聊天的需求；性能较高的 5.1 音箱是家庭娱乐型微机的上佳选择。

以下我们针对当前市场给出了一个家庭娱乐型微机的配置实例。它采用了性价比较高的 AMD CPU、升技主板、DDR 内存、技嘉显卡、宽屏液晶显示器等部件，具体见表 3-4。

表 3-4　家庭娱乐型微机配置实例表

序号	部件名称	型号与规格	参考价/元	数量	价格/元
1	CPU	AMD AM2 Athlon64 x2 3600 +（盒）	895	1	895
2	内存	宇瞻 512MB DDR667 2 条	390	2	780
3	硬盘	西部数据 160GB 8M SATA	435	1	435
4	主板	升技 KN9S	690	1	690
5	显卡	技嘉 GV-RX165P256D-RH	888	1	888
6	显示器	LG 194WT	1788	1	1788
7	声卡	主板集成	0	0	0
8	网卡	主板集成	0	0	0
9	光驱	建兴 16X DVD	155	1	155
10	音响	麦博 FC728	880	1	880
11	机箱	金河田 7606	350	1	350
12	鼠标、键盘	微软光学极动套装	160	1	160
合　计				11	7021

3.1.2　微机配置流程

1. 明确需求

在购机之前，首先要明确自己需要什么样的微机，即买这台微机的用途。按需求量身配置的微机，往往比买厂家批量生产的整体微机能获得更好的性价比。如上一节所述，微机配置一般可分为专业图形设计型、游戏发烧友型、商务办公型、家庭娱乐型等类型，不同的需求决定了其不同的配置要求。

无论选择哪种配置类型，总的来说要遵循够用就行的原则。不少初次配置微机的人都追求高档的产品，其实大可不必，一来高性能可能在一般用途中无用武之地，二来微机的配件发展十分迅速，高的配置、新的技术更新换代很快，过度的投资就是浪费。

2. 了解行情

明确需求之后，对微机所需各部件的要求已明确，这时需要通过网络、电脑市场充分了解各部件的性能参数、价格行情。

首先，要了解所需各种部件的市场行情。微机的主要配件有 CPU、主板、硬盘、内存、显卡、显示器和声卡等，对每种部件，要了解市场上现在有些什么品牌以及每个品牌的档次，售后服务等。然后，按性能和价格从高到低罗列各种档次的主要产品，再重点了解满足自己装机需求档次的产品。

以 CPU 为例，比如组装一台主要用于上网、写文章等的微机，根据需求可明确其对 CPU 的性能要求并不高。先了解市场上的主要品牌，如今的 CPU 市场 Intel 和 AMD 各显其能。Intel 依然占据处理器市场老大哥的地位，Intel Core 2 Duo 系列覆盖整个高端市场，Celeron（赛扬）处理器在低端市场呼风唤雨，占据了大部分市场的销售份额；AMD 也是 CPU 厂商中的佼佼者，不断推出许多更快更强的芯片，以其优惠的价格及实用的性能，为用户提供另外一种选择。对市场上的 CPU 品牌与产品有一定认识之后，再将 CPU 产品从高档到低档的主要代表产品罗列出来，对中低档 CPU 加以重点了解，这样一来可将主要精力花在对 Celeron 或 Sempron（闪龙）的了解上。

在装机之前，除上网查询、到电脑市场了解各部件行情之外，也可以向技术人员咨询，或向身边有装机经验的人请教。通过这些渠道，对自己要买的各个部件有个全面的了解。

3. 列出初步的主要部件清单

对部件需求有了一定的了解，对所需各个部件的性能及价位有一定的认识后，可结合自己的购买力列出一份初步的主要部件清单，清单至少包括部件名、性能指标要求等内容。一份部件清单并非是一组部件的简单组合，需要综合考虑需求、购买力、各部件性能、部件间的兼容性、组装后微机的整体性能等因素。

为确保微机的整体性能，购买微机应遵循均衡原则。只有 CPU、内存、显卡、主板等部件均衡地发挥性能，才能获得一台性能优异的微机。例如，要配置一台专业图形设计人员使用的微机，该微机对 CPU 的要求较高。但如果仅考虑配置高价高性能的 CPU，而忽视了内存、主板等其他部件的均衡和协调，那么整机性能就难以保证了。

为确保各部件兼容性，部件间的搭配要遵循"先其他部件、后主板"的原则。因为一旦主板选定后，CPU 等其他部件只能适应主板所提供的功能，这样比较被动。市场上的主板品种较多，足够适应任何可能的部件组合，因此，要先根据需要和预算选好其他部件，然后再选择合适的主板。

在其他部件和主板的选择上，具体可参照以下几个要点：

（1）各部件遵循"频率必须相对一致"的原则，否则必然有资源（资金）浪费。例如，对于 FSB 为 800 MHz 的 CPU，最好选择支持 800 MHz 以上 FSB 的主板，且主板支持双通道内存技术。

（2）主板上的 CPU 插槽与所选 CPU 的接口必须吻合。例如，目前 AMD 的主流 CPU 是 Socket 939，Intel 的主流 CPU 是 LGA 775。如果选择不当，就可能出现 CPU 不能安装到主板上的问题。

（3）硬盘的接口和主板提供的接口必须一致。目前各种接口（P-ATA 和 SATA）的硬盘市场上都有销售，且技术越先进，价格越高。如果购买了 SATA 接口的硬盘，而主板不支持 SATA 的硬盘，则无法使用。

（4）显卡的接口和主板提供的接口必须一致。目前市场上的显卡有两种接口（AGP 和 PCI-E），但很少有主板同时支持这两种接口，部分较先进的主板支持两个 PCI-E，即支持双显卡。因此可先确定要使用什么样的显卡，再决定选择使用什么样的主板。

（5）电源与主板的配合。CPU 档次越高越需要足够强劲的电源功率，对于中、高端的配机方案，最好单独选择电源，电源功率一般要 350W 以上。

（6）对于其他对系统性能影响不大的部件，可以根据需求与预算灵活选择。

例如，如果将 CPU 选定为 Intel Pentium D 640，它是 LGA775 接口，FSB 为 800MHz。参照以上几个要点，可以确定针对这款 CPU，内存要选用 2 条 DDR II 400，或更高规格的内存条构成双通道；主板必须支持 800 MHz 的 FSB 和双通道 DDRII 内存技术。接下来，如果将显卡确定为一款 PCI-E 接口的显卡，这就要求主板带有 PCI-E 插槽。有一个插槽就可以，两个则浪费了。然后，如果选择的是一款 SATA 接口的硬盘，这要求主板必须支持 SATA 技术。就以上各部件的选择，相应选择的主板肯定需要 350W 以上的电源，清单见表 3 - 5。

表 3 - 5　微机配置初步的主要部件清单

序号	部件名称	性 能 要 求	数量
1	CPU	LGA 775，FSB800（与内存和主板相关）	1
2	内存	DDRII 构成双通道内存系统（与 CPU 和主板相关）	2
3	硬盘	SATA 接口（与主板相关）	1
4	显卡	PCI-E 接口（与主板相关）	1

续表

序号	部件名称	性能要求	数量
5	主板	LGA 775，FSB800，双通道 DDRII 内存插入槽， 单个 PCI-E 插槽，SATA 硬盘接口	1

由以上例子可见，CPU、内存和主板是密切相关的，它们共同决定了系统的运行效率。主板作为系统的载体，必须同时支持各部件的技术规格，这也是我们强调要遵循"先其他部件、后主板"的原因。如果在实际装机中，买不到合适的主板（这种情况非常少见），则可根据实际情况对显卡和硬盘进行"降配"，但 CPU、主板和内存之间必须匹配。

4. 列出详细的部件清单

确定初步的部件清单后，要反复研究进一步明确各部件可选的品牌、型号。市场上各部件品种繁多，不同品牌、不同型号的产品性能也不尽相同，有时花同样的钱，买到的却是大不相同的性能。因此，要进一步通过网络、市场了解符合清单要求的产品品牌、型号、价格、售后服务等信息，最终确定一款性价比较高的产品，将其品牌、型号、价格等信息填入详细清单。

提示： 也可预选 2～3 款产品，为购买留下余地，一来可在购买时再仔细比较，二来也可防止在某款产品缺货时影响购置进程。

5. 购置部件

有了详细清单后，可对照清单购买各部件，若之前预选了几款产品则可比较后最终选择其中一款购买。

3.2 微机硬件的组装

3.2.1 装机准备

1. 工具

微机组装过程中常用的工具有十字螺丝刀、一字口螺丝刀、钳子等，在装机前要先准备好。

2. 检查装机部件

微机组装前需先查验装机部件是否齐全，可设计一份微机组装记录表，见表 3－6，对照记录表检查部件，同时也在装机过程中记录各步骤的完成情况，避免遗漏。

表 3 - 6 微机组装记录表

部件情况记录

名　　称	是否配备	数量	名　　称	是否配备	数量
机箱	√	1	光驱	√	1
主板	√	1	显示器	√	1
CPU	√	1	鼠标	√	1
CPU 风扇	√	1	键盘	√	1
内存	√	2			
硬盘	√	1			

数据线及电源线情况记录

名　　称	是否配备	数量	名　　称	是否配备	数量
硬盘数据线	√	1	显示器电源线	√	1
光驱数据线	√	1	主机电源线	√	1
显示信号线	√	1			

组装进程记录

步　　骤	完成情况	存在问题及解决办法
1. 准备工作		
2. 安装 CPU		
3. 安装 CPU 散热器		
4. 安装内存		
5. 固定主板		
6. 安装电源		
7. 安装各类板卡		
8. 安装驱动器		
9. 连接电源线		
10. 连接机箱面板线		
11. 连接显示器		
12. 连接键盘		
13. 连接鼠标		
14. 通电测试		

3. 拆开机箱

目前多数微机采用 ATX 结构机箱。机箱通过其内部的支架、各种螺丝钉等连接件将微机电源、主板、各种扩展板卡、各种驱动器等部件固定在其内部，使主机成为一个整体。在装机前要拆开机箱，仔细观察机箱的结构，确认各个部位的安装位置。

（1）将机箱的左右两块盖板取下，观察机箱的整体结构，如图 3 - 1 所示。

图 3 - 1   ATX 机箱

提示： 一般会随机箱附送许多附件，如螺丝钉等，在安装过程中会用到它们。

（2）将机箱底板水平放置，仔细观察机箱内部的结构，如图 3 - 2 所示。

图 3 - 2   ATX 机箱内部

机箱上端后部设有电源固定架，用来放置微机电源盒；机箱上端靠近面板部分有多个不同规格的固定架，5 寸固定架用来固定 5 寸硬盘、光驱，3 寸固定架用来固定 3.5 英寸硬盘、软驱，固定架前端面板上都设有挡板，安装驱动器前需去除对应的挡板；底面的大铁板是机箱内给主板预留的位置，称之为底板，底板上面的多个小铜柱用来固定主板；机箱背面设有多个槽口，分别用来固定显卡、声卡、网卡等各种板卡，这些槽口都有挡板盖住，安装板卡时需先去除挡板，拔除板卡时应重新盖上挡板；机箱内还有一些带有插头的线缆，主要是机箱面板上 Power 键和 RESET 键、指示灯以及扬声器的引线，主板上都有相应的插针。

4. 注意事项

微机组装前还要注意以下事项：

（1）防止人体所带静电对电子器件造成损伤。在安装前，先消除身上的静电，比如用手摸一摸自来水管等接地设备；如果有条件，可配戴防静电环。

（2）对各个部件要轻拿轻放，避免碰撞和震动，尤其是硬盘。

（3）安装主板一定要稳固、平整，同时要防止主板变形，不然会对主板的电子线路造成损伤。

3.2.2 主板基本部件安装

主板是微机的主要部件，主板基本部件的安装包括 CPU、内存条的安装。装机时一般先将 CPU 和内存安装到主板上，然后再把主板固定在机箱里、

1. 安装 CPU

目前主流 CPU 有 Intel 和 AMD 两种品牌，不同产品的接口不尽相同，对应主板上 CPU 插座也不同，但安装步骤类似。下面我们以 Intel CPU 为例介绍 CPU 的安装。

先用适当的力向下微压固定 CPU 的压杆，同时往外推压杆，使其脱离固定卡扣，如图 3-3 所示；接下来，将固定 CPU 的压杆与盖子打开，将 CPU 的凹槽对准插座的凸起部位，把 CPU 放进插座，如图 3-4 所示；然后将固定 CPU 的盖子盖下；最后压下固定 CPU 的压杆，将其卡入固定卡扣。

图 3-3　抬起小拉杆

图 3-4　CPU 插入后

提示：Socket 结构主板上的 CPU 插座，一般在其中一个角或两个角上少一个插孔，CPU 本身也是如此，这也就标明了 CPU 的安装方向。

注意：在安装过程中切不要用力按压 CPU，所有的针脚应该平顺地与插座接触。

2. 安装 CPU 散热器

CPU 散热器安装在 CPU 上部，与 CPU 直接接触。

（1）抹散热膏

安装散热器前要先在 CPU 上涂散热膏或加块散热垫，如图 3-5 所示，这有助于将热量由 CPU 传导至散热装置上，避免 CPU 过热导致运行不稳定、频繁死机等问题。常用的散热膏是导热硅脂，能够很好地填充散热片和 CPU 之间的缝隙。

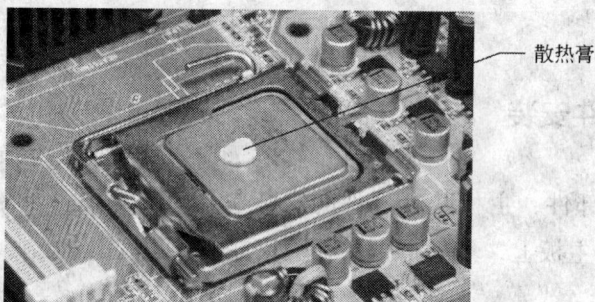

散热膏

图 3-5 涂抹散热膏

（2）安装散热器

将散热器固定在 CPU 上部，如图 3-6 所示。CPU 一般使用配套有散热片和风扇的散热器，这是由于 CPU 功耗高，发热量大，需要风扇作为主动散热装置。

图 3-6 安装散热器

图 3-7 连接风扇电源

（3）连接散热器风扇电源

将散热器风扇的电源线插头连接到主板的风扇插座（CPU_FAN），如图 3-7 所示。

　　提示：散热器的风扇电源线一般有 3 条电线，其中两条用来传送电源，第三条则用来监控风扇的转速，因此 BIOS 能够监测风扇的转速。

3. 安装内存条

内存条有不同的容量规格，如 256MB，512 MB，1GB 等，但其插槽规格统一，因此安装方法十分简单。

首先对准安装方向，因为 DIMM 内存条上金属接脚端有凹槽，而对应的 DIMM 内存插槽上有凸棱，很容易确定方向；然后将内存条上的接脚与主板上的插槽对齐；再小心地将其压入插槽中，两侧的卡口将在内存条插入后扣紧，如图 3 − 8 所示。

若要取下内存条，只要按下插槽两端的卡子，内存就会被推出插槽了。

图 3 − 8　内存条安装

4. 固定主板

安装完 CPU 和内存条后，接着将主板固定在主机箱的底板上。先使机箱底板水平放置；将主板平放于机箱中，并使其外部接口与机箱上的预留位置对齐；用螺丝将主板固定在机箱中，在底板上通常都会有比实际需要更多的螺孔，这些都是按照标准位置预留的，与主板上的固定孔相对应，需要对比一下主板并在对应位置固定螺丝，如图 3 − 9 所示。

固定螺丝

图 3 − 9　固定主板

3.2.3　主机其余部件安装

1. 安装电源

目前微机一般采用 ATX 电源，如图 3－10 所示，供 ATX 结构的主板或者有 ATX 电源接口的主板使用。使用 ATX 电源的主板可以实现软件关机。安装电源的方法比较简单，把电源放在机箱的电源固定架上，使电源背面的螺孔和机箱上的螺孔对应，然后拧上螺丝即可，如图 3－11 所示。

图 3－10　ATX 电源

图 3－11　ATX 电源固定

2. 安装显卡

安装显卡的 PCI-E 插槽或 AGP 插槽，一般位于主板的中间位置，如图 3－12 所示。安装显卡只需先从机箱的背面除去对应的槽口挡板，然后对准 PCI-E 插槽或 AGP 插槽插入显卡，再使用螺丝钉固定显卡即可。

显卡

图 3－12　显卡及其他扩展卡的安装位置

注意：部分主板的插槽上有用于固定显卡的卡口。安装前需先拉开固定卡口，将显卡完全插入插槽后，再将卡口复原，使其达到固定显卡的目的。

3. 安装其他扩展卡

其他扩展卡，如声卡、视频卡等一般都采用 PCI 插槽。PCI 插槽一般有若干个，理论上各个插槽都是相同的，可以根据需要选择使用。各扩展卡安装方法也大致相同，安装前需要从机箱的背板去除对应的插槽挡板，再将扩展卡插入选定插槽，最后使用螺丝固定扩展卡。

4. 安装驱动器

（1）固定驱动器

固定不同驱动器的方法基本相似。先从机箱的面板上去除固定架前的挡板；将驱动器由面板向内插入到固定架，并保持驱动器正面和机箱面板齐平；然后在两侧各使用两颗螺钉初步固定，先不要拧紧，这样可以对驱动器的位置进行细致的调整；最后再把螺钉拧紧，用力要适当，以免对部件造成损害。

提示：目前有些新型机箱无需螺丝钉固定驱动器，而是使用卡扣。

安装硬盘驱动器时需注意硬盘的朝向，接口一侧朝向机箱内，另一侧朝向机箱面板，面板朝上，有电路板的一面朝下。SATA 硬盘可直接使用上述办法加以安装，但 PATA 硬盘安装前须按要求设置主、从跳线。

安装光驱时需注意不可把螺钉拧得太紧，以免导致机箱和光驱变形，使得光驱不能正常运行，螺钉只要锁紧到光驱，稳固即可。

另外，各驱动器散热的问题也需要考虑，如转速达 7200 rpm 的硬盘其温度很快就会上升至 50℃以上，因此应该在各驱动器之间留有空隙，以避免热量累积，影响系统的正常运行。

（2）数据线连接

与驱动器相关的数据线主要有两类——软驱数据线与连接硬盘及光驱的硬盘数据线。软驱数据线采用 34 线连接线。硬盘与光驱的数据线主要有两种，其中：80 线的 ATA 66/100/133

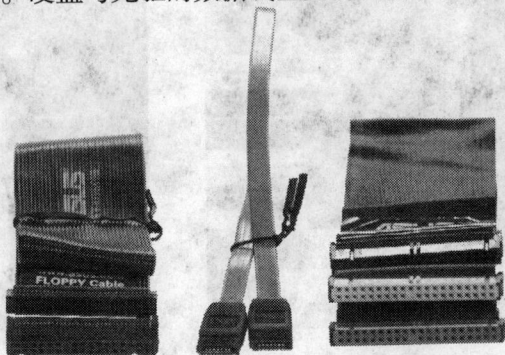

图 3-13 软驱数据线、ATA66 数据线和 SATA 数据线

一般用于连接 PATA 接口硬盘；SATA 数据线则用于连接 SATA 硬盘和 SATA 光驱。如图 3-13所示。两种数据线分别对应主板的不同接口，如图 2-33 所示。

提示： 若硬盘和光驱接口相同，则其数据线可以通用。

用数据线连接驱动器与主板上的相应接口时必须注意对准位置，数据线在其第一针脚有不同的颜色加以区别，主板和驱动器的接口上也有对应的辨识标志。

连接软驱数据线时还要区分软驱数据线的 A，B，C 三端，数据线交叉的一端为 A 端，中间一端我们叫它为 B 端，另外一端为 C 端。A 端和 B 端各有一个接头用来连接 3 寸软驱，C 端连接主板上的软驱接口。当要连接两个软驱时，就在 A 端和 B 端各接一个软驱，此时接在 A 端的软驱称为 A 驱，另一个为 B 驱；当只连接一个软驱时，要把它接在 A 端上。

5. 电源线连接

（1）主板电源

主板电源插头有两种，一种是主电源插头，即 ATX 插头；另一种是专为 CPU 供电的 ATX 12V 插头，如图 3-14 所示。

图 3-14 ATX 主电源插头和 ATX 12V 接头

安装主板的电源线，首先要将主电源接头插在主板的电源插槽中，如图 3-15 所示；然后将 ATX 12V 接头插入主板的辅助电源插槽中，如图 3-16 所示。

图 3-15 连接主板电源接头

图 3-16 连接 ATX 12V

（2）驱动器电源

一般主机电源至少有 5 个插头用来为驱动器提供电源。IDE 硬盘驱动器和光驱采用大 4 Pin 电源插头，软盘驱动器采用小 4 Pin 插头，SATA 硬盘使用 15 Pin 插头，如图 3 - 17 所示。

图 3 - 17　驱动器电源线

提示：如果电源不提供 SATA 硬盘的电源插头，则可使用 IDE-SATA 转接线，将 SATA 电源插头插入硬盘电源插座，将另一端连接大 4 Pin 电源插头。

安装驱动器电源只需将相应电源插头对准其上的插槽口插入即可，但在安装时要注意对准电源插头的方向。

6. 机箱面板功能线连接

机箱面板功能线一般是彩色、白（黑）色两种线一组，其中彩色线缆为正极，黑白线为负极，如图 3 - 18 所示。线缆的插头上通常有标注，各种标注及其含义如下：

（1）SP，SPK 或 SPEAKER：表示扬声器。

（2）RS，RE，RST，RESET 或 RESET SW：表示复位开关。

（3）PWR，PW，PW SW，PS 或 POWER SW：表示电源开关。

（4）HD，H. D. D LED：表示硬盘指示灯。

图 3 - 18　机箱面板线

主板为机箱面板功能线提供了插针，插针上也标有以上各种标注。这些插针一般在主板的右下角，如图 3 - 19 所示。

图 3 - 19 主板上机箱面板功能线插针

扬声器线缆（SPEAKER）的作用是接通扬声器。它采用四芯插头，但实际上只有两根线，要将它接在主板的 SPEAKER 插针上，但在连接时要注意将红线对准正极。

复位开关线缆（RESET SW）的作用是产生瞬间的短路，从而实现按下机箱面板上的 RESET 键后重新启动微机。它采用两芯插头，连接时要将其接到主板的 RESET 插针上，不需要注意插接的正反。

电源开关线缆（POWER SW）的作用是接通 ATX 机箱上的总电源，实现按下机箱面板上的 Power 按钮后接通微机的总电源，再按一下关闭电源。它采用两芯插头，连接时要将其接在主板的 POWER SW 插针上，不需要注意插接的正反。

硬盘指示灯线缆（H. D. D LED）用于连接机箱面板上的硬盘指示灯和主板上的 H D D LED 插座，它采用两芯插头，连接时要将插头接在主板的 H. D. D LED 插针上，需要注意插接方向，将红线对准标注"1"的位置。

提示：有些主板上会标示"H. D. D LED +"和"H. D. D LED -"，需要将红线对应连接在 H. D. D LED + 插针上，白线连接在 H. D. D LED 插针上。

7. 收尾工作

至此，主机的安装过程就基本完成了。先仔细检查一下以上各部件的安装与连接情况，确保无误后整理所有连线，再把机箱背面的剩余槽口用挡板封好。

提示：此时最好不要合上机箱盖子，以便通电后有问题随时解决。

3.2.4 外部设备安装

主机组装完成后，还需将外部设备与主机相连，常用的外部设备包括键盘、鼠标、显示器等。

1. 显示器连接

一般显示器背面底部有两个接口：电源接口和显示接口。不同显示器的显示接口可能不同，但与主机的连接方式相同，即将信号线两端分别插入显示器的显示接口与显卡上的接口。

2. 键盘连接

有线键盘的接口主要有 PS/2 和 USB 两种，其背面仅有一根连线。PS/2 键盘需将连线接头插入机箱背面的 PS/2 口，如图 2-35 所示；USB 接口键盘则需将接头插入到机箱面板或背面的 USB 接口。

3. 鼠标连接

与键盘类似，有线鼠标的接口主要有 PS/2 和 USB 两种，其背面仅有一根连线。PS/2 鼠标需将连线接头插入机箱背面的 PS/2 口，如图 2-35 所示；USB 鼠标则需将接头插入到机箱面板或背面的 USB 接口。

其他的外部设备，如打印机、音箱、耳机等设备也可在整机组装完成后再连接到主机。

3.2.5 通电检测

微机组装工作基本完成后还需通电开机检测，以确认组装是否成功。首先仔细检查主机各部件的连接是否正确、各外设是否已连接好；然后分别连接主机电源线、显示器电源器；再将主机、显示器电源插头连到插座；最后打开电源，开机测试。

若微机通电开机测试中有故障发生，可先关闭电源，再依据后续章节中的故障排除法一一解决，直至微机正常启动。若能正常启动微机，则可关闭电源，合上机箱盖板，至此，微机硬件组装全部完成。

3.3 实训4 微机配置方案设计

1. 实训目的：能针对装机需求，结合微机部件的市场行情拟订相应的微机配置方案。

2. 实训内容：针对整机性能需求特点，选择装机所需的主板、CPU、内存条、硬盘、光驱、输入/输出设备等部件，确定其品牌、规格、性能指标和单价，给出具体配置方案。

3. 实训要求：实训前认真复习本章内容，通过市场调研或互联网搜索，了解微机选购与组装行情，针对实训中的装机需求拟订相应的微机配置方案。记录调研过程，评价实训中完成的微机配置方，总结完成过程中存在的问题与体会，完成实训报告。

为说明实训步骤，本实训假定某用户的装机需求描述如下：单位办公室里使用，要物美价廉，主要用于处理文件、上网搜索资料，参加视频会议等；数据量不算大；要液晶显示器，最好是黑色的。

4. 实训步骤

（1）明确装机需求

第一步：了解并记录装机用户购置微机的主要用途和配置类型。

第二步：根据配置类型，初步给出该类型配置的总体要求，包括对微机运行速度、显示性能、稳定性、存储容量等方面的要求。由于是商务办公型，微机对运行速度要求不高、显示要求一般、稳定性要求较高、存储容量要求不高。

第三步：依据总体要求，初步给出对 CPU、内存、显卡、硬盘等部件的总体性能要求。该用户欲配置的微机对 CPU 的频率要求不高；内存和硬盘的容量都无需太大，但要选择品质可靠的品牌产品；显卡、声卡、网卡等选择主板集成就能满足要求；主板性能稳定。

第四步：了解装机用户的其他需求，如对微机外观的要求等。由于该微机要进行视频会议，需配置摄像头，考虑不干扰其他办公人员，选择配置耳机而非音箱；显示器依用户需求选择黑色液晶显示器。

（2）了解市场行情

第一步：根据市场的现场调研或互联网搜索了解各种部件的市场行情。根据装机需求，需了解 CPU、内存、硬盘、主板、显示器、光驱等主要部件，摄像头、耳机、机箱、键盘、鼠标等配件的行情。

第二步：按性能和价格从高到低罗列各种档次的主要产品，再重点了解满足自己装机需求档次的产品。根据装机需求，重点了解中档 CPU、容量适中的内存、容量适中稳定性好的硬盘、中档主板、中低档液晶显示器、中低档光驱等；对各种部件要了解市场上这一档次产品的品牌、价格、售后服务等。

（3）列出部件清单

第一步：综合考虑需求、购买力、各部件性能、部件间的兼容性、组装后微机的整体性能等因素，列出一份初步的主要部件清单，包括主要部件的部件名、性能指标要求等内容。根据用户需求，结合市场行情，该微机初步的主要部件清单见表 3－7。

表 3－7 微机配置初步的主要部件清单

序号	部件名称	性 能 要 求	数量
1	CPU	LGA 775，FSB800（与内存和主板相关）	1
2	内存	DDRII 构成双通道内存系统（与 CPU 和主板相关）	2
3	硬盘	SATA 接口（与主板相关）	1
4	主板	LGA 775，FSB800，双通道 DDRII 内存插入槽，SATA 硬盘接口，集成显卡、声卡、网卡	1

第二步：进一步通过网络、市场了解符合清单要求的产品品牌、型号、价格、售后服务等信息，最终确定一款性价比较高的产品，将其品牌、型号、数量、价格等信息填入详细清

单。该微机的详细清单如表 3 - 8 所示。

表 3 - 8　微机部件详细清单

序号	部件名称	型号与规格	参考价/元	数量	价格/元
1	CPU	Intel 奔腾 D 820 2.8GHz	665	1	665
2	主板	华硕 P5GZ-MX	630	1	630
3	内存	金士顿 512MB DDRII667	430×2	2	860
4	硬盘	希捷 7200.9 160G SATA2.5	490	1	490
5	显卡	主板集成	0	0	0
6	声卡	主板集成	0	0	0
7	网卡	主板集成	0	0	0
8	光驱	三星金将军光雕刻录机 TS-H652L	299	1	299
9	显示器	液晶显示器 优派 VA703b 17 寸	1480	1	1480
10	摄像头	罗技	99	1	99
11	机箱	世纪之星 V2	270	1	270
12	鼠标、键盘	多彩 防水高手 K8020P + M338BP	98	1	98
13	耳机	创新 HS-300	90	1	90
合　　计				11	4981

（4）确认配置方案

与装机用户沟通，阐述配置方案的依据，并根据用户意见调整清单，最终达成一致意见。

3.4　实训 5 组装微机

1. 实训目的： 熟悉微机的组装顺序、组装技术和方法，掌握内部数据线及信号线的连接。

2. 实训内容： 按要求进行主板部件组装、主机各部件组装及连接、整机连接。

3. 实训要求： 实训前认真复习本章内容，通过微机的实际组装，熟悉微机的组装顺序，掌握微机组装技术和方法。在组装过程中，逐步填写微机组装过程单，并记录实训中遇到的问题和解决的办法。

4. 实训步骤

（1）检查实训设备，做好准备工作

对照微机组装进程表，核对微机组装各部件、工具是否齐全；并对照装机注意事项做好准备工作。

（2）安装 CPU

第一步：打开固定 CPU 的盖子，露出 CPU 插座。用适当的力向下微压固定 CPU 的压杆，同时往外推压杆，使其脱离固定卡扣，如图 3-20 所示；然后将固定 CPU 的盖子与压杆反方向提起，如图 3-21 所示；打开盖子后，可看到 LGA 775 CPU 插座，如图 3-22 所示。

图 3-20　松开压杆　　　　　　　　　　　图 3-21　提起 CPU 盖子

图 3-22　LGA 775 插座　　　　　　　　　图 3-23　CPU 放进插座

第二步：插入并固定 CPU。对准方向，将 CPU 凹槽对准插座凸起位置，把 CPU 放进插座，如图 3-23 所示；然后盖上固定 CPU 的盖子，如图 3-24 所示；最后压下固定 CPU 的压杆，将其卡入固定卡扣，如图 3-25 所示。

图 3-24　固定处理器的盖子　　　　　　　图 3-25　压杆卡入固定卡扣

第三步：安装 CPU 散热器。先在 CPU 表面均匀地涂上一层导热硅脂，如图 3 - 26 所示；然后将散热器固定在对应插座上，如图 3 - 27 所示；找到主板上标识为 CPU_ FAN 的风扇电源接口，如图 3 - 28 所示；将散热器风扇的电源插头插入，如图 3 - 29 所示。

图 3 - 26　涂导热硅脂

图 3 - 27　固定 CPU 散热器

图 3 - 28　风扇的电源接口

图 3 - 29　连接风扇电源

（3）安装内存

将内存条对准 DIMM 插槽，如图 3 - 30 所示，均匀用力插到底，插槽两端的卡子会自动卡住内存条，如图 3 - 31 所示。

图 3 - 30　DIMM 内存插槽

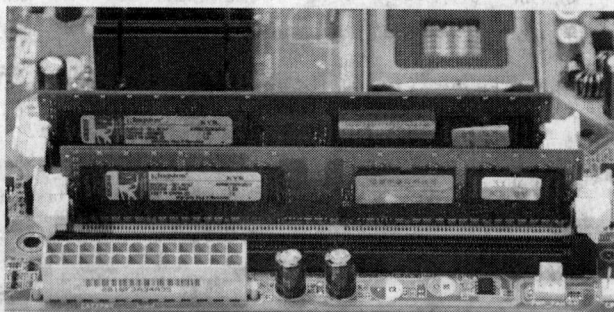

图 3 - 31　安装内存条

（4）安装主板

第一步：拆开机箱，取下机箱的外壳，使机箱底板水平放置。

第二步：将主板平放于机箱中，并使其外部接口与底板上的预留位置对齐。

第三步：用螺丝钉将主板固定在机箱中。如图 3 - 32 所示。

图 3 - 32　安装主板

（5）安装电源

将电源放入机箱内的电源固定架，对齐位置，拧紧螺丝即可。

（6）安装显卡和声卡

第一步：去除显卡、声卡对应位置的槽口挡板。

第二步：将显卡以垂直于主板的方向插入插槽中，用力适中并要插到底部，保证卡和插槽的良好接触，参见图 3 - 12。

第三步：以同样的方法把声卡插入 PCI 插槽中。

第四步：安装好声卡和显示卡后，用螺丝钉将声卡、显卡固定在机箱上。

（7）安装驱动器

第一步：安装光驱。先从面板上取下一个 5 寸固定架前的槽口挡板，然后将光驱从机箱前面板插入固定架，如图 3 – 33 所示。

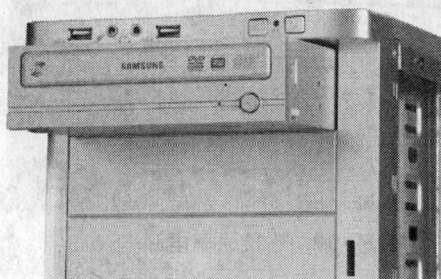

图 3 – 33　插入光驱

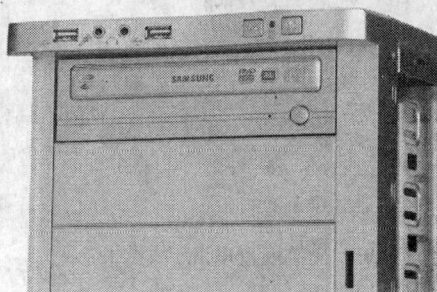

图 3 – 34　光驱与机箱面板齐平

第二步：将光驱的正面与机箱面板对齐，如图 3 – 34 所示，在光驱两侧分别用两个螺丝钉初步固定，进一步调整光驱的位置，使其保持水平且正面与机箱面板平齐，然后再把螺丝钉拧紧。

第三步：安装硬盘。先从面板上取下一个 3 寸固定架前的槽口挡板，然后将 3.5 英寸硬盘从机箱前面板插入固定架，如图 3 – 35 所示。

图 3 – 35　安装硬盘

第四步：在硬盘两侧分别用两个螺丝钉初步固定，进一步调整硬盘驱动器的位置，使其保持水平，然后再把螺丝钉拧紧。

（8）连接电源线

第一步：连接主板主电源。从主机电源盒中找出 ATX 电源接头，将其插入主板的主电源插槽中，参见图 3 – 15。

第二步：连接主板辅助电源。从主机电源盒中找出 ATX 12V 电源接头，将其插入主板的辅助电源插槽中，参见图 3 – 16。

第三步：连接硬盘驱动器电源。从主机电源盒中找出一个硬盘驱动器电源接头，将其插入硬盘背面的电源插槽中，如图 3 – 36 所示。

第四步：连接光驱电源。从主机电源盒中找出一个大 4Pin 电源接头，将其插入光驱背面的电源插槽中，如图 3 – 37 所示。

图 3 - 36　连接硬盘电源

图 3 - 37　连接光驱电源

（9）连接数据线

第一步：连接 SATA 硬盘数据线。取出 SATA 硬盘数据线，将一端插入硬盘背面的接口，如图 3 - 38 所示；另一端插入主板对应的 SATA 接口，如图 3 - 39 所示。

图 3 - 38　SATA 硬盘数据线连接

图 3 - 39　主板和硬盘数据线连接

第二步：连接光驱数据线。取出光驱数据线，将一端插入光驱背面的接口，另一端插入主板对应的接口，如图 3 - 40 所示。

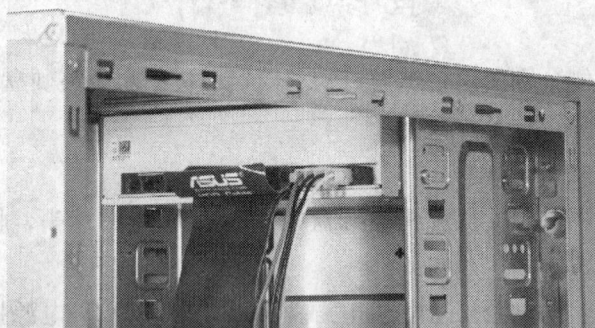

图 3 - 40　光驱数据线连接

（10）连接机箱面板线

第一步：连接扬声器线缆（SPEAKER）。从机箱内取出插头上标注"SPEAKER"的线缆，找到主板上标注"SPEAKER"的插针，观察插针上正极的方向标注，将红线对准正极，插入到 SPEAKER 插针, 如图 3 - 41 所示。

图 3 - 41　连接前面板功能的接脚连接

第二步: 连接复位开关线缆 (RESET SW)。从机箱内取出插头上标注 "RESET SW" 的线缆, 插到主板上标注有 "RESET SW" 的插针, 如图 3 - 41 所示。

第三步: 连接电源开关线缆 (POWER SW)。从机箱内取出插头上标注 "POWER SW" 的线缆, 插到主板上标注有 "POWER SW" 的插针, 如图 3 - 41 所示。

第四步: 连接硬盘指示灯线缆 (H. D. D LED)。从机箱内取出插头上标注 "H. D. D LED" 的线缆, 找到主板上标注有 "H. D. D LED" 的插针, 将红线对准标注 "1" 的位置插入插头, 如图 3 - 41 所示。

(11) 收尾工作

仔细检查一下各部分的连接情况, 确保无误后, 整理好机箱内所有连线; 把剩余的槽口用挡板封好。

(12) 连接外设

第一步: 连接显示器。将显示信号线一端插到显示器背面的显示接口, 如图 3 - 42 所示, 将另一端插到机箱背面的显示接口, 如图 3 - 43 所示。

图 3 - 42　显示器端连接

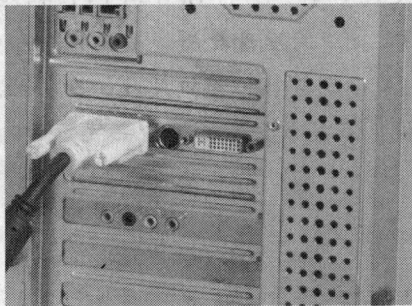

图 3 - 43　主机端连接

第二步: 将 USB 键盘连线的接头插入机箱背面的 USB 接口。

第三步: 将 USB 鼠标连线的接头插入到机箱背面的 USB 接口。

（13）通电测试

第一步：检查主机内各板卡、电源线、数据线的连接，主机和外设的连接。

第二步：将主机电源、显示器电源接到电源插座。

第三步：打开电源，观察并记录开机情况，如有故障，则关闭电源后排查以上各安装步骤是否有误。若正常启动，则关闭电源，合上机箱盖子。

本章小结

本章主要介绍了微机硬件配置的类型、微机配置简单流程、微机硬件的组装顺序和方法；设计了微机配置方案设计和组装微机两个实训。通过本章学习，并结合两个实训项目的实际操作，读者可基本掌握微机硬件的配置和组装。

思考与练习

1. 思考题

（1）微机配置一般分为哪些类型？

（2）组装微机硬件前要注意哪些事项？

（3）微机硬件组装一般要进行哪些步骤？

2. 填空题

（1）机箱面板连接线主要包括_____、_____、_____和_____。

（2）主板电源连接线主要有_____和_____。

（3）组装微机的最常用的工具是_____。

3. 判断题

（1）在安装 CPU 散热器时，为了使散热器固定需要在 CPU 上涂上大量的硅脂。（　　　）

（2）安装 CPU 时，需将 CPU 与 CPU 插座的缺口标志对齐才能正确安装。（　　　）

（3）SATA 接口的硬盘数据线两端完全一样。（　　　）

（4）SATA 硬盘与 IDE 接口硬盘的数据线不同，但电源线一样。（　　　）

（5）主板上有多个 PCI 插槽，安装声卡时可从中任意挑选一个安装。（　　　）

第4章 微机软件系统安装

学习内容

1. BIOS 的设置方法和常用设置。
2. 硬盘的分区与格式化。
3. Windows XP 操作系统的安装。
4. 硬件驱动程序的安装与更新。
5. 应用软件的安装与卸载。

实训内容

1. BIOS 设置。
2. Windows XP 操作系统安装和磁盘管理。
3. 驱动程序和应用程序安装。

学习目标

掌握：常用 BIOS 设置、Windows XP 操作系统的安装、硬件驱动程序的安装与更新、应用软件的安装与卸载方法。

理解：BIOS 设置的必要性。

了解：硬盘分区、格式化、文件系统格式等基础知识。

4.1 微机软件系统安装概述

完成微机硬件安装和自检，为微机的正常工作做好了准备，但此时的微机还无法工作。要让微机发挥其强大的功能，还需要软件系统的支持。一般微机需安装的软件包括操作系统、驱动程序、应用软件及工具软件等。

软件系统的安装步骤一般为：BIOS 设置→设置硬盘逻辑分区并格式化→安装操作系统及其补丁程序→安装硬件驱动程序→安装各种应用软件。

4.2　BIOS 设置

计算机硬件组装完成后，就可开机对计算机进行 BIOS 设置，BIOS 设置不仅关系到系统的整体性能，而且还关系到操作系统是否能够顺利安装。因此，在操作系统安装之前，首先要了解什么是 BIOS 和 BIOS 的具体设置项目。

4.2.1　什么是 BIOS

BIOS（Basic Input/Output System，基本输入输出系统）实际上是固化到主板上的一个 ROM 芯片。BIOS 保存着微机中最重要的开机上电自检程序、系统启动自举程序、中断服务程序和系统设置信息程序。BIOS 为微机提供最低级、最直接的硬件控制与支持，是微机硬件系统和软件系统之间的桥梁。

BIOS 芯片有 4 项主要功能：

1. 上电自检

微机接通电源后，系统首先由 POST（Power On Self Test，上电自检）程序来对内部各个设备进行检测。通常完整的 POST 过程包括对 CPU、640K 基本内存、1M 以上的扩展内存、ROM、主板、CMOS（Complementary Metal Oxide Semiconductor，互补金属氧化物半导体）存储器、串/并口、显示卡、软/硬盘子系统及键盘进行测试，一旦自检中发现问题，系统将给出提示信息或鸣笛警告。

2. 系统启动自举

系统完成上电自检后，会按照在 BIOS 系统设置程序中所设定的启动顺序搜索软/硬盘驱动器、CD-ROM 以及网络服务器等，以便有效地启动驱动器并读入操作系统引导程序，然后将系统控制权交给引导程序，由引导程序来完成系统的启动。

3. 设定中断

开机时，BIOS 会把各硬件设备的中断号告诉 CPU，当用户发出使用某个设备的指令后，CPU 就根据中断号使用相应的硬件完成工作，再根据中断号跳回原来的工作。

4. 系统设置

在 BIOS ROM 芯片中装有系统设置程序，主要设置 CMOS 存储器中的各项参数。这个程序在开机时按热键进入，并提供图形化的界面。系统设置程序允许修改主板和芯片组的初始设置，还可修改系统日期、时间、用户密码等，并可对磁盘驱动器、微机电源以及启动驱动器的顺序等内容进行设置。

BIOS 与 CMOS 虽然是两个不同的芯片，但它们却密切相关。CMOS 是微机主板上的一块 RAM（Random Access Memory，随机存取存储器）芯片，主要用来保存当前系统的硬件配置情况和用户对某些参数的设定，其内容可通过专门的设置程序进行读写。CMOS 芯片由主板上的电池供电，因此无论是在关机状态中，还是遇到系统掉电情况，CMOS 信息都不会丢失。由于 CMOS 芯片本身只是一块 RAM 存储器，只具有保存数据的功能，所以对 CMOS 中各项参数的设定需要通过硬件厂商提供的专门程序来完成。主板厂商一般将 CMOS 设置程序做到 BIOS 芯片中，通过该程序对 CMOS 参数进行设置，这种 CMOS 设置通常也被叫做 BIOS设置。可以说，BIOS 中的系统设置程序是完成 CMOS 参数设置的手段，而 CMOS RAM 是 BIOS 设定的系统参数的存放场所。

提示：由于 BIOS 和 CMOS 都与系统参数设置相关，所以在实际使用过程中有 BIOS设置和 CMOS 设置这两种说法，其实指的是同一件事，即通过 BIOS 中的系统设置程序来完成 CMOS 参数设置。

我们已经了解到 BIOS 设置很重要，实际上很多时候它需要操作人员根据微机实际情况手动设置，一般以下几种情况必须进行 BIOS 设置。

1. 新购微机

即使带 PnP（Plug and Play，即插即用）功能的系统也只能识别一部分微机外围设备，而且对软/硬盘参数、当前日期、时钟等基本资料还需要由操作人员进行设置，因此新购买的微机必须通过 CMOS 参数设置来告诉系统整个微机的基本配置情况。

2. 新增设备

由于系统不一定能识别新增的设备，所以可能需要通过 BIOS 设置来告诉它。另外，一旦新增设备与原有设备之间发生了冲突，也往往需要通过 BIOS 设置来进行排除。

3. CMOS 数据意外丢失

在系统后备电池失效、病毒破坏了 CMOS 数据程序、意外清除了 CMOS 参数等情况下，常常会造成 CMOS 数据丢失，只能重新进入 BIOS 设置程序完成新的 CMOS 参数设置。

4. 系统优化

BIOS 设置对主板甚至整台微机的性能优越与否有很大影响。BIOS 中预设的内容包括内存读写等待时间、硬盘数据传输模式、内/外高速缓存的使用、节能保护、电源管理、开机启动顺序等参数，但对用户的微机系统而言这些设置并不一定就是最优的。微机维护人员可以通过修改 BIOS 的设置，反复测试找到最佳设置方案，从而达到系统优化的目标。

有时我们在主板上安装新硬件后，可能会出现不支持或硬件冲突等情况，为提高硬件的兼容性，使操作系统对硬件配置达到最佳状态，可以对 BIOS 进行升级，即用新版本的内容替换 BIOS 芯片中旧版本内容。由于目前 BIOS 芯片多采用 Flash ROM（快闪可擦可编程只读存储器），通过跳线开关和主板厂商提供的程序可以对 Flash ROM 进行重写，从而方便地实现 BIOS 升级。

目前使用最为广泛的 BIOS 芯片有 Award BIOS, AMI BIOS, Phoenix BIOS 等。Award BIOS是由 Award Software 公司开发的 BIOS 产品, 功能较为齐全, 支持许多新硬件。AMI BIOS 是 AMI 公司的产品, 它对各种软、硬件的适应性好, 能保证系统性能的稳定。Phoenix BIOS 是 Phoenix 公司产品, 界面简洁, 操作简便。

提示: 我们在主板的 BIOS 芯片上能见到厂商的标记, 如 Award, AMI, Phoenix 等。在 Phoenix 合并 Award 后, 现在一些主板的 BIOS 芯片标为 Phoenix-Award。

4.2.2 进入 BIOS 设置程序

进入 BIOS 设置程序通常有下列 3 种方法。

1. 开机启动时按热键

在微机开机启动后仍在上电自检时, 按下特定的热键进入 BIOS 设置程序。如图 4-1 所示, 屏幕上提示 "Press DEL to enter SETUP", 表示按 Del 键可进入 Phoenix-Award BIOS 设置程序。

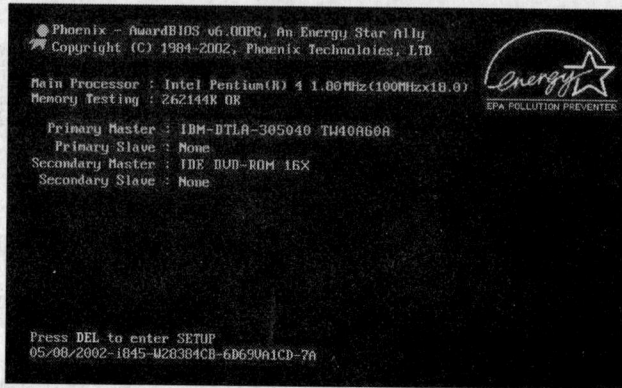

图 4-1 开机自检画面

进入不同类型 BIOS 程序所使用的热键不尽相同, 几种常见的 BIOS 芯片对应的热键见表 4-1。

表 4-1 进入 BIOS 设置程序的热键

BIOS 类型	热 键
Award BIOS	按 Del 键或 Ctrl + Alt + Esc 键
Phoenix BIOS	按 F2 键或 Ctrl + Alt + Esc 键
AMI BIOS	按 Del 键或 Esc 键

注意：以上热键不需要强记，因为一般在开机画面上可以看到提示。即使在开机画面上没有提示，我们也能在主板使用手册中找到相关说明。如果在微机上电自检时来不及按下热键，将启动操作系统，此时可以重启微机，然后在上电自检未结束时按下热键。

2. 使用 BIOS 设置专用软件

可以使用主板厂商提供的 BIOS 设置专用软件，在 Windows 下进行 BIOS 设置。

3. 使用可读写 CMOS 的应用软件

有一些应用程序提供了对 CMOS 的读、写、修改功能，通过它们可以对一些基本系统配置进行修改。

4.2.3　BIOS 设置的基本步骤

不同类型的 BIOS 设置主界面有所不同，图 4 - 2 所示为 Award BIOS 的主界面，图 4 - 3 所示为 Phoenix BIOS 的主界面。尽管不同类型的 BIOS 设置主界面各不相同，但设置步骤大体相同。本节将以 Phoenix BIOS 为例介绍 BIOS 设置的基本步骤，主要包括进入 BIOS 设置程序、浏览选项、更改选项值和退出 BIOS 设置程序等。

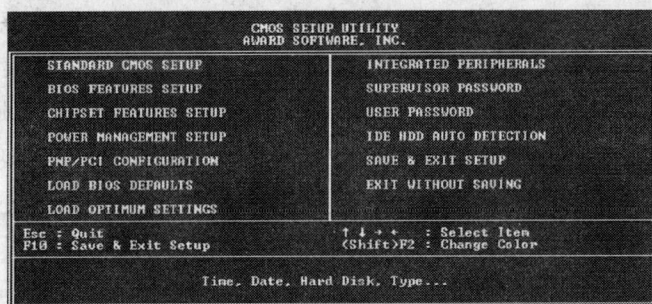

图 4 - 2　Award BIOS 主界面

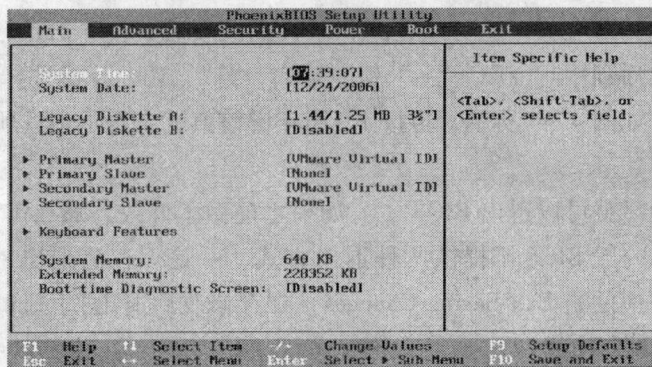

图 4 - 3　Phoenix BIOS 主界面

1. 进入 BIOS 设置程序

依据屏幕上的提示，按热键进入 Phoenix-Award BIOS 设置程序。

2. 浏览选项

进入 BIOS 设置程序后就不能使用鼠标了，需要完全用键盘操作。不同的 BIOS 设置程序定义了不同的操作功能键，通过这些功能键可以切换菜单项和各个选项以便浏览或修改参数值，一般在主界面上会有提示。

如图 4-3 所示，在 Phoenix BIOS 主界面下方列出了 BIOS 设置过程中将用到的操作功能键，各功能键及其对应的功能如下：

F1：获得帮助

↑↓：选择设置项目

-/+：更改选项的值

F9：系统默认设置

Esc：返回上一级选项或进入 Exit（退出 BIOS 设置程序）菜单

←→：选择菜单项

Enter：进入子菜单

F10：保存设置并退出 BIOS 设置程序

使用方向键"←"、"→"切换到某一菜单项，这时菜单项将以高亮显示。主界面中间部分是该菜单项的具体选项设置界面，使用方向键"↑"、"↓"可在菜单项中的各个选项间切换，选项后的括号中显示该选项的当前值，主界面右侧是关于该选项的说明。有些选项的值由几个部分组成，需要分别设置。例如 System Time（系统时间）选项的值包括时、分、秒 3 部分，可以通过 Tab 键、Shift + Tab 键相互切换。有些选项前有个小三角，如图 4-3 所示，表示该选项还有子选项，可以按 Enter 键显示子选项。要从子选项设置界面返回，只需按 Esc 键即可。

3. 更改选项

如果要更改某一选项，可通过方向键将高亮条移到该项，然后按下"+"键或者"-"键，直到切换至合适的选项值。也可以在高亮条移到该项后，按下 Enter 键，这时会弹出一个选项值列表框，然后利用"+"、"-"键，或者"↑"、"↓"键选择一个选项值，选中的值会以亮色显示，如图 4-4 所示，再按下 Enter 键该值就会显示到选项后的括号中。

4. 退出 BIOS

浏览或更改选项后就可以退出 BIOS 了。如果之前做了修改，那么需要考虑是否在退出前保存所做的修改。一般 BIOS 都提供两种退出方式，一是保存后退出，二是不保存退出。在 Phoenix BIOS 中对应的是 Exit Saving Changes（保存修改后退出）、Exit Discarding Changes（不保存修改退出）两个选项。

将高亮条移到 Exit Saving Changes 项后，按下 Enter 键将弹出一个对话框，如图 4-5 所示，询问是否保存后退出，只需将高亮条移到 Yes 上，按下 Enter 键即可保存所做的修改并退出 BIOS 设置程序。

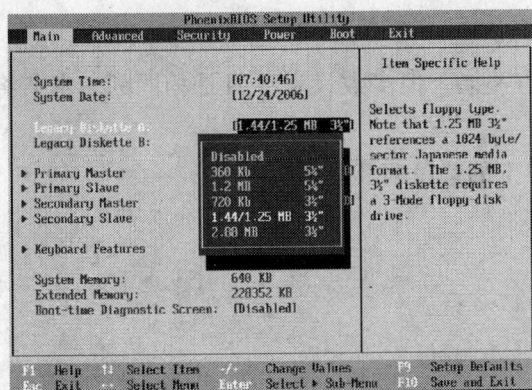

图 4 – 4　选项列表

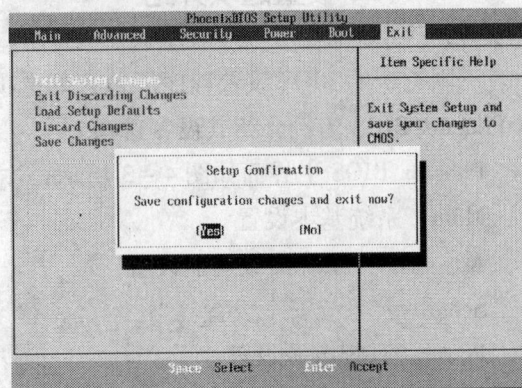

图 4 – 5　保存设置退出 BIOS

如果不想保存所做的修改，则将高亮条移到 Exit Discarding Changes 项，按下 Enter 键，在如图 4 – 6 所示的对话框中选择 No，按下 Enter 键即可不保存所做的修改并退出 BIOS 设置程序。

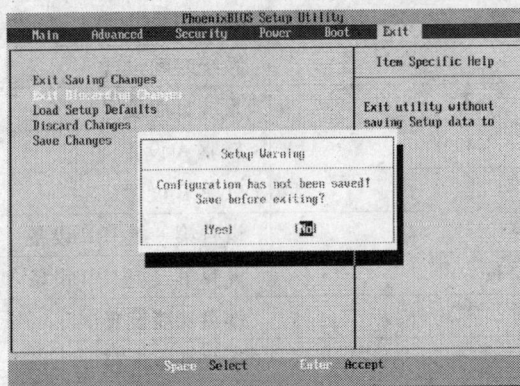

图 4 – 6　不保存设置退出 BIOS

提示：其他类型 BIOS 程序的设置步骤基本相似，但具体操作方法可能略有差异，大家可以参考主板说明书和 BIOS 设置界面上的帮助。

注意：在改变 BIOS 设置前最好记录下相应的初始设置，以便在因修改选项而出现系统工作异常时可以根据记录的初始设置重新恢复。另外，通常系统出厂默认设置都是较合理的设置，在未理解各参数的意义前尽量不要进行更改。

4.2.4 BIOS 设置选项介绍

不同类型的 BIOS 设置程序所包含的选项略有不同，但多数设置项目是相同的。本节将以 Phoenix BIOS 为例介绍其设置选项。

Phoenix BIOS 主界面如图 4-3 所示，主界面上的菜单项及其说明如下：

Main：系统基本设置

Advanced：系统高级功能设置

Security：系统安全设置

Power：系统电源设置

Boot：系统启动设备及顺序设置

Exit：退出 BIOS 设置程序

1. Main 菜单

Main 菜单如图 4-3 所示，主要包括的选项见表 4-2。

表 4-2 Main 菜单选项

选 项 名	含 义
System Time	系统时间设置
System Date	系统日期设置
Legacy Diskette A	软驱 A 设置
Legacy Diskette B	软驱 B 设置
Primary Master，Primary Slave	设置第一组 IDE 设备
Secondary Master，Secondary Slave	设置第二组 IDE 设备
Keyboard Features	键盘功能设置
System Memory	系统基本内存
Extended Memory	扩展内存
Boot-time Diagnostic Screen	开机自检

（1）System Time

用于设置微机的时间，采用 24 小时制，其格式为"时：分：秒"。例如，下午 2 点 30 分 15 秒表示为 14：30：15。可以通过"＋"、"－"键或者直接输入数字来更改系统时间。当微机关机后，RTC（Real Time Clock，实时时钟）功能会继续执行，并由主板电池供电；若主板电池无法供电，那么设置之后每次重新开机，系统时间会回复到 00：00：00。

提示：自从 IBM PC AT 起，所有的 PC 机都包含 RTC 芯片，RTC 是通过主板上的电池来供电的，以便在 PC 机断电后仍然能够继续保持时间。通常，CMOS RAM 和 RTC 被集成到一块芯片上。

（2）System Date

用于设置微机的日期，其格式为"月/日/年"。可以通过"＋"、"－"键或者直接输入数字来更改日期。

提示：BIOS 中设置的日期和时间与将来操作系统安装完成后的"日期和时间属性"相同，如果在操作系统中更改了日期和时间的设置，也将同时更改 CMOS 中的日期和时间。

（3）Legacy Diskette A

用于设置要安装的软驱类型，显示的驱动器符号为"A："。常用的软驱主要是 3.5 英寸 1.44MB 软驱，如果不安装软驱则可以选择 Disabled。可以通过"＋"、"－"键切换选项值，也可以按下 Enter 键，然后在菜单中选择。

（4）Legacy Diskette B

也是用于设置要安装的软驱类型，显示的驱动器符号为"B："，设置方法同上。

（5）Primary Master，Slave Master 和 Secondary Master，Secondary Slave

用于设置第一组和第二组 IDE 设备的主从关系。IDE 设备指的是采用 IDE 接口的硬盘、CD-ROM 或者 DVD-ROM。若主板上有两个 IDE 插槽，通常将一个称为第一接口（Primary），另一个称为第二接口（Secondary）。每个 IDE 插槽均可以连接两个 IDE 设备，这两个设备又分为主盘（Master）和从盘（Slave）。

一般将硬盘作为 Primary Master 连接，这样就可以在 Primary Master 选项中看到硬盘信息，至于硬盘的详细参数，只需将高亮条移动到 Primary Master 选项，然后按下回车键，进入下一级设置画面，如图 4 - 7 所示。其中 Type 用于设置硬盘的来源信息，预设值为 Auto，表示让系统自动检测硬盘的来源信息，也可以设为 User，表示让用户自行设置硬盘来源信息，或者设为 None，表示关闭硬盘的使用。

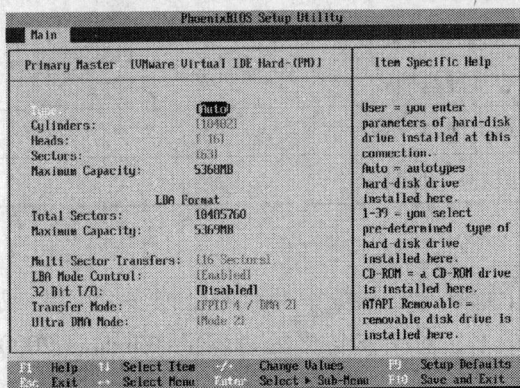

图 4 - 7　**Primary Master 选项设置界面**

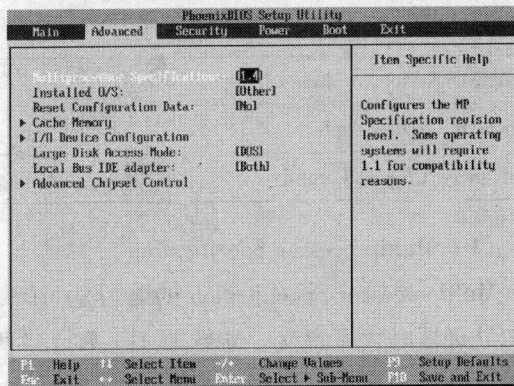

图 4 - 8　**Advanced 菜单**

一般将光驱作为 Secondary Master 连接，同样可以将高亮条移动到这一项，按下回车键，进入下一级设置画面来设置光驱。

注意：目前除了采用 IDE 接口的硬盘外，还有采用 SATA 接口的硬盘，又叫串口硬盘，新版本 BIOS 设置程序中也会有相应的选项。大家可以参考主板说明书和 BIOS 设置界面上的帮助进行设置。

（6）Keyboard Feature

用于设置键盘功能，包括设置数字输入锁定、重复率、重复延迟等。

（7）System Memory

这一项的值被固定为 640KB，这是沿袭早期 DOS 设计所致，不受其他内存大小的影响，系统自动检测基本内存及容量。

（8）Extended Memory

超过 1MB 以上的内存称为扩展内存，系统会自动检测扩展内存的容量并显示。

（9）Boot-time Diagnostic Screen

用于设置微机启动后系统开机自检时是否显示自检信息，系统默认设置为 Disabled，可用"＋"、"－"键修改。

2. Advanced 菜单

Advanced 菜单如图 4 - 8 所示，主要包括的设置选项见表 4 - 3。

表 4 - 3　Advanced 菜单选项

选 项 名	含 义
Multiprocessor Specification	设置多处理器规格
Installed OS	设置启动操作系统
Reset Configuration Date	重新配置数据
Cache Memory	高速缓存设置
I/O Device Configuration	输入/输出设备配置
Large Disk Access Mode	大容量硬盘模式
Local Bus IDE Adapter	本地 IDE 总线适配器
Advanced Chipset Control	高级芯片组控制

（1）Multiprocessor Specification

Multiprocessor Specification 的缩写是 MPS，这个设置只在系统中拥有两个或多个 CPU 或虚拟处理器时才有意义。MPS 有 1.1 和 1.4 两个版本，对于支持多处理器的 Windows 2000 及以后的操作系统可以完全兼容 MPS 1.4。而对于 Windows NT 及更早的操作系统，则必须选择 1.1 版本，如果设置错误会导致第二个处理器关闭。

（2）Installed OS

用于设置启动操作系统。根据用户的实际安装情况而定，有两种选项：Windows 操作系统、Other。Other 指 Windows 以外的操作系统，如 Linux。

（3）Reset Configuration Date

用于设置是否重新配置数据。设置为"Yes"时，如果插入非 PnP 卡，系统将记录到 ESCD（Extended System Configuration Data，扩展系统配置数据），一旦此卡拔出，系统将清掉 ESCD；缺省值为"No"，表示不清除 ESCD。

提示：因为 BIOS 支持即插即用，所以必须记录所有资源分配情况以防冲突，每个外部设备都有 ESCD，以记录所用资源。系统将这些数据记录在 BIOS 保留的存储空间中。

（4）Cache Memory

用于设置高速缓存。将高亮条移到该选项，按下 Enter，可进行具体设置，包括是否启动高速缓存、是否将显卡 BIOS 中的程序在缓存上建立镜像等。

（5）I/O Device Configuration

用于设置系统中的周边设备，如并行接口、串行接口、软盘控制器等，同样可以按下 Enter 键打开设置界面进行具体设置。

（6）Large Disk Access Mode

用于设置使用大容量硬盘模式。不同的操作系统在使用大容量硬盘的工作通道模式中的设置也不同，在硬盘的逻辑划分上有不同的算法。该项缺省值为"DOS"，如果使用的是非 Windows 操作系统，则选择"Other"。

（7）Local Bus IDE Adapter

用于设置是否启动本地的 IDE 总线适配器。

（8）Advanced Chipset Control

包括 Enabled memory gap，ECC config 和 SERR signal condition 三项设置。其中 Enabled memory gap 选项表示是否允许用户关闭系统缓存并释放地址空间；ECC config 选项允许用户启用或禁用 ECC（错误纠正与检查）；SERR signal condition 选项指定了作为一个 ECC 错误限制的条件需求。

3. Security 菜单

Security 菜单如图 4 - 9 所示，主要包括以下设置选项：

（1）Supervisor Password Is

用于表示超级用户密码状态，即是否已设置超级用户密码。该项值不能由用户直接修改，而是根据密码设置状态自动确定该项值，若已设置超级用户密码，则此项为 Set，否则为 Clear。

（2）User Password Is

用于表示用户密码状态，即是否已设置用户密码。该项值的设置方法同 Supervisor

Password Is。

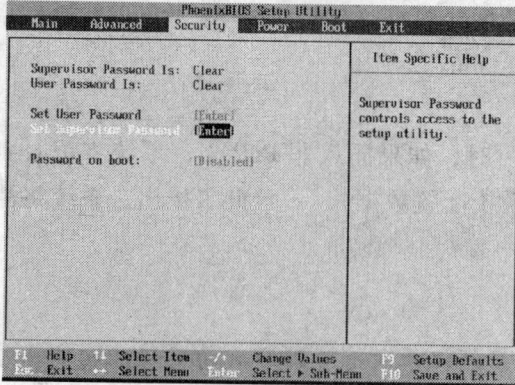

图 4 - 9　Security 菜单

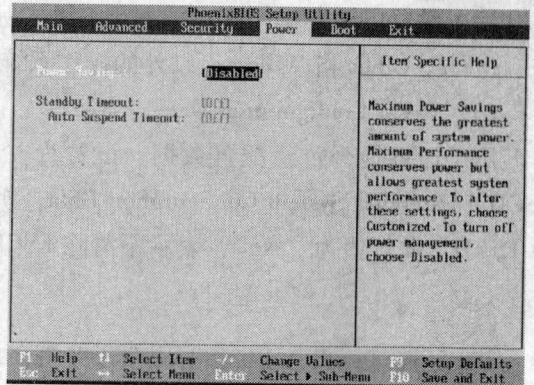

图 4 - 10　Power 菜单

（3）Set Supervisor Password

用于设置超级用户密码。将高亮条移到该项，按下 Enter 键后输入密码，需要输两遍以确认密码设置；按下 Enter 键后将弹出对话框提示密码已设置成功，只需再次按 Enter 键即可；若不希望设置密码则按下 Esc 键。

要取消原密码设置，只需在密码设置对话框中先输入原密码，再在新密码栏中直接按下 Enter 键，同样输入两次，即可取消密码设置。

（4）Set User Password

用于设置用户密码。将高亮条移到该项，按下 Enter 键后输入密码，需要输两遍以确认密码设置。

提示： 必须先设置超级用户密码，才能设置用户密码。

（5）Password on boot

用于设置开机时是否输入密码，Disabled 表示开机时不输入密码，Enabled 表示开机时需输入密码。

注意： 必须先设置超级用户密码才能使用此项目。如果还设置了用户密码，则开机时可输入超级用户密码或用户密码。

4. Power 菜单

Power 菜单如图 4 - 10 所示，主要包括以下设置选项：

（1）Power Saving

用于设置是否使用节电功能。将高亮条移到此项，按下 Enter 键，共有 4 个子项供选择。其中，Disabled 表示关闭电源管理，Maximum Power Saving 表示让系统电源处于最省电状态，Maximum Performance 表示尽量节电但要系统发挥最大的效能，Customized 表示自定义电源管理。

（2）Standby Timeout

用于设置系统待命时间。将高亮条移到此项，按下 Enter 键，选择 Off 或一个时间值选项。例如，如果选择 4 minutes，则表示如果电脑在 4 分钟内没有被使用，将关闭显示器等部分设备直至电脑被重新使用。

（3）Auto Suspend Timeout

用于设置自动休眠时间，即从待命到休眠需要的时间。

提示：也可以在操作系统的电源管理中设置自动休眠时间。

5. Boot 菜单

Boot 菜单如图 4 - 11 所示，菜单中以一定顺序显示了几个系统启动设备，一般包括 Hard Drive（硬盘驱动器）、CD-ROM Drive（光驱）、Removable Devices（可移动设备）等。这里设置的顺序决定了开机后系统启动设备的引导优先级，只有第一项指定的设备无法引导系统时，才会尝试第二项设备，只有第二项设备无法引导时才会尝试第三项设备，以此类推。

提示：如果要安装操作系统，则应该把 CD-ROM 作为第一启动设备。操作系统安装完成后，一般将 Hard Drive 设为第一启动设备。

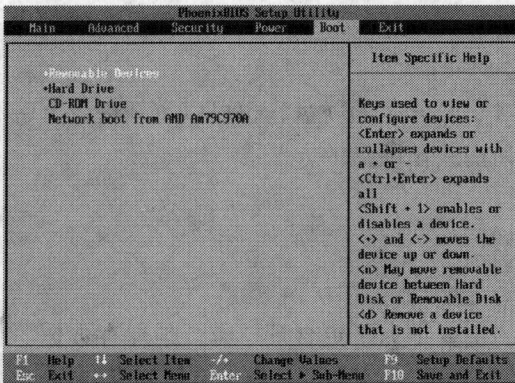

图 4 - 11　Boot 菜单

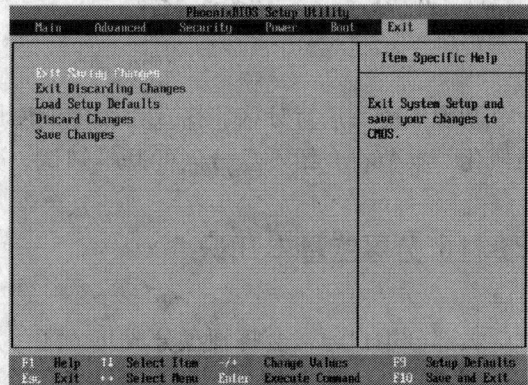

图 4 - 12　Exit 菜单

6. Exit 菜单

Exit 菜单如图 4 - 12 所示，主要包括以下设置选项：

（1）Exit Saving Changes

表示保存修改后退出 BIOS 设置程序。将高亮条移到该项后，按下 Enter 键将弹出一个对话框询问是否保存后退出。若要保存所有修改后退出 BIOS 设置程序，则将高亮条移到 Yes，按 Enter 键；选择 No 表示暂不退出 BIOS 设置。

（2）Exit Discarding Changes

如果退出 BIOS 设置程序前放弃所做的修改，则在此项上按下 Enter 键，除了系统时间、日期和密码设置外，对于在 BIOS 中所做的其他修改，系统都会弹出对话框询问是否放弃存储这些设置。选择 No，按下 Enter 键，表示不保存设置并退出；选择 Yes 则表示要保存设置并退出。

（3）Load Setup Defaults

用于加载系统的默认设置参数。如果因为之前设置不当而导致系统不稳定，则可以通过加载系统的默认设置参数来使系统恢复到较稳定的状态。将高亮条移到该项，按下 Enter 键，在弹出的对话框中选择 Yes 加载默认参数；选择 No 表示不加载默认设置，继续 BIOS 设置。

（4）Discard Changes

用于恢复修改前的状态，但不退出 BIOS 设置程序。将高亮条移到该项，按下 Enter 键，在弹出的对话框中选择 Yes 恢复修改前状态；选择 No 表示不恢复前面的状态，继续 BIOS 设置。

（5）Save Changes

用于保存所做的修改，但不退出 BIOS 设置程序。将高亮条移到该项，按下 Enter 键，在弹出的对话框中选择 Yes 保存所做的修改；选择 No 表示不保存修改，继续 BIOS 设置。

4.3 硬盘分区与格式化

新硬盘需要进行分区和格式化后才能使用，对于已分区的硬盘，也可以重新进行分区和格式化。本节将介绍硬盘分区的基本知识、分区和格式化硬盘的方法。

4.3.1 分区的基本知识

大部分用户通常会将硬盘分成几个区，其目的主要是为了更合理、有效地保存数据。将硬盘的空间分成几个部分，即划分成几个分区（Partition），使每一分区都可以像一个独立的磁盘一样被访问，这是通过添加分区表（Partition Table）来实现的。分区表中包含各分区的起止点、活跃标记、分区类型等信息。起止点实际上定义了分区的大小及在磁盘上的位置，"活跃"标记被某些操作系统的引导装载程序所用。

提示：分区表保存在硬盘的 0 磁道 0 柱面 1 扇区。

1. 主分区、扩展分区和逻辑分区

分区表被分为 4 个部分，每个部分都装有定义单个分区所必需的信息，这意味着分区表定义的分区不能超过 4 个。分区表中定义的这 4 个分区可以都是主分区（Primary Partition），每个分区只能包含一个逻辑分区（Logical Partition）。

随着磁盘驱动器的不断增大，可能 4 个逻辑分区仍不够用，这时可以将其中一个分区的类型设为"扩展"（Extended），创建一个扩展分区（Extended Partition）。扩展分区不能直接使用，需要在扩展分区上创建多个逻辑分区再使用，这样就可以突破原先 4 个逻辑分区的限制。

注意：Windows 只允许创建一个主分区，而 Linux 最多可以让用户创建 4 个主分区。另外，一个硬盘上只能创建一个扩展分区。

一个硬盘能够分成 4 个主分区、3 个主分区和 1 个扩展分区、2 个主分区和 1 个扩展分区、1 个主分区和 1 个扩展分区。当然，也可以分一个或两个主分区，而不创建扩展分区。微机用户一般将硬盘分为一个主分区和一个扩展分区，将主分区用于安装操作系统，扩展分区划分为几个逻辑分区。

如果安装有多个操作系统，一般建议一个分区上仅安装一个操作系统。当从硬盘启动系统时，有一个分区并且只有一个分区中的操作系统启动运行，这个运行的分区叫活跃分区。当启动操作系统时，操作系统将给主分区、每个逻辑分区分配一个驱动器号，也叫盘符，如我们平时在资源管理器中见到的"C:"，"D:"，"E:"和"F:"等盘符。

提示：操作系统一般将"A:"，"B:"盘符固定分配给软驱使用，而不管机器上是否有软驱存在；将"C:"分配给活跃分区，然后按顺序将"D:"，"E:"等盘符分配给逻辑分区，最后再分配给光盘驱动器、移动存储器等。

2. 分区格式

硬盘的分区格式，也就是硬盘分区的文件系统格式。Windows 支持的分区格式主要有 FAT16，FAT32 和 NTFS。FAT16 是早期 DOS 操作系统下的分区格式，很多操作系统都支持这种格式，但因为 FAT16 分区格式的硬盘实际利用效率低，现在已经很少使用；FAT32 比 FAT16 节约空间，运行速度比 FAT16 稍慢些，但它对硬盘的管理能力大大增强了，Windows 98，Windows 2000，Windows XP 都支持 FAT32 分区格式；NTFS 应用于 Windows 2000，Windows XP，Windows 2003，它的安全性和稳定性都很出色。

Linux 常用的分区格式有 Ext2，Ext3 和 ReiserFS。Ext2 存取文件性能好，具有反删除等功能；Ext3 具有日志功能，支持大文件，但不支持反删除功能，安全性较高；ReiserFS 支持大文件和反删除功能，同时具有先进的日志功能，磁盘空间的利用率较高。

3. 分区建议

对硬盘进行分区首先要根据硬盘容量大小、具体应用需求和操作系统特性来合理制定分区方案，然后建立主分区，再建立扩展分区、划分逻辑分区，最后选择合适的分区格式来格式化各分区。

例如，对于只安装一个 Windows XP 操作系统的硬盘来说，一般只划分一个主分区，选择 NTFS 分区格式，用于安装操作系统；其余空间划分为一个扩展分区，并进一步划分成多个逻辑分区，如 "D:"，"E:"，"F:" 盘。可将 "D:" 盘用于存放系统备份和应用软件，"E:" 盘用于存放工作文档，"F:" 盘用于存放音乐、照片等，而各分区的大小可由硬盘本身大小和用户自身需求决定。

4.3.2 硬盘分区和格式化

常用的硬盘分区和格式化的方法有以下几种：

1. 用 FDISK 进行分区并用 FORMAT 进行格式化

这是 DOS，Windows 95，Windows 98 时代常用的分区办法。FDISK 是基于 DOS 的程序，一般的 Windows 98 启动盘都包含这个程序，启动到纯 DOS 命令行状态后，输入一个简单的命令，FDISK 便可运行程序了。程序可以创建分区、激活分区、删除主分区与逻辑分区和查看分区信息。分区完成后可利用 FORMAT 命令格式化各个分区。随着操作系统的更新换代，现在采用 DOS 和 Windows 98 操作系统的用户越来越少了，因此这种方法也渐渐被其他方法替代。

2. 安装操作系统时分区和格式化

Windows XP 操作系统允许在安装过程中对硬盘进行分区。这一分区方法操作简单，而且适合使用新硬盘的需要。

3. 利用操作系统进行分区和格式化

操作系统安装完成后，若硬盘仅划分了主分区，此时我们就可以对剩余的磁盘空间进行分区、格式化。当然，若已经分过区，但对分区情况不满意，我们也可以对分区进行重新调整，即先将系统盘之外的磁盘分区都删除掉，让其成为 "未指派" 的空间，然后重新指派、划分逻辑分区。

这些都可以通过操作系统自带的功能完成，例如在 Windows XP 操作系统中，就可以利用磁盘管理程序对磁盘空间进行分区和格式化，但这种方法只能对没有安装操作系统的其他分区进行操作，不能对主分区操作。

注意：分区操作会造成文件丢失，所以一般来说只对没有存储文件的磁盘分区进行操作。要对已存储文件的磁盘分区进行分区，则需要使用专门的分区软件。

4. 使用分区软件进行分区和格式化

有一些专门的硬盘分区工具软件，如 PowerQuest PartitionMagic，可以在不损失硬盘中原有数据的前提下对硬盘进行重新分区、复制分区、移动分区、隐藏/重现分区、转换分区格式等，并能对分区进行格式化。

4.4 操作系统安装

BIOS 设置完成之后，就可以开始安装操作系统了。操作系统是管理计算机软硬件资源的一个平台，没有它微机将无法正常运行。在这一节中，我们将介绍常用的操作系统和操作系统对硬件的配置要求，并以 Windows XP 操作系统为例，介绍常用的安装方式以及双系统的安装。

4.4.1 常用操作系统

目前大多数家庭和办公用的电脑一般选择安装的操作系统有 Windows 2000，Windows XP 等操作系统，也有部分用户使用 Linux 或 Unix 操作系统。

Windows 是微软公司在 20 世纪 80 年代末推出的多任务图形化操作系统，具有简单易用、界面友好、操作人性化的特点。Windows 操作系统家族成员有 Windows 95，Windows 98，Windows 2000，Windows XP，Windows Server 2003 等，2007 年微软公司推出了新成员——Windows Vista。

Linux 诞生于 1991 年，具有运行稳定、效率高的特点，被广泛地用作服务器操作系统。由于 Linux 源代码公开，使得它在技术上的进展迅速，功能日益强大。目前主流的中文 Linux 版本有蓝点 Linux、红旗 Linux 等。

对于计算机用户而言，需要了解各个操作系统的特点，并根据电脑配置选择合适的操作系统。

4.4.2 操作系统的安装方式

不同操作系统的安装步骤略有差异，但安装方式不外乎以下 3 种：全新安装、升级安装、修复安装。

1. 全新安装

这种方式适合在硬盘上没有安装任何操作系统的时候使用。需要准备好操作系统的安装光盘，同时在 BIOS 设置中将第一启动设备选为 CD-ROM，即从光盘启动，然后插入光盘，启动安装程序后依据安装向导提示安装即可。

这种方式也适用于双系统和多系统的安装，如要在已安装 Windows XP 的电脑中再安装 Linux 操作系统，则只需以全新安装方式安装 Linux 即可。

2. 升级安装

这种方式适用于对原有操作系统进行升级，其安装过程与全新安装也大致相同。例如从 Windows 98 升级到 Windows 2000 或 Windows XP，该方式的好处是能保留原来系统中用户的程序、数据、设置，硬件兼容性方面的问题也比较少。

注意：并非所有的 Windows 早期版本都可以升级到后续 Windows 版本。如 Windows 98，Windows ME，Windows 2000 Home 等操作系统可以升级到 Windows XP Professional，而 Windows 95 就不能升级到 Windows XP Professional。此外，不同语言版本之间也是不能直接升级的。因此，在升级安装需要先查阅关于升级安装该操作系统的说明。

3. 修复安装

如果计算机原先已经安装了某个操作系统，但系统发生崩溃或出现问题，这时可以用修复安装的方式覆盖被破坏的系统文件，并保留原先安装的软件和设置。一般只需在安装操作系统时，按照提示选择"修复安装"方式即可。如在安装 Windows XP 时，安装光盘启动后，系统会提示选择"安装系统"或是"修复 Windows XP 安装"选项，此时选择"修复 Windows XP 安装"即表示要对原先系统进行覆盖并修复。

4.4.3 安装 Windows XP

Windows XP 是微软公司开发的图形界面操作系统，拥有强大的网络和多媒体功能及漂亮的外观，同时操作简单、实用，因此广受用户欢迎。本节将以中文版 Windows XP Professional 操作系统为例介绍操作系统的全新安装。

1. 设置 BIOS

进入 BIOS 设置主界面，设置启动顺序。将第一启动设备设为 CD-ROM，保存设置，退出 BIOS 设置程序。

2. 安装程序加载文件，接受许可协议开始安装

将 Windows XP 安装光盘插入光驱，光盘会自动运行，安装程序自动监测系统并开始加载文件。

出现安装向导界面后，按 Enter 键继续安装过程，若想退出安装则按 F3 键。

在出现许可协议画面后，按 F8 接受 Windows XP 许可协议。

3. 选择安装操作系统的分区

安装程序将检测到目前的硬盘分区情况。若硬盘还没有进行分区，则可以在此时创建磁盘分区，若已经对磁盘进行分区，则可以选择一个分区安装操作系统。

注意：要在硬盘上安装操作系统，则硬盘上至少要有一个主分区。Windows XP 操作系统允许在安装过程中对硬盘进行分区，而有些操作系统，如 Windows 98，则必须在安装系统前对硬盘进行分区操作。

4. 复制安装文件，重新启动

格式化结束后，安装程序开始往硬盘中复制文件。文件复制结束后，电脑会自动重新启动。

电脑重启后将会出现 Windows XP 的启动画面，接下来将真正开始安装操作系统，在这个过程中将出现一些介绍 Windows XP 的画面。

5. 设置安装信息

在这一过程中将会出现一系列对话框，要求用户在这些对话框中填写相关信息或作出自己的选择，然后单击【下一步】按钮。需要填写的信息主要包括以下几项：

（1）区域和语言

区域和语言设置一般选用默认值即可，若需要更改则单击【自定义】按钮，选择微机所在区域和使用的语言，如将区域设为"中国"、将语言设为"中文"等。

（2）用户个人信息

用户个人信息包括姓名和单位两项，它会作为身份标识而存储在微机中。操作系统安装完成后，每当安装应用软件时，安装程序会自动识别用户信息并添加到相应的注册表项目中。

提示：操作系统安装成功后右击【我的电脑】，在快捷菜单中选择【属性】，可看到安装操作系统时设置的用户姓名和单位。

（3）产品的密钥

购买操作系统安装盘时，会随产品提供一个由 25 位字符组成的产品密钥。

（4）计算机名和系统管理员密码

安装程序会自动为用户创建一个计算机名，但用户可以更改。计算机名用于在网络中标识这台微机，可以由字母、数字或其他字符组成。安装程序还会创建一个名为 Administrator 的系统管理员账号，Administrator 拥有最高权限。

提示：操作系统安装成功后右击【我的电脑】，可看到安装操作系统时设置的计算机名称。

（5）系统日期、时间和所在时区

安装程序显示的系统日期、时间不一定是当前的正确日期和时间，它的值来源于 CMOS，即用户在 BIOS 中设置的系统时间和日期值（参阅 4.2 节），可修改。所在时区一般选择【（GMT + 08：00）北京，重庆，香港特别行政区，乌鲁木齐】。

（6）网络设置

一般选择【典型设置】，表示使用"Microsoft 网络客户端"、"Microsoft 网络的文件和打印共享"、"TCP/IP"协议等典型设置建立网络；也可以选择【自定义设置】进行手动配置。

（7）计算机所在的工作组或域

域和工作组都是由一些计算机组成的，这种组织关系和物理上微机之间的连接没有关系，是逻辑意义上的。一个网络中可以创建多个域和多个工作组。域和工作组之间有很大区别：工作组可以由任何一台计算机用户创建，也可以选择加入其他计算机创建的工作组，但域只能由服务器创建，其他计算机只能选择加入该域。用户设置好计算机所在工作组后，登录系统后即进入工作组，不需要账号和密码，而登录域则需要域管理员为用户创建的密码。

提示：这项设置将在局域网设置中用到，一般选"工作组"，如果局域网是有"域"的，可以在这里设置"域"名，也可以在安装完毕后，执行【我的电脑】→【属性】→【计算机名】→【网络 ID】命令进行修改。

6. 安装组件

安装程序继续进行各种组件、控制面板等项目的安装。各组件安装完成后，微机再次重启。

7. 设置系统

在这一阶段主要完成网络和用户信息的设置，主要设置项目如下：

（1）显示设置

出现欢迎界面后，为了屏幕美观，系统会自动调整屏幕的分辨率，只需单击【确定】按钮确认设置。

（2）网络连接

选择这台微机将如何连接到 Internet，一项是【数字用户线（DSL）或电缆调制解调器】，另一项是【局域网（LAN）】。用户根据自己微机的情况来选择，如果要创建一个宽带连接，则选中第一项。

提示：如果微机没有网卡，网络设置画面不会出现。另外，网络也可以等 Windows XP 操作系统安装完成后再详细设置，只需单击【跳过】按钮即可。

（3）上网的账号和密码

目前电信、网通等网络运营商的家庭用户都有账号和密码，可选择【是，我使用用户名和密码连接】单选按钮。单击【下一步】按钮后，在随后出现的对话框中输入网络运营商提供的账号和密码，在【您的 ISP 的服务名】文本框中输入你喜欢的名称，它将作为拨号连接快捷方式的名称。如果不填入 ISP 名称，则系统会自动创建一个连接名称"我的 ISP"。

（4）激活 Windows XP

Windows XP 与以往的 Windows 操作系统有很大的区别，即系统安装完成之后必须激活，否则只有 30 天的试用期。用户可以选择马上激活，也可以暂时不激活。

（5）计算机用户

Windows XP 支持多用户共同使用一台微机，它通过系统管理员明确不同用户的权限，一定程度上保证了所有用户文件的安全隐私性，也保证了普通用户在使用中不会对微机系统造成安全危害。

在这一步中输入使用这台微机的用户名，这样 Windows XP 就可以为每个用户单独创建一个用户账号，为每个用户提供个性化的设置和文档管理服务。操作系统安装完成后，所有用户名将按字母顺序出现在欢迎界面上，用户可选择自己的名字登录系统。

提示：Windows XP 下多个用户之间可以做到互不干扰。每个用户可以分别设置不同的工作环境和运行权限，包括桌面、开始菜单、"我的文档"和"Internet 收藏夹"，甚至还包括很多应用软件的设置。

8. 完成安装

出现图 4-13 所示界面后，单击【完成】按钮，即可结束整个安装过程，进入到 Windows XP 操作系统了。

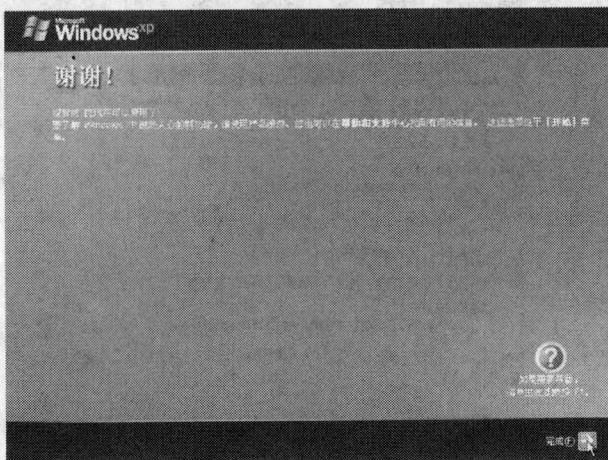

图 4-13　Windows XP 安装界面

4.4.4　安装操作系统的补丁程序

一款操作系统在正式发布后，系统本身的一些漏洞会渐渐被发现，这些漏洞往往会给病毒以可乘之机，从而对系统的安全造成危害。一般来说，操作系统软件生产商会及时发布补丁程序以最大限度地为用户提供系统安全的保证。补丁程序除了修复程序中的漏洞这一主要功能外，有时也会为原系统增加一些新的功能。

Windows 98，Windows 2000，Windows XP，Windows 2003 等操作系统的补丁程序安装主要有两种方法：手动安装补丁程序、上网自动更新补丁程序。

1. 手动安装补丁程序

微软公司将其 Windows 系列操作系统的补丁程序放在公司网站（http://www.microsoft.com 或微软中国 http://www.microsoft.com/china）上，供用户下载。补丁程序通常是以可执行文件的格式出现，用户下载补丁程序到硬盘后可直接双击安装。

2. 上网自动更新补丁程序

除下载补丁程序外，也可以利用 Windows 更新程序上网自动更新补丁程序。如在 Windows XP 中可以执行【开始】菜单中的 Windows Update 命令登录到微软网站，网站上的程序会自动分析用户电脑中安装的操作系统，并将可供升级的项目显示出来，用户可以根据自己的需要选择相关的补丁程序进行安装。

当然也可以使更新程序更加自动化，以 Windows XP 为例，打开【控制面板】，双击【自动更新】图标，如图 4-14 所示。选择【自动】方式并设定时间，这样系统将按照预设时间自动检查有无更新，如果有就自动下载并安装。

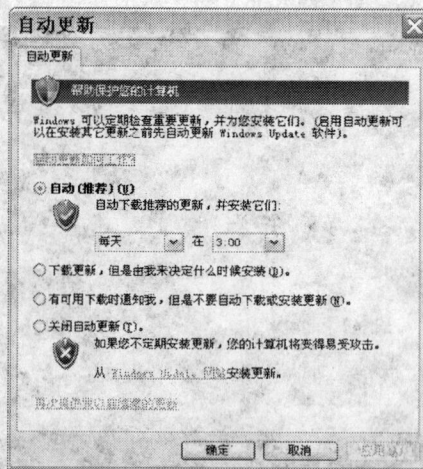

图 4-14　Windows 自动更新

4.4.5　安装双系统

将两个或多个不同的操作系统安装在同一台电脑上，让其各尽所能又和平共处，这样既可以增加系统的可用性又能满足用户的不同需求。例如，安装了 Windows XP 之后，还可以选择安装 Windows 2003，Vista，Linux 等操作系统实现双系统。

安装双系统并不复杂，比如安装 Windows 2000 和 Windows XP 双操作系统的步骤如下：

第一步：磁盘分区并格式化。

提示：要想在一个硬盘上安装双系统或多系统而不引起文件间的冲突，必须对硬盘进行合理分区，尽量让不同的操作系统安装在不同的分区，而且根据要安装的操作系统类型选择文件系统。

第二步：将 Windows 2000 安装盘插入光驱，从光驱启动，以全新安装方式安装 Windows 2000，将其安装在主分区。

第三步：将 Windows XP 安装盘插入光驱，重启计算机，从光驱启动，以全新安装方式安装 Windows XP，将其安装在 D 区。

第四步：重启计算机，安装完成。这时可以看到 Windows 2000 和 Windows XP 的双启动菜单，选择一个操作系统进入即可。

安装双系统一般先安装低版本操作系统、再安装高版本操作系统，如 Windows 98→Windows 2000→Windows XP→Windows Server 2003，这样才不会引起系统启动的错误。但如果出于需要，必须从高到低安装操作系统，也是可行的，但要稍微复杂些。

4.5　驱动程序安装

目前多数操作系统，如 Windows XP，其驱动程序库已经包含了大部分主流硬件的驱动程序，但还是有一些硬件设备需要安装相应的驱动程序后才能正常工作。以下我们将介绍驱动程序的基本知识和安装方法。

4.5.1　驱动程序

驱动程序是实现操作系统和硬件设备通信的程序。它能告诉系统硬件设备所包含的功能，并且在软件系统要实现某个功能时，调动硬件并使硬件用最有效的方式来完成它。多数情况下操作系统会自动识别新硬件并自动安装驱动程序。但为了能让一些硬件设备发挥其最佳性能，微机操作人员需要适时手动安装驱动程序。一般在新装操作系统后、重装操作系统后或者在维护系统时安装硬件设备的驱动程序。

驱动程序安装的一般准则是"由里向外"，即先安装主板驱动程序，再安装内置设备（如显卡、声卡）的驱动，最后再安装外围设备（如打印机、扫描仪）的驱动等。

不同硬件的驱动程序安装方法不尽相同，但一般都采取以下几种方式：

（1）连接上新硬件后，操作系统识别了新硬件，弹出【新的硬件向导】对话框，用户只需依据向导操作即可，包括确认硬件类别、指定驱动程序来源等。

（2）利用硬件厂商提供的可执行安装程序来安装驱动程序。厂商一般随硬件提供一张光盘，盘内有可执行安装程序，用户只需将光盘插入光驱中，安装程序会自动启动运行，用户只需依据安装向导提示操作即可。

注意： 购买硬件时附带的驱动程序盘要妥善保管。若驱动程序安装盘丢失，用户一般也可以在厂商网站上下载该硬件的驱动程序。

（3）在【设备管理器】中安装驱动程序。这种方式既适用于安装驱动程序，也适用于更新驱动程序。右击【我的电脑】，选择【属性】，单击【硬件】选项卡，单击打开【设备管理器】，如图 4-15 所示。在【设备管理器】中选择要安装或更新的硬件，右击，在弹出菜单中单击【更新驱动程序】，然后依据【硬件更新向导】提示操作。

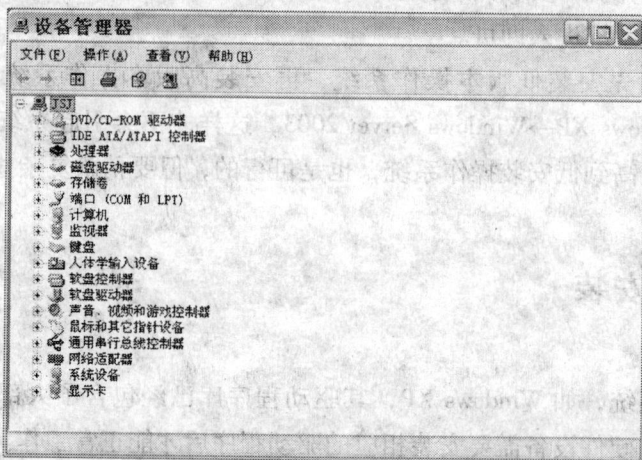

图 4-15　设备管理器

提示： 在 Windows 操作系统中，设备管理器是管理计算机硬件设备的工具，我们可以借助设备管理器查看计算机中所安装的硬件设备、设置设备属性、安装或更新驱动程序及停用或卸载设备。如果在设备管理器中看到某个设备前显示了黄色的问号，则表示该硬件未能被操作系统所识别；若显示了黄色的感叹号，则表明该硬件未安装驱动程序或驱动程序安装不正确。

（4）使用控制面板的【添加硬件】命令。若操作系统不能识别硬件，或者要在连接硬件前先安装驱动程序都可以使用这种方法。打开【控制面板】，双击【添加硬件】，在弹出的【添加硬件向导】中，依据向导提示操作，包括选择要安装的硬件类别、输入驱动程序文件的路径等。

（5）对于打印机、传真机等外部设备的驱动程序安装，可双击【控制面板】中的【打印机和传真】，然后依据向导操作，包括选择打印机型号、厂商直接利用操作系统的驱动程序库安装，也可以选择从磁盘安装，在向导中给出驱动程序文件的路径即可。

4.5.2　安装主板驱动程序

安装主板驱动程序实际上是指安装主板芯片的驱动程序。由于硬件更新换代的速度与操作系统软件的更新速度可能不匹配，所以在使用新主板的时候往往会带来一系列的兼容问题。如很多主板芯片组无法被操作系统正确识别，这直接造成了本来能够支持的新技术不能正常使用以及兼容性问题大量出现。在这种情况下，主板芯片生产厂家通常在发布一款芯片时随之发布其驱动程序，一是让操作系统正确识别新款芯片组以充分应用，二是让操作系统支持新款芯片组所采用的新技术。目前几乎所有的主板都提供可执行的安装程序，通常购买主板时会附上一张主板驱动程序安装盘。

以下我们以安装采用 Intel 945P 芯片组的华硕主板为例，介绍主板驱动程序安装的一般步骤。

1. 将主板驱动程序安装盘插入光驱，光盘自动启动后弹出安装界面。

注意：若光盘没有自动启动，则在【我的电脑】中打开光盘，打开 bin 文件夹，然后双击 assetup. exe 即可弹出安装界面。

2. 单击 Drivers 选项，在安装界面上看到的是可供安装的驱动程序，选择安装主板芯片组驱动程序。

3. 依据安装向导提示操作，如接受许可协议、阅读驱动程序自述文件信息、选择是否安装完成后重启计算机等，最后单击【完成】按钮即可。

提示：在这个过程中会询问是否重启微机。安装的驱动程序需重启后方可生效，但若此时还有未完成的其他工作，可先选择【否，我以后再重新启动计算机】，稍后再手动重启微机。

4.5.3　安装 DirectX

在安装显卡等设备的驱动程序之前，一般要先安装 DirectX。DirectX 是微软公司提供的一套优秀的应用程序编程接口（API），它是一个辅助软件，用于提高系统性能。DirectX 使得以 Windows 为平台的游戏或多媒体程序能获得更高的执行效率，并加强 3D 图形和声音效果，向设计人员提供了一个共同的硬件驱动标准，让游戏开发者不必为不同品牌的硬件编写不同的驱动程序，也降低了用户安装及设置硬件的复杂度。

DirectX 9.0c 适用于 Windows 2000，Windows XP 等操作系统，一般作为附加应用程序放入主板驱动程序安装盘中。DirectX 9.0c 的安装步骤如下：

1. 将主板驱动程序安装盘插入光驱，光盘自动启动后弹出安装界面，在界面中选择 Microsoft DirectX 9.0c。

2. 接受协议，依据向导提示操作即可。

4.5.4　安装显卡、声卡驱动程序

Windows XP 安装完成后显卡已经可以工作，但要想让显卡充分发挥其性能，还需要安装显卡的驱动程序。以下我们以安装 ATI 显卡驱动为例，介绍显卡驱动程序的安装。

1. 执行【开始】→【设置】→【控制面板】命令，在【控制面板】窗口中双击【添加硬件】。

2. 在弹出的【添加硬件向导】对话框中，依据向导提示操作，包括确认是否已连接显卡、察看已安装的硬件列表中有无要安装的显卡等。如果列表中显示显卡已安装，但出现了问题，可以选中该款显卡，单击【下一步】重新安装驱动程序；如果列表中显示该款显卡未安装，则选择【添加新的硬件设备】后，再单击【下一步】按钮，如图 4 - 16 所示。

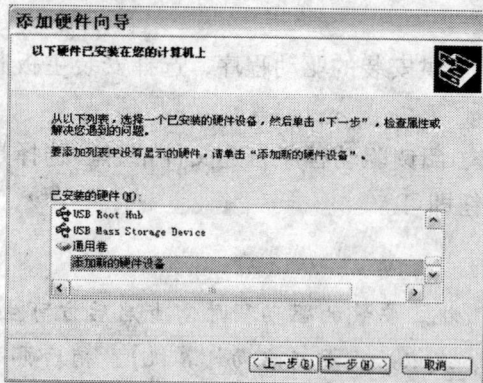

图 4 - 16　添加硬件向导之一　　　　　　　图 4 - 17　添加硬件向导之二

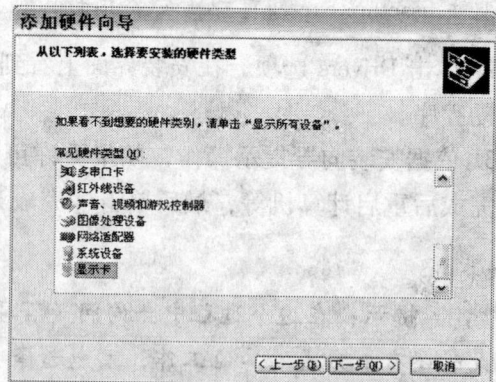

3. 选择【安装我手动从列表中选择的硬件】，依据向导提示，进一步确定硬件类别，即

"显示卡"，如图 4 – 17 所示。

4. 在列表中查找是否有该款显卡的驱动程序，若有可单击选中后继续安装，如图 4 – 18 所示，否则单击【从磁盘安装】按钮，在弹出的对话框中输入驱动程序文件的路径，按【确定】按钮返回后继续依据向导提示操作。

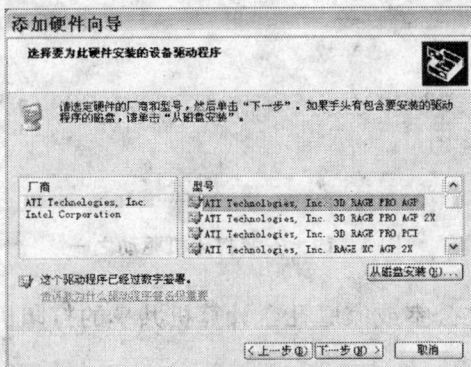

图 4 – 18　添加硬件向导之三

5. 【添加硬件向导】会为我们安装显卡的驱动程序，完成后在对话框中单击【完成】按钮即可。

6. 驱动程序安装结束后往往需要重启微机让驱动程序生效，只需在随后弹出的对话框中，单击【是】按钮即可；也可以单击【否】按钮，稍后再手动重启机器。

声卡驱动程序安装步骤与显卡驱动程序安装基本相同，只是在第 3 步中需要选择硬件类别【声音、视频和游戏控制器】。其他硬件类别如红外线设备、网络适配器等驱动程序安装步骤都大同小异，这里不再赘述。

4.5.5　安装外部设备驱动程序

打印机、传真机等设备是家庭或办公常用的外部设备。厂商一般会提供驱动程序安装盘，并把驱动程序做成可执行文件，如 setup. exe 或 install. exe 等，用户只需要双击运行可执行文件，依据向导提示操作即可。

如果厂商提供的驱动程序没有做成可执行文件，以打印机驱动程序安装为例，可使用以下方法安装。

1. 首先要连接打印机，并打开打印机电源；在【开始】菜单中选择【打印机和传真】选项，打开如图 4 – 19 所示的窗口。

2. 在【打印机任务】栏中单击【添加打印机】，在弹出的【添加打印机向导】对话框中单击【下一步】按钮继续。

3. 选择打印机的种类，即本地打印机或网络打印机，选择【连接到这台计算机的本地打印机】选项，表示使用本地打印机，选择【网络打印机或连接到其他计算机的打印机】

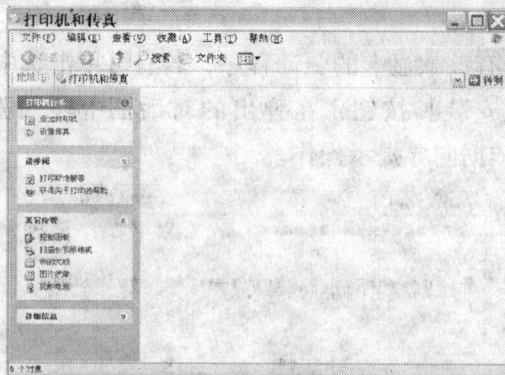

图 4-19　安装打印机驱动之一

则可设置网络打印机，如办公室或家庭几台计算机共享的打印机，如图 4-20 所示，单击
【下一步】按钮继续。

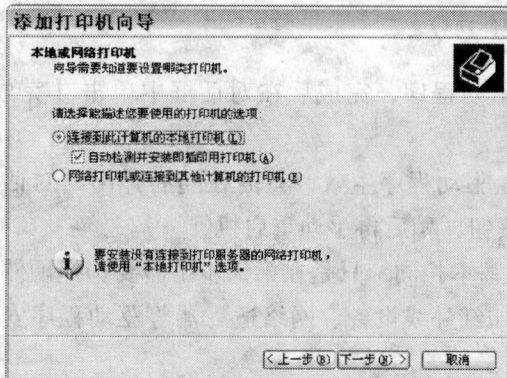

图 4-20　安装打印机驱动之二

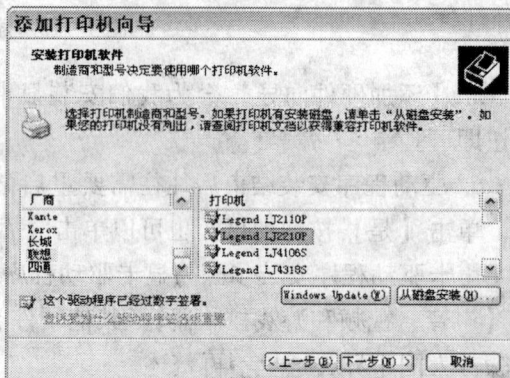

图 4-21　安装打印机驱动之三

4. 选择打印机使用的端口，通常采用默认选项，单击【下一步】按钮继续。

5. 在对话框中选择打印机的型号，如图 4-21 所示。需要说明的是，若列表中有你的
打印机型号，则在操作系统安装盘中寻找驱动程序，所以这时可能要用到操作系统安装盘；
若没有，则单击【从磁盘安装】按钮，在弹出的对话框中给出驱动程序的来源，如厂商提
供的光盘。

6. 在这个过程中还会要求为打印机命名，在文本框中输入你喜欢的打印机名称即可。

7. "添加打印机向导"还会询问是否打印测试页，可选择【是】单选按钮打印测试页
以测试打印机是否成功安装，当然也可以选择【否】，然后单击【下一步】按钮。

8. 对话框显示了之前对打印机的设置，如果需要修改设置则单击【上一步】按钮，否
则单击【完成】按钮。单击【完成】按钮后，系统开始安装驱动程序，成功安装后将在
【打印机和传真】窗口显示已添加的打印机。

至此，打印机的驱动程序安装已经结束。大家可以举一反三，用类似方法安装传真机、

扫描仪等外部设备的驱动程序。

4.5.6 更新与卸载驱动程序

如果我们更新了微机中某个硬件，需要随之更新硬件驱动程序；有时一些硬件厂商也会针对硬件推出新的驱动程序版本来增进硬件的性能，这时也需要升级驱动程序。

当然，有时我们安装了某个新版本的驱动程序后发现不够稳定，则需要卸载新版本后再安装老版本的驱动程序。

1. 更新驱动程序

（1）右击【我的电脑】，在弹出的菜单中选择【属性】，在【系统属性】对话框中选择【硬件】选项卡，单击【设备管理器】按钮，打开【设备管理器】。

（2）在列表中右击要升级驱动程序的硬件，在菜单中选择【更新驱动程序】，如图4-22所示。

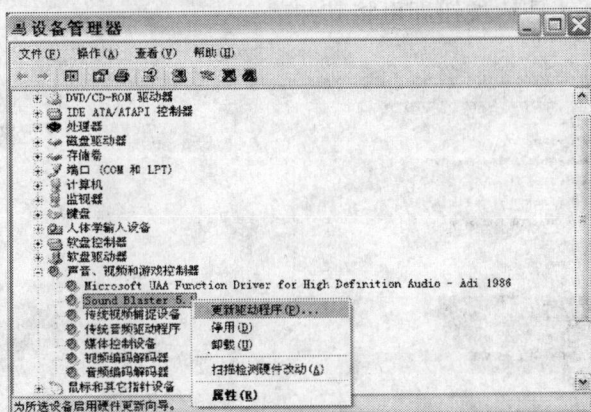

图4-22 更新驱动程序

（3）依据【硬件更新向导】操作，安装新的驱动程序。

2. 卸载驱动程序

（1）打开【设备管理器】，方法如前所述。

（2）在列表中右击要卸载驱动程序的硬件，在菜单中选择【卸载】。

（3）在弹出的【系统设置改变】对话框中单击【是】按钮，重启微机。

4.6 应用软件安装与卸载

要想让电脑完成特定的工作，还需要安装各种各样的应用软件，如杀毒软件、Office XP、Photoshop 等。常用应用软件一般都提供安装程序，安装步骤如下：

1. 双击运行软件的安装文件，一般名为 Setup. exe 或 Install. exe。

2. 依据安装向导的提示操作，如接受协议、输入用户名和密钥、选择软件安装目录和安装方式等。

3. 安装程序开始复制文件。

4. 安装完成。有时还需要选择是否进行软件注册或者升级到新版本，一些软件安装完成后需要重启。

提示：有些应用软件可能是压缩文件，主要有两种：一种是自解压文件，只需双击运行即可；第二种是 . rar，. zip 等格式文件，需要先解压缩再安装。

已经安装好的应用软件也可以轻松卸载。一种办法是利用控制面板中的【添加或删除程序】。选择【开始】→【控制面板】→【添加或删除程序】，在弹出的【添加或删除程序】对话框中选择需要卸载的程序，单击【更改/删除】按钮，如图 4 – 23 所示，随后在弹出的卸载确认框中单击【是】按钮即可将其卸载。

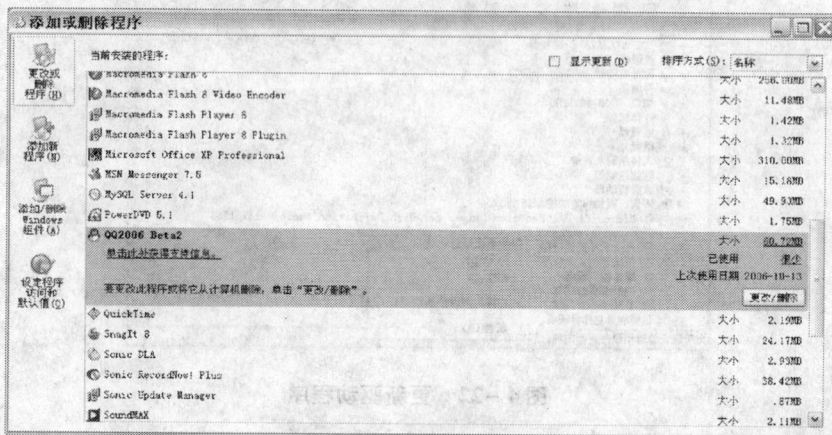

图 4 – 23　卸载应用软件

另一种方法是使用软件自带的卸载程序。一般情况下，应用软件本身都带有一个卸载该软件的工具，使用该工具可以方便地卸载软件。例如要卸载腾讯软件时，可以单击【开始】→【程序】→【腾讯】→【卸载腾讯软件】，在弹出的【卸载】窗口中依据提示操作，即可对腾讯软件进行卸载。

应用软件的安装和卸载是用户在使用电脑过程中需要经常进行的工作，其方法也大同小异，大家需要举一反三，学会安装和卸载其他应用软件。

4.7 实训 6 BIOS 设置

1. 实训目的：熟悉 BIOS 的设置方法，熟练设置 BIOS 常用功能，了解 BIOS 各选项的功能。

2. 实训内容：按要求进行 BIOS 设置，本实训以 Phoenix BIOS 为例。

3. 实训要求：实训前认真复习 4.2 节内容，参阅主板说明书，通过实训熟悉 BIOS 的常用设置，书写实训报告。

4. 实训步骤

（1）进入 BIOS 设置界面

启动计算机，观察开机画面，迅速按下 F2 进入 BIOS 设置界面。

（2）将系统时间设为晚上八点整

第一步：通过方向键"←"、"→"切换到菜单项 Main。

第二步：通过方向键"↑"、"↓"将高亮条切换到 Main 菜单中的 System Time 项，记录方框中的时间值（时：分：秒）。

第三步：设置新的系统时间 20：00：00。

通过 Tab 键、Shift + Tab 键将高亮条移到"时"，如图 4 – 24 所示，通过键盘数字键输入"20"；按 Tab 键切换到"分"，反复按"＋"或"－"键，直到分钟数为"00"；按 Tab 键将高亮条切换到"秒"，通过键盘输入"00"。

图 4 – 24　系统时间设置之一

（3）将系统日期设为 2008 年 8 月 8 日

第一步：通过方向键"←"、"→"切换到菜单项 Main。

第二步：通过方向键"↑"、"↓"将高亮条切换到 Main 菜单中的 System Date 项，记录方框中的日期值（月/日/年）。

第三步：设置新的系统日期 08/08/2008。

通过 Tab 键、Shift + Tab 键将高亮条移到"月"，如图 4 – 25 所示，反复按"＋"或"－"键，直到月份为"08"；按 Tab 键切换到"日"，通过键盘数字键输入"08"；按 Tab 键将高亮条切换到"年"，反复按"＋"键，直到年份为"2008"。

（4）浏览 Primary Master/Slave 选项

第一步：通过方向键"←"、"→"切换到菜单项 Main。

119

图 4 – 25　系统时间设置之二

第二步：通过方向键"↑"、"↓"将高亮条切换到 Main 菜单中的 Primary Master 项，记录方框中的值，结合实训电脑的 IDE 设备连接情况分析该值的含义。

第三步：按下 Enter 键，打开如图 4 – 7 所示的子选项设置界面，通过"↑"、"↓"键将高亮条移到 Type，通过"+"、"–"键将值设为 Auto，观察界面上哪些选项不能修改，为什么？

第四步：通过"+"、"–"键将 Type 值设为 User，观察其余选项是否能修改，结合主板 BIOS 设置说明书，说明 Cylinders，Heads，Sectors，LBA Mode Control 等选项的含义。

第五步：通过"+"、"–"键继续观察还有哪些 Type 选项值，记录选项值，结合界面右侧的说明分析该值的含义。

第六步：按 Esc 键返回 Main 设置界面，通过"↑"、"↓"键将高亮条切换到 Main 菜单中的 Primary Slave 项，记录方框中的值，分析该值的含义。

（5）浏览 Secondary Master/Slave 选项

第一步：通过"←"、"→"键切换到菜单项 Main。

第二步：通过"↑"、"↓"键将高亮条切换到 Main 菜单中的 Secondary Master 项，记录方框中的值，结合实训电脑的 IDE 设备连接情况分析该值的含义。

第三步：按下 Enter 键，打开如图 4 – 26 所示的子选项设置界面，通过"↑"、"↓"键将高亮条移到 Type，通过"+"、"–"键将值设为 Auto，观察界面上哪些选项不能修改，为什么？

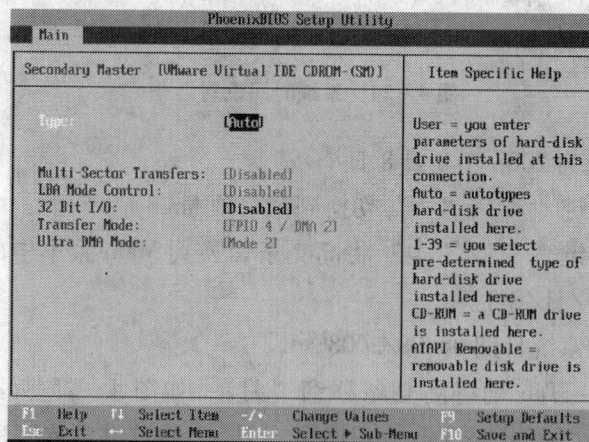

图 4 – 26　Secondary Master 设置

第四步：通过"+"、"–"键将 Type 值设为 User，观察其余选项是否能修改，为什么？结合主板 BIOS 设置说明书，说明其余选项的含义。

第五步：通过"＋"、"－"键继续观察还有哪些 Type 选项值，记录选项值，结合界面右侧的说明分析该值的含义。

第六步：按 Esc 键返回 Main 设置界面，通过"↑"、"↓"键将高亮条切换到 Main 菜单中的 Secondary Slave 项，记录方框中的值，分析该项的含义。

（6）浏览 System/Extended Memory 选项

第一步：通过"←"、"→"键切换到菜单项 Main。

第二步：尝试通过"↑"、"↓"键将高亮条切换到 Main 菜单中的 System Memory，Extended Memory 项，能否做到，为什么？

第三步：记录 System Memory，Extended Memory 项的值，结合实训电脑的内存配置分析两个值的含义。

（7）设置超级用户密码

第一步：通过"←"、"→"键切换到菜单项 Security。

第二步：观察 Supervisor Password Is 项的值，分析它的含义。若此项值为 Set，则继续第三步；若此项值为 Clear，则转向第四步。

第三步：更改超级用户密码。

通过"↑"、"↓"键将高亮条切换到 Security 菜单中的 Set Supervisor Password，按下 Enter 键，如图 4－27 所示。首先输入原密码，按 Enter 键，然后输入新密码"123"，按 Enter 键，再输一次密码"123"确认，按下 Enter 键。

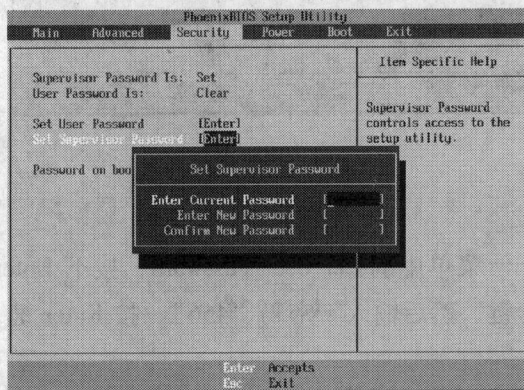

图 4－27　更改超级用户密码

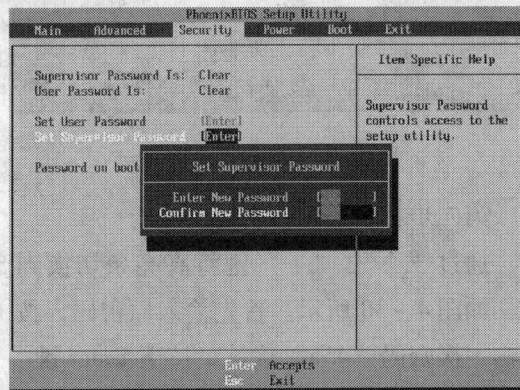

图 4－28　设置超级用户密码

接着，在弹出提示框后按下 Enter 键。

第四步：设置超级用户密码。

尝试通过"↑"、"↓"键将高亮条切换到 Security 菜单中的 Set User Password，能否做到，为什么？

通过"↑"、"↓"键将高亮条切换到 Security 菜单中的 Set Supervisor Password，按下

Enter 键，如图 4-28 所示。首先输入新密码"123"，按 Enter 键，再输一次密码"123"确认，按下 Enter 键。

在弹出的提示框中按下 Enter 键。

观察并记录 Supervisor Password Is 项的值。

（8）设置用户密码

第一步：通过"←"、"→"键切换到菜单项 Security。

第二步：观察 User Password Is 项的值，分析它的含义。若此项值为 Clear，则继续第三步；若此项值为 Set，则转向第四步。

第三步：设置用户密码。

通过"↑"、"↓"键将高亮条切换到 Security 菜单中的 Set User Password，按下 Enter 键，如图 4-29 所示。首先输入新密码"456"，按 Enter 键，再输一次密码"456"确认，按下 Enter 键。

然后，在弹出的提示框中按下 Enter 键。

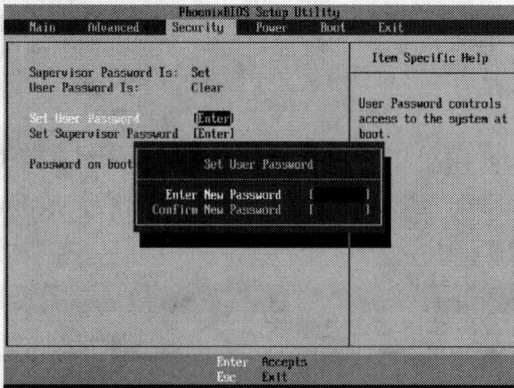

图 4-29　设置用户密码

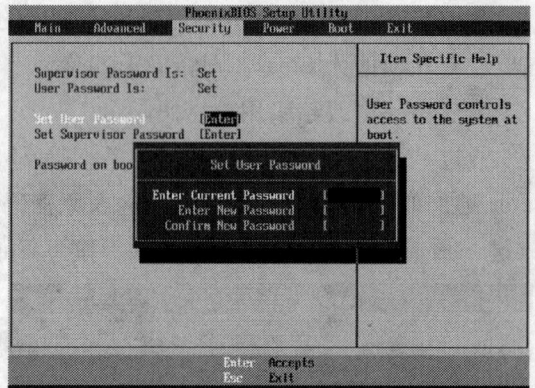

图 4-30　更改用户密码

第四步：更改用户密码。

通过"↑"、"↓"键将高亮条切换到 Security 菜单中的 Set User Password，按下 Enter 键，如图 4-30 所示。首先输入原密码，按 Enter 键，然后输入新密码"456"，按 Enter 键，再输一次密码"456"确认，按下 Enter 键。

在弹出提示框中按下 Enter 键。

（9）取消超级用户密码、用户密码

第一步：通过"←"、"→"键切换到菜单项 Security。

第二步：取消超级用户密码。

通过"↑"、"↓"键将高亮条切换到 Security 菜单中的 Set Supervisor Password，按下 Enter 键，如图 4-27 所示。首先输入原密码，按 Enter 键，然后在新密码一栏中直接按下 Enter 键，再确认密码一栏中再次按下 Enter 键。在随后弹出的提示框后按下 Enter 键。

第三步：取消用户密码。

通过"↑"、"↓"键将高亮条切换到 Security 菜单中的 Set User Password，按下 Enter 键，如图 4-30 所示。首先输入原密码，按 Enter 键，然后在新密码一栏中直接按下 Enter 键，在确认密码一栏中再次按下 Enter 键。

（10）设置启动设备顺序

第一步：通过"←"、"→"键切换到菜单项 Boot。

第二步：观察启动设备顺序，记录原有设置。

第三步：将 CD-ROM Drive 作为第一启动设备。

通过"↑"、"↓"键将高亮条移到 Boot 菜单中的 CD-ROM Drive 项，按下键盘上的"+"键，记录观察到的变化，继续按"+"键，直至 CD-ROM Drive 成为第一选项。

第四步：将 Hard Drive 作为第二启动设备。

通过"↑"、"↓"键将高亮条移到 Boot 菜单中的 Hard Drive 项，按下键盘上的"+"键，记录观察到的变化，继续按"+"键，直至 Hard Drive 成为第二选项。

（11）保存并退出 BIOS 设置程序

第一步：通过"←"、"→"键切换到菜单项 Exit。

第二步：通过"↑"、"↓"键将高亮条移到 Exit 菜单中的 Exit Saving Changes 项，按下 Enter 键，记录并理解弹出的对话框中的信息，按"→"键将高亮条移到 No，按下 Enter 键，观察是否退出 Exit。

第三步：再次按下 Enter 键，高亮条停留在 Yes 上，按下 Enter 键，观察是否退出 Exit。

（12）验证 BIOS 修改设置是否保存，恢复日期和时间设置

第一步：重启计算机，按下 F2 进入 BIOS 设置。

第二步：通过"←"、"→"键切换到菜单项 Boot 项，观察并记录启动设备顺序是否同（10）中设置的一样，即验证前面的设置是否得到保存。

第三步：通过"←"、"→"键切换到菜单项 Main 项，观察并记录系统日期、时间，验证是否保存了（2），（3）所做的设置。

第四步：依照（2），（3）的步骤，将系统日期、时间设为当前正确的日期和时间。

第五步：依据（11）介绍的步骤，保存修改并退出。

（13）熟悉其余选项

第一步：重启微机，按下 F2 进入 BIOS 设置。

第二步：通过功能键浏览其余选项，对照教材和主板说明书理解各选项的含义。

4.8　实训 7 Windows XP 操作系统安装和磁盘管理

1. 实训目的：熟练安装 Windows XP 操作系统；掌握在 Windows XP 操作系统安装过程中对磁盘进行分区和格式化；区分几种不同的操作系统安装方式；熟悉 Windows 操作系统磁盘管理功能。

2. 实训内容：按要求安装 Windows XP 操作系统并进行磁盘分区格式化操作。

3. 实训要求：实训前认真复习 4.3，4.4 节内容，通过本实训掌握 Windows XP 操作系统的安装、磁盘的分区和格式化，完成实训报告。

4. 实训步骤

实训任务一　安装中文版 Windows XP Professional 操作系统

（1）设置 BIOS，将 CD-ROM 设为第一启动设备。

第一步：启动计算机，按 F2 进入 BIOS 设置。

第二步：通过"←"、"→"键切换到菜单项 Boot，通过"↑"、"↓"键将高亮条移到 Boot 菜单中的 CD-ROM Drive 项，反复按"＋"键，直至 CD-ROM Drive 成为第一选项。

第三步：通过"←"、"→"键切换到菜单项 Exit，通过"↑"、"↓"键将高亮条移到 Exit 菜单中的 Exit Saving Changes 项，按下 Enter 键，在对话框中通过"←"、"→"键将高亮条移到 Yes 上，按下 Enter 键，退出 BIOS。

（2）将 Windows XP 安装盘插入光驱，重启电脑。

（3）安装程序加载文件，接受许可协议开始安装。

第一步：出现如图 4-31 所示的安装向导界面后，按下 Enter 键，以全新安装方式安装操作系统。

第二步：按 F8 接受 Windows XP 许可协议。

（4）选择安装操作系统的分区。

若硬盘已经分过区，则转到第二步开始。

第一步：硬盘没有分过区，按下 C 键，建立主分区。按 BackSpace 键将默认表示分区大小的数字删除，然后通过数字键输入分区的大小 2048MB，如图 4-32 所示，然后按 Enter 键，建立大小约为 2G 的主分区。

第二步：利用"↑"、"↓"键选择建好的主分区，按下 Enter 键。

第三步：选择文件系统对主分区进行格式化。利用"↑"、"↓"键选择【用 NTFS 文件系统格式化磁盘分区】，按下 Enter 键。硬盘格式化过程中不进行任何操作。

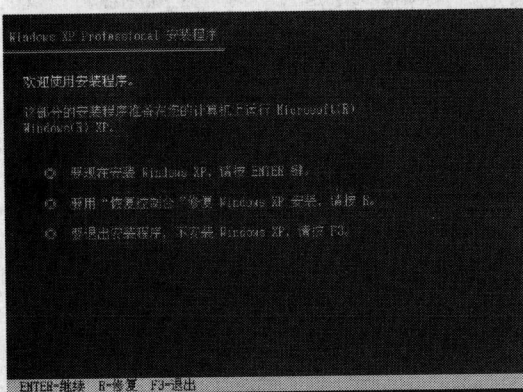

图 4－31　Windows XP 安装向导之一

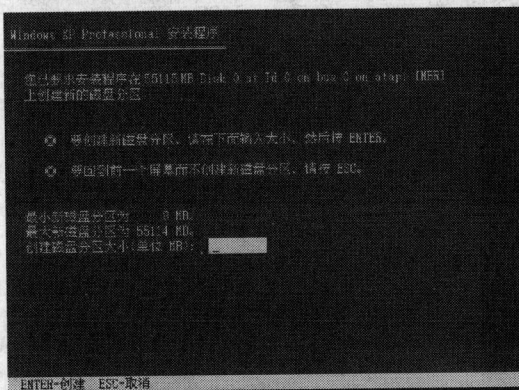

图 4－32　Windows XP 安装向导之二

（5）复制安装文件，重新启动。

第一步：等待安装程序往硬盘中复制文件，记录这一过程所花费的时间。

第二步：系统重启后出现 Windows XP 启动画面，浏览这个过程中介绍 Windows XP 的画面。

（6）设置安装信息。

第一步：依据安装向导提示输入时区和语言，将时区设为中国、将语言设为中文，如图 4－33 所示，填写完成后单击【下一步】按钮。

第二步：填写用户个人信息，在姓名栏填入"cola"，在单位栏填入"zjtvu"，如图 4－34 所示，单击【下一步】按钮。

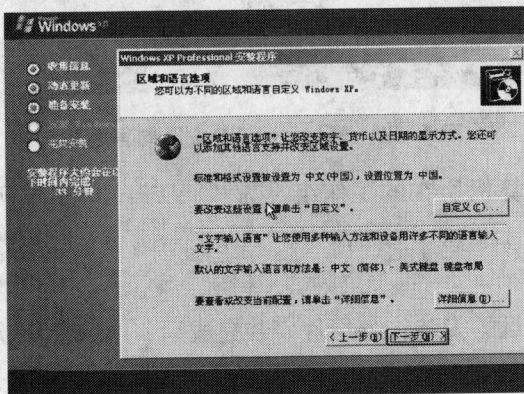

图 4－33　Windows XP 安装向导之三

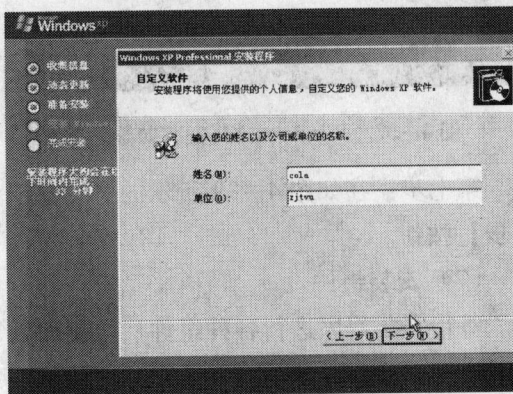

图 4－34　Windows XP 安装向导之四

第三步：填写产品密钥，如图 4－35 所示，填写完成后单击【下一步】按钮。

第四步：在如图 4－36 所示的对话框中将计算机名设为"ice"，将系统管理员密码设为"123"。填写完成后单击【下一步】按钮。

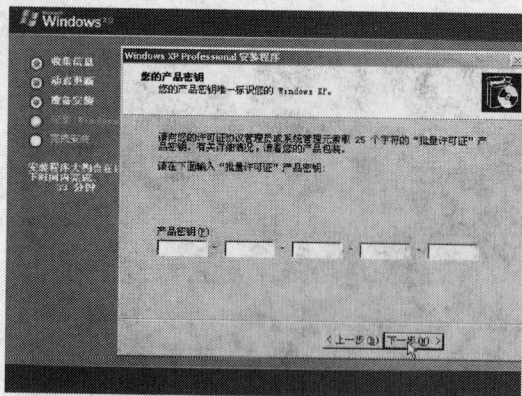

图 4-35　Windows XP 安装向导之五

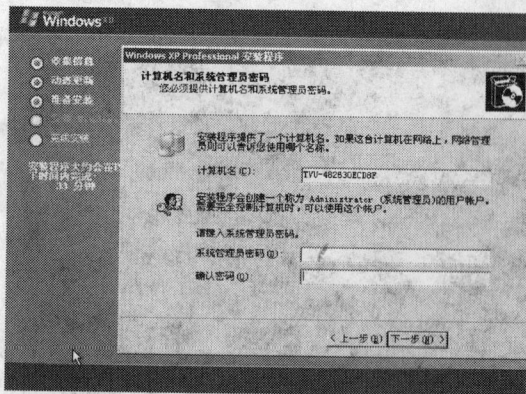

图 4-36　Windows XP 安装向导之六

第五步：在如图 4-37 所示的对话框中设置计算机当前的日期、时间和所在时区。选择完成后单击【下一步】按钮。

第六步：在如图 4-38 所示的对话框中设置网络。选择【典型设置】按钮，单击【下一步】按钮。

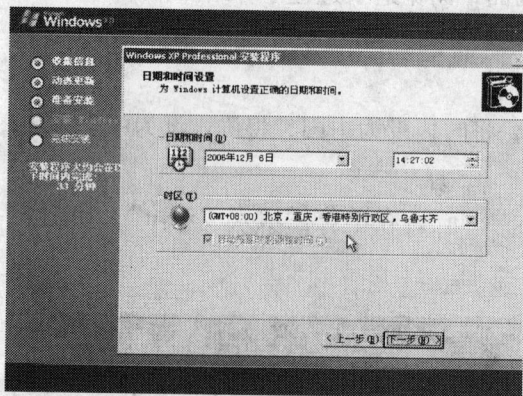

图 4-37　Windows XP 安装向导之七

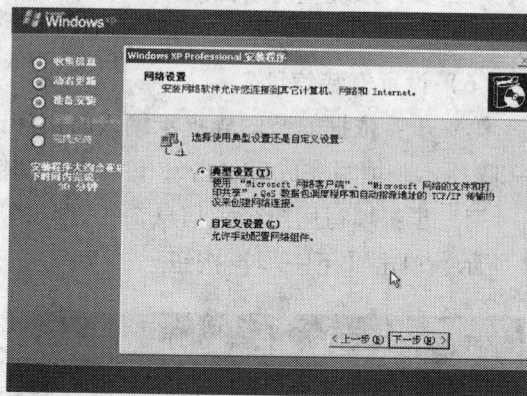

图 4-38　Windows XP 安装向导之八

第七步：在如图 4-39 所示的对话框中将计算机所在的工作组设为"TVU"，单击【下一步】按钮。

（7）安装组件。

等待安装程序进行各种组件、控制面板等项目的安装，各组件安装完成后，电脑会再次重新启动。

（8）设置系统。

第一步：出现欢迎界面后，系统会自动调整屏幕的分辨率，在弹出确认对话框中单击【确定】按钮。

第二步：在如图 4-40 所示的对话框中为计算机设置用户"cola"，单击【下一步】按钮。

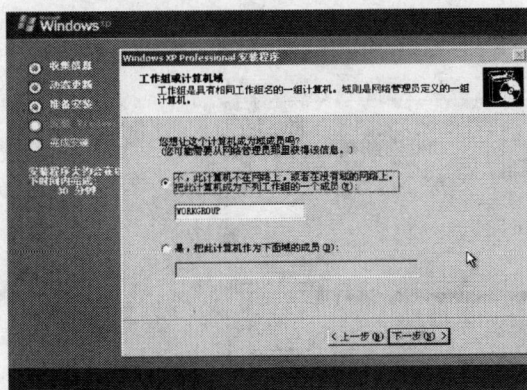

图 4-39 Windows XP 安装向导之九

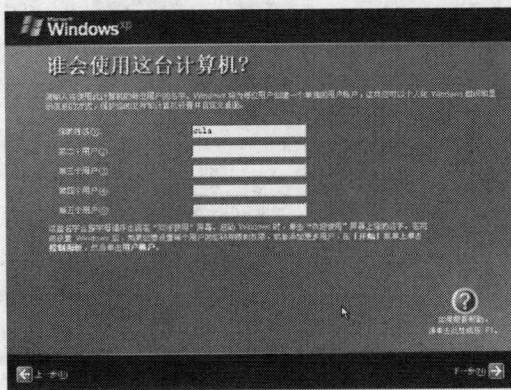

图 4-40 Windows XP 安装向导之十

（9）完成安装。

出现如图 4-13 所示画面后，单击【完成】按钮。

实训任务二 用 Windows XP 的磁盘管理功能对硬盘进行分区和格式化

（1）打开【磁盘管理】程序。

第一步：单击【开始】按钮，右击【我的电脑】，在快捷菜单中选择【管理】命令。

第二步：打开【计算机管理】界面后单击【磁盘管理】选项，右侧窗口中将显示出硬盘当前的分区状况，如图 4-41 所示。

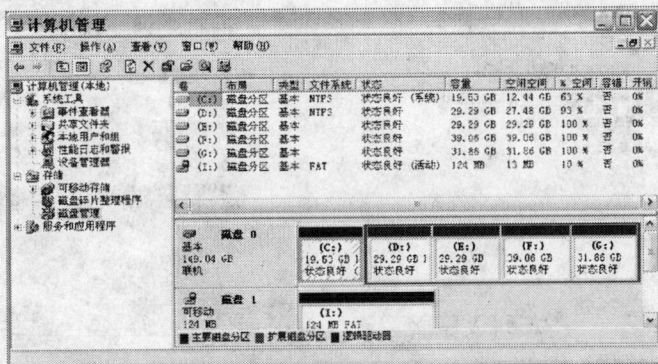

图 4-41 磁盘管理之一

第三步：观察并记录硬盘当前各分区的大小和状态，若剩余硬盘空间已分区，继续做（2），否则直接转（3）。

（2）删除原硬盘分区，重新规划分区。

第一步：右击"D:"分区，在快捷菜单中选择【删除逻辑驱动器】命令，在弹出的对话框中，单击【是】按钮。

第二步：观察并记录磁盘分区状态的变化。

第三步：用同样的方法删除其他分区，观察并记录磁盘分区状态的变化，直到【磁盘

127

管理】界面如图4-42所示，只有主分区和一块可用空间。

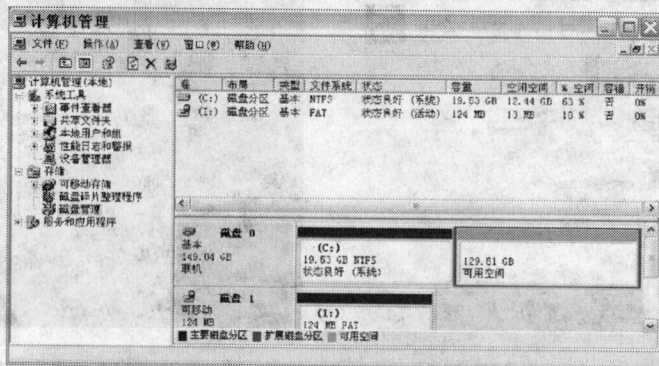

图4-42 磁盘管理之二

第四步：右击"可用空间"的磁盘空间，在弹出快捷菜单中选择【删除磁盘分区】，在弹出的对话框中，单击【是】按钮。

（3）创建扩展磁盘分区。

第一步：右击"未指派"的磁盘空间，从快捷菜单中选择【新建磁盘分区】命令，打开【新建磁盘分区向导】对话框，如图4-43所示，然后单击【下一步】按钮。

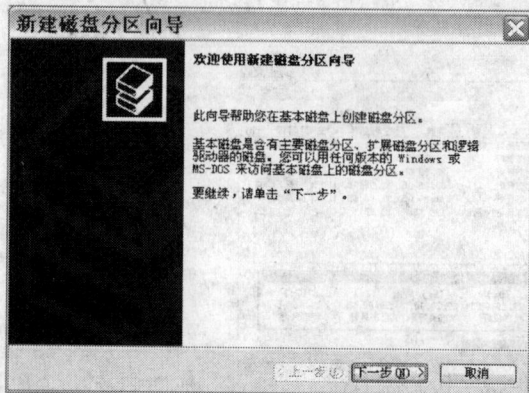

图4-43 磁盘管理之三

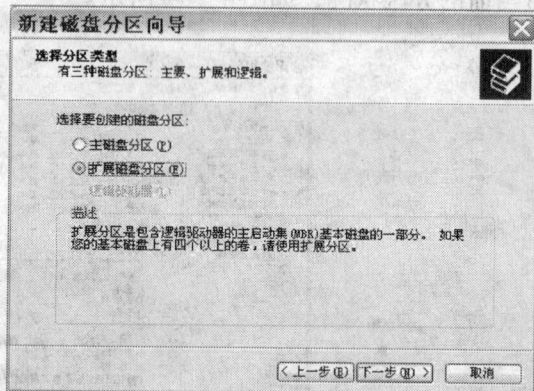

图4-44 磁盘管理之四

第二步：在对话框中选择创建【扩展磁盘分区】，如图4-44所示，单击【下一步】按钮。

第三步：在弹出的对话框中设置分区的容量为全部剩余空间，如图4-45所示，单击【下一步】按钮。

第四步：如图4-46所示的对话框将显示新建分区的信息，单击【完成】按钮。

第五步：观察并记录【磁盘管理】窗口显示的磁盘分区状态的变化。

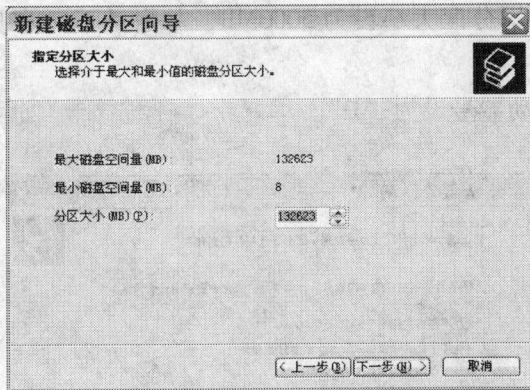

图 4 - 45　磁盘管理之五

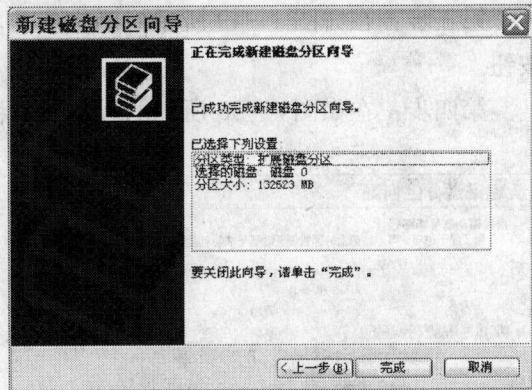

图 4 - 46　磁盘管理之六

（4）在（3）中创建的"可用空间"里建立逻辑分区 D 并格式化。

第一步：在"可用空间"上单击鼠标右键，在快捷菜单中选择【新建逻辑驱动器】命令，如图 4 - 47 所示。

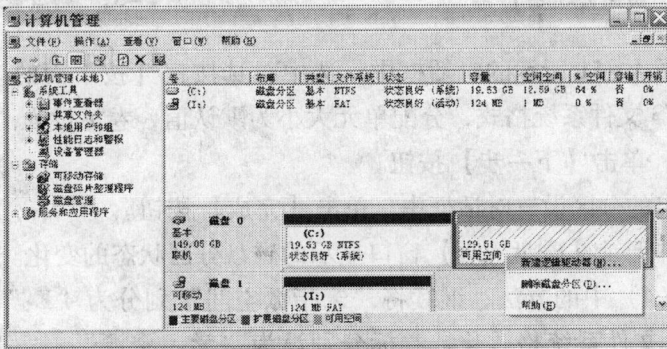

图 4 - 47　磁盘管理之七

第二步：在打开的【新建磁盘分区向导】对话框中单击【下一步】按钮，在弹出的对话框中选择【逻辑驱动器】，如图 4 - 48 所示，单击【下一步】按钮。

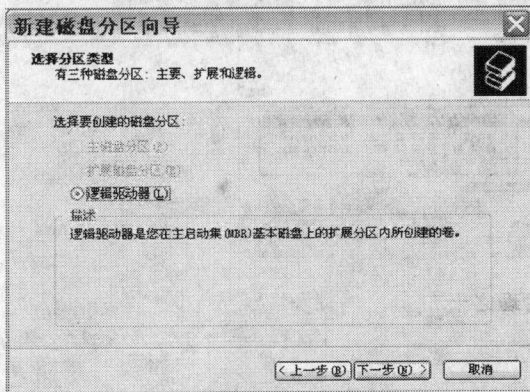

图 4 - 48　磁盘管理之八

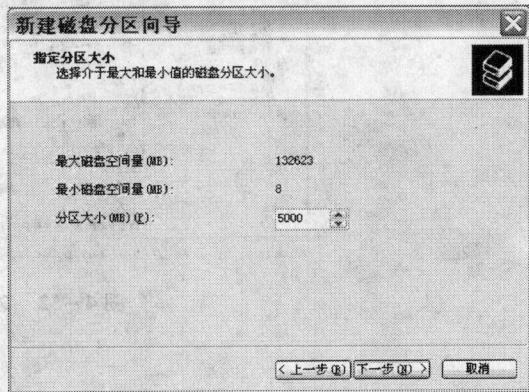

图 4 - 49　磁盘管理之九

129

第三步：在如图 4-49 所示对话框中，将逻辑分区大小设为 5000MB，单击【下一步】按钮。

第四步：在如图 4-50 所示的对话框中将驱动器号设为"D"。

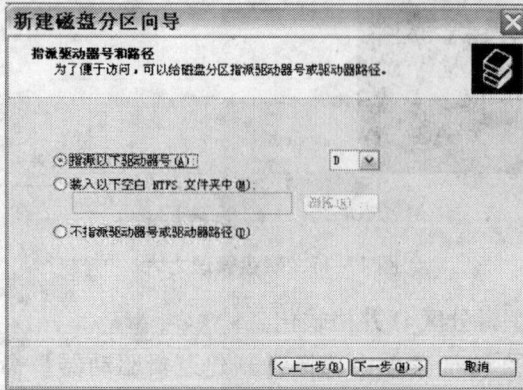

图 4-50 磁盘管理之十

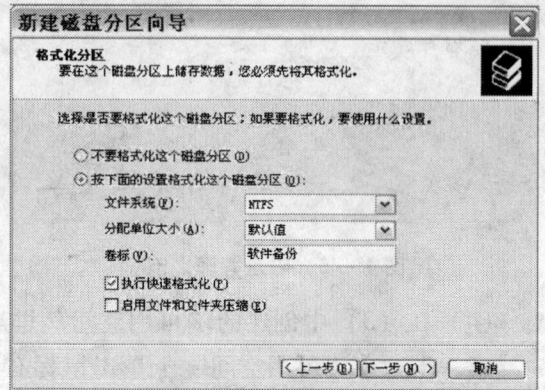

图 4-51 磁盘管理之十一

第五步：在如图 4-51 所示的对话框中，选中单选按钮【按下面的设置格式化这个磁盘分区】，选择 NTFS 文件系统格式，分配单元大小为默认值，卷标设为"软件备份"，选中【执行快速格式化】，单击【下一步】按钮。

第六步：在弹出的分区设置对话框中，单击【完成】按钮。

第七步：观察并记录【磁盘管理】窗口显示的磁盘分区状态的变化。

（5）用（3），（4）中的方法，继续将"未指派空间"划分为"E："，"F："两个逻辑分区，并都以 NTFS 文件系统格式化，卷标分别设为"学习资源"、"娱乐"，如图 4-52 所示。

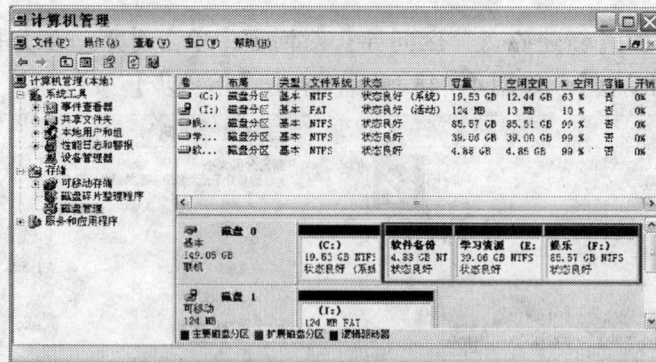

图 4-52 磁盘管理之十二

4.9 实训 8 驱动程序和应用程序安装

1. 实训目的：掌握设备驱动程序的安装、旧版本驱动程序的更新和常用软件的安装方法。

2. 实训内容：按要求进行指定驱动程序和应用程序安装。

3. 实训要求：实训前认真复习 4.4，4.5 节内容，通过本实训掌握设备驱动程序、应用程序的安装，完成实训报告。

4. 实训步骤

实训任务一 安装硬件驱动程序和附加应用程序

（1）查看硬件说明书，观察硬件驱动程序安装情况。

第一步：结合主板说明书查看实训微机主板的型号、主板采用芯片组的型号，记录主板型号和主板芯片组型号。

第二步：结合说明书查看实训微机显卡的型号，记录显卡型号。

第三步：结合说明书查看实训微机声卡的型号，记录声卡型号。

第四步：右击【我的电脑】，选择【属性】，单击【硬件】选项卡，单击打开【设备管理器】。

第五步：单击【系统设备】，观察并记录主板驱动程序是否已安装。

第六步：单击【显示卡】，观察并记录显卡驱动程序是否已安装。

第七步：单击【声音、视频和游戏控制器】，观察并记录声卡驱动程序是否已安装。

（2）安装主板驱动程序。

第一步：将驱动程序安装盘插入光驱，光盘自动启动，打开安装界面。

第二步：单击 Drivers 选项，在界面选择安装主板芯片组驱动程序。

第三步：在弹出的【安装】对话框中，单击【下一步】按钮继续。

第四步：接受许可协议，如图 4-53 所示，单击【是】按钮继续。

| 图 4-53 主板驱动程序安装之一 | 图 4-54 主板驱动程序安装之二 |

第五步：查看驱动程序自述文件信息，单击【下一步】按钮继续。

第六步：在弹出的对话框中，如图4-54所示，单击【完成】按钮。

（3）安装主板附加应用程序。

第一步：单击 Utilities 选项，如图4-55所示，选择安装 ASUS PC Probe Ⅱ。

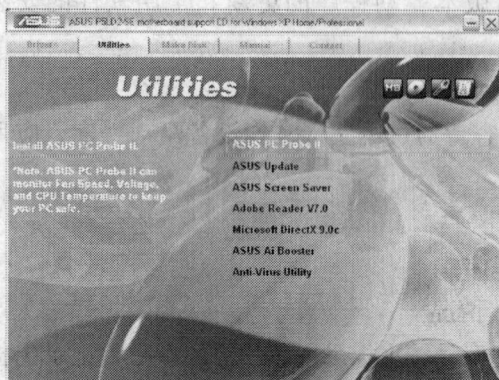

图4-55　主板附加应用程序安装之一

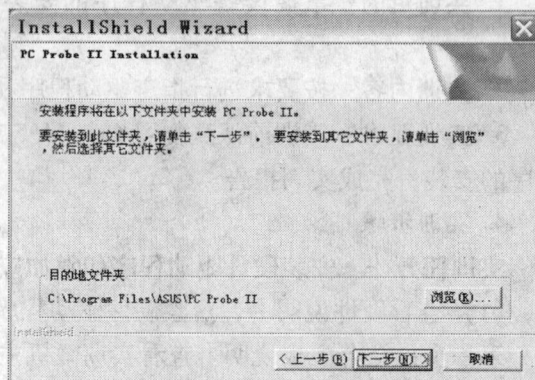

图4-56　主板附加应用程序安装之二

第二步：在弹出的如图4-56所示的对话框中，选择安装路径，单击【下一步】按钮继续。

第三步：在弹出的对话框中，单击【完成】按钮。

第四步：在如图4-55所示的 Utilities 选项界面中继续选择安装其他附加应用程序。

（4）安装 DirectX 程序。

第一步：将主板驱动程序安装盘插入光驱，光盘自动启动后弹出安装界面，在界面中选择 Microsoft DirectX 9.0c。

第二步：接受协议，依据向导提示操作，如图4-57所示。

第三步：弹出如图4-58所示的对话框，显示要安装运行时组件，单击【下一步】按钮继续。

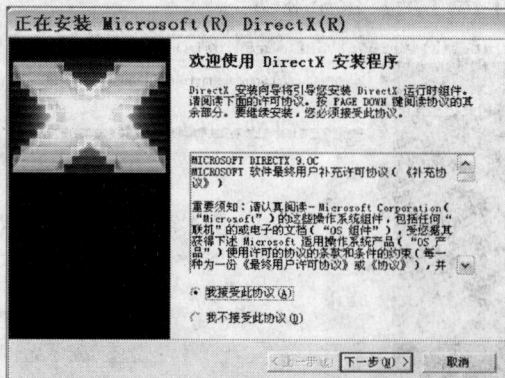

图4-57　安装 DirectX 9.0c 之一

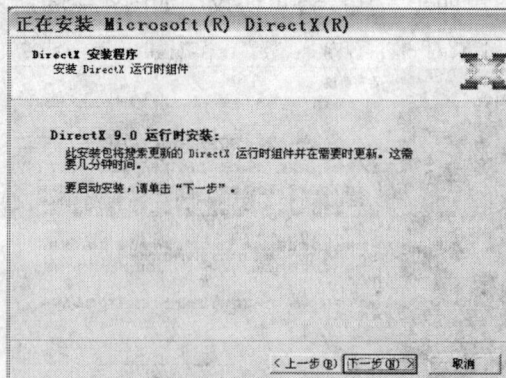

图4-58　安装 DirectX 9.0c 之二

第四步：在弹出的对话框中单击【完成】按钮。

（5）安装显卡驱动程序。

第一步：在 Windows 桌面上单击右键，在快捷菜单中选择【属性】，在弹出的【显示属性】对话框中单击【设置】选项卡，观察并记录各项值，包括显示、分辨率、色彩等。

第二步：将显卡驱动程序安装盘插入光驱，光盘自动启动，打开安装界面，如图 4-59 所示，单击"Video 简易安装"。

图4-59 安装显卡驱动程序之一

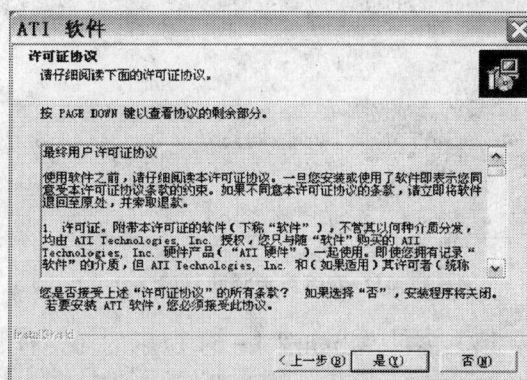

图4-60 安装显卡驱动程序之二

第三步：在弹出的对话框中，单击【下一步】按钮继续。

第四步：接受许可证协议，如图 4-60 所示，单击【是】按钮继续。

第五步：选择要安装的组件，在如图 4-61 所示的对话框中，单击选择【快速安装】，然后单击【下一步】按钮继续。

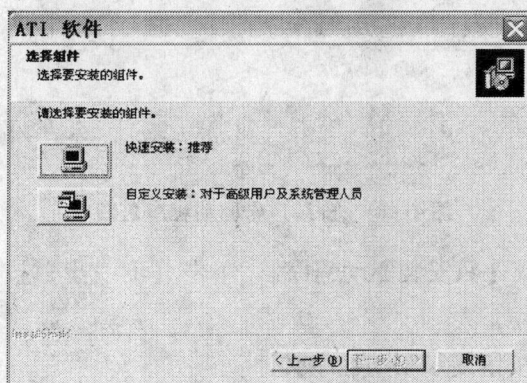

图4-61 安装显卡驱动程序之三

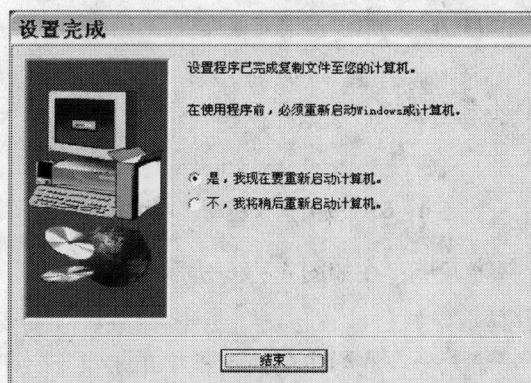

图4-62 安装显卡驱动程序之四

第六步：等待安装向导复制、安装显卡驱动和附加程序，弹出如图 4-62 所示的对话框后，选择【是，我现在要重新启动计算机】按钮，单击【结束】按钮。

第七步：微机重新启动后，依据第一步的操作，观察并记录分辨率、颜色质量的变化。

（6）安装声卡驱动程序。

第一步：将声卡驱动程序安装盘插入光驱，光盘自动启动。

第二步：弹出如图 4-63 所示的对话框，单击【是】按钮接受许可协议。

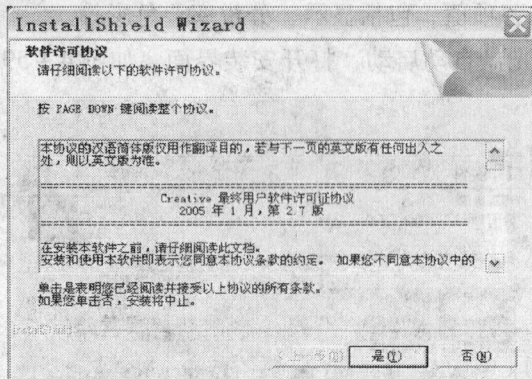

图 4-63　安装声卡驱动程序之一　　　　　　　图 4-64　安装声卡驱动程序之二

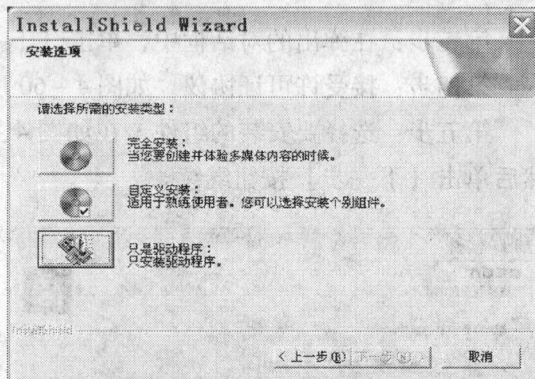

第三步：弹出如图 4-64 所示的对话框，用于设置安装路径，不做修改，单击【下一步】按钮继续。

第四步：弹出如图 4-65 所示的对话框，选择【修改】，单击【下一步】按钮继续。

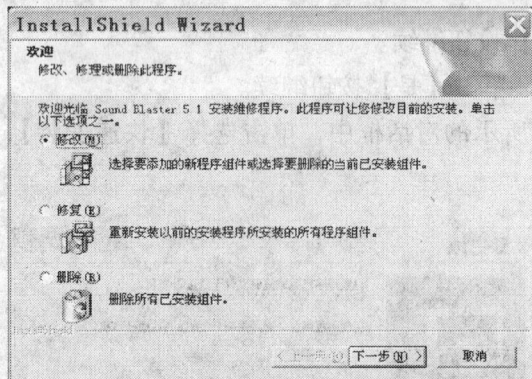

图 4-65　安装声卡驱动程序之三　　　　　　　图 4-66　安装声卡驱动程序之四

第五步：在如图 4-66 所示的对话框中，选择【只安装驱动程序】，单击【下一步】按钮继续。

第六步：在弹出的对话框中单击【下一步】按钮复制驱动程序文件。

第七步：等待复制文件、更新驱动，在弹出的对话框中选择【否，稍后再重新启动计算机】，单击【完成】按钮。

实训任务二　安装 Office 2003 程序

第一步：将 Office 2003 安装盘插入光驱，双击 setup.exe，启动安装程序。

第二步：输入密钥。在弹出的对话框中，输入产品密钥，单击【下一步】按钮继续。

第三步：输入用户信息。输入用户名"jsj"，输入单位"zjdd"，如图 4-67 所示，单击【下一步】按钮继续。

第四步：接受协议。选中复选框【我接受《许可协议》中的条款】，单击【下一步】按钮继续。

第五步：选择安装类型和安装位置。在如图 4-68 所示的对话框中，在单选按钮组中选中【自定义安装】；单击【浏览】按钮，选择 D 盘根目录作为安装位置，单击【下一步】按钮继续。

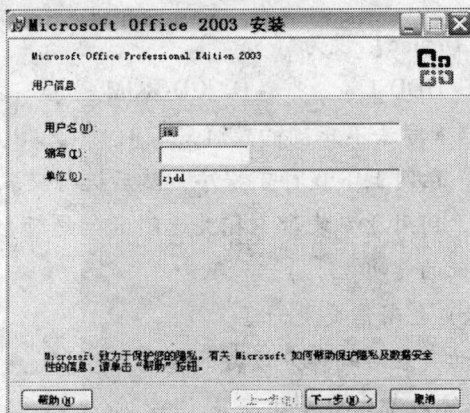

图 4-67　安装 Office 2003 程序之一　　　图 4-68　安装 Office 2003 程序之二

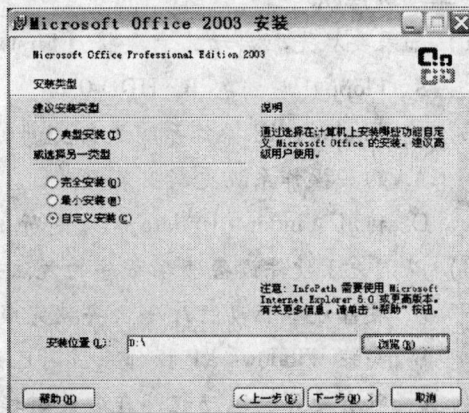

第六步：选择要安装的 Office 2003 应用程序。在自定义安装对话框中，取消选中 Outlook，Publisher，Access，InfoPath 复选框，仅选择安装 Word，Excel 和 PowerPoint，单击【下一步】按钮继续。

第七步：在弹出的【摘要】对话框中，单击【安装】按钮正式开始安装选择的 Office 2003 应用程序。

第八步：在弹出的对话框中，单击【完成】按钮。

本章小结

本章主要介绍了微机软件系统的安装，包括 BIOS 设置、硬盘的分区和格式化、操作系统的安装、驱动程序的安装、应用软件安装与卸载等。通过本章的学习，可使读者对软件系统安装有了一个全面的认识，同时本章还设计了几个相关实训项目，读者可通过上机实训来熟悉软件系统安装的全过程。

思考与练习

1. 思考题

(1) 如何将硬盘设为系统的第一启动设备？

(2) Windows XP 有几种安装方式？

(3) 如何利用 Windows XP 的磁盘管理功能删除硬盘的扩展分区？

2. 单项选择题

(1) 如果要从光驱启动，需要将【First Boot Device】设为（　　）。

    A. Floppy　　　　　B. HDD-0　　　　　C. HDD-1　　　　　D. CD-ROM

(2) 对 Windows XP 操作系统进行更新时，以下方法不正确的是（　　）。

    A. 购买操作系统更新安装盘　　　　B. 在网上下载补丁程序，然后进行安装

    C. 利用 Windows Update 进行更新　　D. 利用原安装盘中相关选项进行更新

(3) 以下关于硬件设备驱动程序的说法，正确的是（　　）。

    A. 硬件设备驱动程序一次安装完成后就再也不需要更新了

    B. 安装 Windows XP 操作系统时已经自动安装好一部分设备的驱动程序

    C. 所有硬件的驱动程序在安装好操作系统后都需要手动安装

    D. 硬件驱动程序一旦安装完成后，将不能更新而只能重新安装

(4) 在用安装盘安装 Windows XP 前，必须做的工作包括（　　）。

    A. 启动 DOS 系统　　　　　　　　　B. 对磁盘的所有空间进行分区

    C. 对磁盘分区进行格式化　　　　　D. 在 BIOS 中将第一启动设备改为光驱

(5) 以下不是文件系统格式的是（　　）。

    A. NTFS　　　　　B. FAT32　　　　　C. DOS　　　　　D. Ext2

3. 判断题

(1) 所有的硬件设备直接连接上电脑就能正常使用。（　　）

(2) 尽管 BIOS 芯片的种类繁多，但都可以在开机未启动操作系统时按 Del 键进入设置程序。（　　）

(3) 在安装 Windows XP 前，必须通过专门的分区软件对硬盘进行分区。（　　）

(4) 在 BIOS 中可以更改系统日期和时间。（　　）

(5) NTFS 文件系统格式不能应用于 Windows 98 操作系统。（　　）

(6) 安装应用软件时，通常可以由用户设置计算机名。（　　）

(7) 一个硬盘最多只能划分一个主分区。（　　）

(8) 驱动程序一旦安装后，只能对其更新不可卸载。（　　）

4. 实训题

安装 Windows 2000 和 Windows XP 双操作系统。

第5章 微机上网

学习内容

1. 微机连网硬件。
2. 通过 Modem 与 Internet 连接。
3. 通过 ADSL 与 Internet 连接。
4. 通过局域网与 Internet 连接。

实训内容

微机上网与设置。

学习目标

掌握：网卡和 Modem 等网络设备的安装方法，网络连接的相关设置，将微机连入 Internet。

理解：网络连接设备的作用，Internet 协议属性的设置。

了解：计算机网络的功能和作用。

5.1 微机上网概述

微机连网的目的是实现"相互通信"与"资源共享"。微机连网可以实现如下功能：

（1）资源共享，实现网络中各种软硬件资源的共享。

（2）数据通信和信息传输。

（3）均衡负荷，通过网络让多台计算机分担并实现相同的功能和任务。

（4）分布式处理，网络中的多台计算机透明地协同处理任务。

（5）提高系统可靠性、扩充性及可维护性。网络中某台计算机的故障通常不会影响整个网络，人们可以方便地管理网络中的计算机。

（6）实现各种综合服务。源自于连网范围的扩大和资源的日益丰富。

将微机接入 Internet 的方法包括：Modem 拨号上网、ADSL 上网以及通过局域网上网等。用户除了需要了解基本的网络知识以外，还要准备好相应的软硬件设备。

5.2 微机连网硬件

最常见的微机连网硬件有网卡、调制解调器和集线器等。

网卡是微机连网的基本部件，它负责发送和接收数据。大部分网卡具有即插即用功能，Windows XP 系统中网卡驱动程序基本不需要手动安装，系统会自动搜索新硬件并安装其驱动程序。

调制解调器的主要功能是将计算机中的数字信号转换成在电话线上传输的模拟信号，或者将电话线上传输的模拟信号转换成计算机中的数字信号。

集线器可建立多条传输线路与主机相连接，是网络中最重要的互连设备之一，基本功能是信息分发，把一个端口接收的信号向所有端口分发出去。集线器与交换机的区别越来越模糊。随着交换机价格的不断下降，集线器仅有的价格优势已不再明显。但是，集线器对于家庭或者小型企业的组网来说还是很实用的。

下面以双绞线为例，主要介绍网络连线的制作方法。

（1）双绞线

双绞线作为一种价格低廉、连接可靠、性能优良的传输介质，在网络连接中得到了广泛应用。它由不同颜色的 4 对 8 芯线组成，每两条按一定规则绞织在一起，成为一个芯线对。双绞线一般可分为屏蔽（STP）与非屏蔽（UTP）两种。屏蔽双绞线的性能比非屏蔽双绞线的要好，价格也贵。一般的网络连接中以采用非屏蔽双绞线为主。

（2）RJ-45 水晶头

双绞线的两端必须都安装 RJ-45 水晶头，以便与各类连网设备的 RJ-45 接口连接。水晶头质量的好坏直接影响着通信质量的高低，很大一部分网络故障就源自于低质量的水晶头。

（3）网线制作工具

网线制作只需一把网线压线钳即可，它可以完成剪线、剥线和压线等功能。

（4）网线的标准和连接方法

网线做法有两种国际标准：EIA/TIA 568A（见表 5-1）和 EIA/TIA 568B（见表 5-2）。

表 5-1 EIA/TIA 568A 标准的线序

1	2	3	4	5	6	7	8
白绿	绿	白橙	蓝	白蓝	橙	白棕	棕

表 5-2　EIA/TIA 568B 标准的线序

1	2	3	4	5	6	7	8
白橙	橙	白绿	蓝	白蓝	绿	白棕	棕

双绞线的连接方法也主要有两种：直通线缆和交叉线缆。

直通线缆的水晶头两端都遵循 EIA/TIA 568A 或 EIA/TIA 568B 标准，每组线的颜色排列在两端水晶头的相应槽中，保持一致。集线器的 Uplink 口连接到普通端口或者普通端口连接到计算机网卡上，必须采用直通线缆。

交叉线缆的水晶头一端遵循 EIA/TIA 568A，另一端采用 EIA/TIA 568B 标准。也就是说，A 水晶头的 1，2 线对应 B 水晶头的 3，6 线，而 A 水晶头的 3，6 线对应 B 水晶头的 1，2 线。

集线器的普通端口连接到普通端口或者网卡直接连接到网卡上时，需要采用交叉线缆。

（5）网线测试

网线制作好以后，可以用网线测试仪检查网线能否正常工作。把网线两端的水晶头插入测试仪的两个接口之后，可以看到测试仪上的两组指示灯都在闪动。若测试的线缆为直通线缆，测试仪上的 8 个指示灯依次为绿色闪过，证明网线制作成功。若测试的为交叉线缆，其中一侧依次由 1~8 闪动绿灯，另外一侧则根据 3，6，1，4，5，2，7，8 顺序闪动绿灯。若出现任何一个灯为红灯或黄灯，都说明存在断路或接触不良现象。

5.3　网络连接与设置

5.3.1　通过 Modem 与 Internet 连接

1. Modem 的安装

外置式 Modem 通过带 25 针连接器或 USB 接口的电缆线接到微机上，接通电源即可。内置 Modem 需要将其插到微机主板的 PCI 插槽上。

Modem 安装好后，用一段电话线一端与电话进户线的 RJ11 插座连接，另一端插入 Modem 的 Line 接口；用另一段电话线一端与电话机的 RJ11 插座连接，另一端插入 Modem 的 Phone 接口。

2. Modem 的驱动程序安装

安装好 Modem 后启动计算机，系统会提示用户发现新硬件，并将自动安装驱动程序。

如果需要进行手动安装，可参照以下过程进行：

（1）点击【开始】菜单，右击【控制面板】菜单项，然后选择【打开】，可以打开【控制面板】对话框，双击其中的【打印机和其他硬件】图标，打开【打印机和其他硬件】

对话框。

（2）双击打开【电话和调制解调器选项】对话框，选择【调制解调器】选项卡。

（3）在该选项卡中单击【添加】按钮，打开【添加硬件向导】之一对话框。

（4）在该对话框中单击【下一步】按钮，系统会对所安装的调制解调器进行检测。当系统检测到调制解调器后，自动打开【找到新的硬件向导】对话框。

（5）按照提示将驱动程序的安装盘放入光驱中。若安装的调制解调器支持"即插即用"功能，可选择【自动安装软件】选项；若想自己安装，也可选择【从列表或指定位置安装】选项。

（6）选择【从列表或指定位置安装】选项，单击【下一步】按钮，弹出第二个【找到新的硬件向导】对话框。可选择【在这些位置上搜索最佳驱动程序】或【不要搜索，我要自己选择要安装的驱动程序】选项。选择【在这些位置上搜索最佳驱动程序】选项。在该选项下，还可以选择【搜索可移动媒体】和【在搜索中包含这个位置】复选框。选择【搜索可移动媒体】选项，可在所有可移动媒体中搜索最佳的驱动程序；选择【在搜索中包含这个位置】选项，单击【浏览】按钮，可确定搜索的位置。

（7）设置完毕后，单击【下一步】按钮，系统在选定的位置中搜索新的硬件驱动程序，并安装该驱动程序。

（8）在安装过程中，会弹出【所需文件】对话框。在该对话框中，指定驱动程序的文件路径。设置完毕后，单击【确定】按钮。

（9）系统继续安装驱动程序，安装完毕后会提示已完成安装。

成功安装调制解调器驱动程序后，在【电话和调制解调器选项】对话框中的【调制解调器】选项卡中即可看到该调制解调器。

3. 拨号上网

Windows XP 中拨号上网的设置方法如下：

（1）在【控制面板】窗口单击【网络和 Internet 连接】选项，弹出如图 5-1 所示窗口。

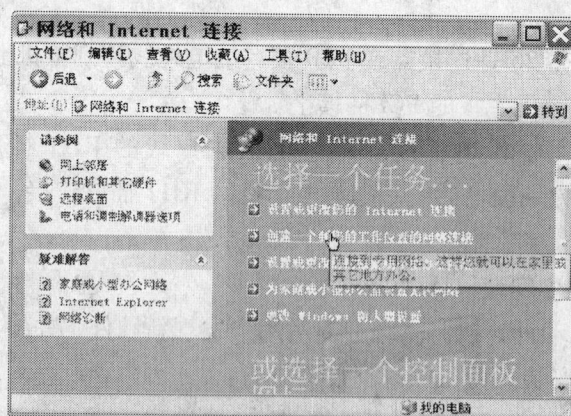

图 5-1　【网络和 Internet 连接】窗口

（2）单击【创建一个到您的工作位置的网络连接】，这时会弹出【新建连接向导】对话框，如图5-2所示。

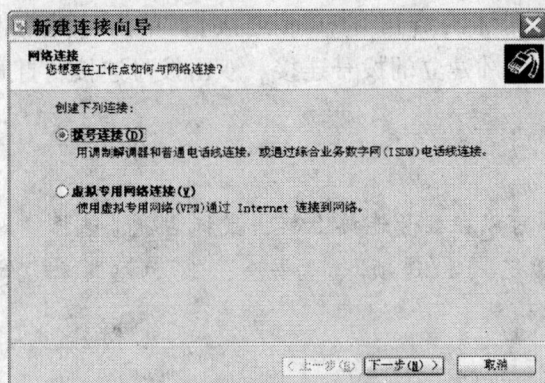

图5-2 网络连接类型的选择

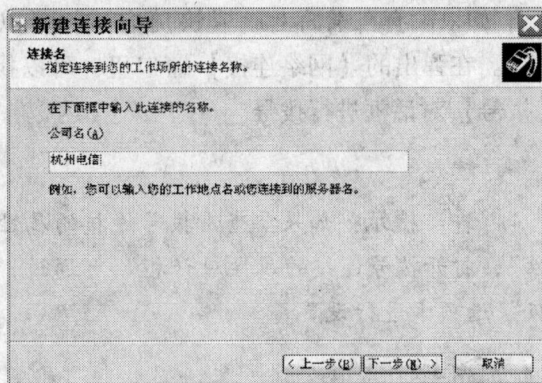

图5-3 公司名的输入

（3）选择【拨号连接】，单击【下一步】按钮。在对话框的【公司名】的文本框中输入一个好记的名称，如图5-3所示。

（4）点击【下一步】按钮，在对话框的【电话号码】栏中输入准备连接的电话号码，如"16300"，如图5-4所示。

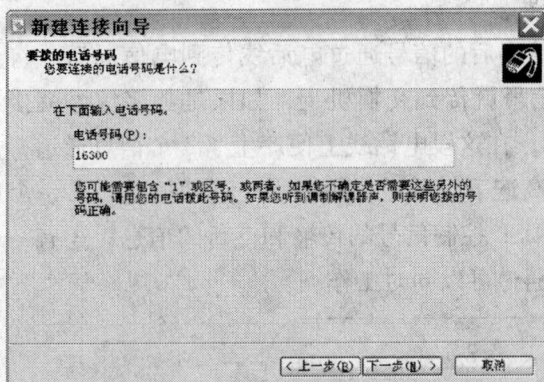

图5-4 电话号码的输入

图5-5 拨号连接对话框

提示： 拨号上网的电话号码有16300，96201，96555，16900，16901，96163，96169等等，不同时期和不同地点可能会提供不同的电话号码。

（5）单击【下一步】按钮。如果希望在桌面上放置一个快捷方式，在新弹出的对话框中点击选中【在我的桌面上添加一个到此连接的快捷方式】，单击【完成】按钮完成设置。

（6）如果在桌面上放置了快捷方式，可在桌面上双击刚才建立的拨号连接，打开【连接】对话框，如图5-5所示。输入用户名和密码，再单击【拨号】按钮。如果拨号成功，在 Windows XP 窗口右下角会有一个显示网络连网状态的小图标，表示网络已经接通，这样就可以拨号上网，选择 Internet 提供的各项服务了。

如果没有在桌面上放置快捷方式，可以回到【网络和 Internet 连接】，单击【网络连接】。在弹出的【网络连接】窗口里，可以找到刚才建立的拨号连接。双击拨号连接，打开【拨号】对话框进行拨号。

提示： 如果要查看拨号连接的属性，可以在拨号连接上单击鼠标右键，选择"属性"，打开拨号连接的属性对话框。可通过"常规"、"选项"、"安全"、"网络"和"高级"选项卡进行设置。

注意： 下网的时候要注意及时断开网络连接。方法是在窗口右下角表示连网状态的小图标上右击，选择"断开"，或者单击该小图标，选择"断开连接"。

5.3.2 通过 ADSL 与 Internet 连接

ADSL 是一种在普通电话线上传输高速数字信号的技术，它使用普通电话线作为传输介质，通过 26kHz 以后的高频带获取较高的带宽。

ADSL 工作流程如下：经 ADSL Modem 编码后的信号通过电话线传到电信局后，将会被输入到一个信号识别/分离器。如果是语音信号就传到交换机上，如果是数字信号就接入到 Internet。当电话线两端连接 ADSL Modem 时，在这段电话线上便产生了 3 个信息通道，如图 5－6 所示。其中一个速率为 1.5～9Mbps 的高速下行通道，用于用户下载信息；另一个速率为 16Kbps～1Mbps 的中速双工通道，用于 ADSL 控制信号的传输和上行的信息；还有一个是普通的电话服务通道，用于语音通信。3 个通道可以同时工作。

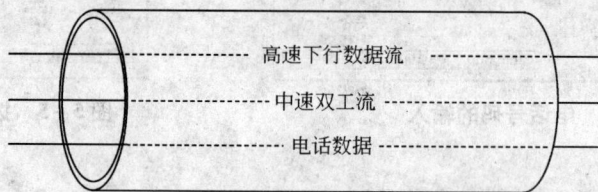

图 5－6 电话线中的 3 个信息通道

1. ADSL 硬件设备的安装

准备一块 10M 或 10M/100M 自适应网卡，一个 ADSL 调制解调器，一个信号分离器，另外还有两根两端做好 RJ11 水晶头的电话线和一根两端做好 RJ45 水晶头的五类双绞线。

（1）在计算机中插入 10M 或 10M/100M 自适应网卡。

（2）连接 ADSL Modem 的信号分离器。信号分离器用来将电话线路中的高频数字信号和低频语音信号分离。低频语音信号由分离器接电话机用来传输普通语音信息，高频数字信号则接入 ADSL Modem，用来传输上网信息和 VOD 视频点播节目。

先将来自电信局端的电话线接入信号分离器的输入端，然后再用一根电话线，一端连接信号分离器的语音信号输出口，另一端连接电话机。

（3）安装 ADSL Modem。用另一根电话线将来自于信号分离器的 ADSL 高频信号接入 ADSL Modem 的 ADSL 插孔。再用一根五类双绞线，一头连接 ADSL Modem 的 10BaseT 插孔，另一头连接计算机网卡中的网线插孔。接上 ADSL Modem 的电源。

打开计算机和 ADSL Modem 的电源，如果看到两边连接网线的插孔所对应的 LED 都亮了，表示硬件已经连接成功。

2. 软件设置

目前常用的基于 Windows 操作系统的 PPPoE 软件有 EnterNet300，WinPoET，RASPPPoE 等等。其中，EnterNet300 由 Efficient Networks 开发，它具有独立的 PPP 协议，可以不依赖操作系统。WinPoET 由 PPPoE 协议起草者之一的 WindRiver 公司开发，需要通过操作系统自身的 PPP 拨号协议来完成 PPPoE 的连接。RASPPPoE 则是一个由个人开发的免费软件，它只是一个协议驱动程序，没有界面和连接程序，完全依靠标准的拨号网络建立与 ISP 的连接。

提示：Windows XP 操作系统集成了 PPPoE 协议支持，不需要安装任何其他 PPPoE 拨号软件，直接使用 Windows XP 的连接向导即可将微机连入 Internet。

5.3.3　通过局域网与 Internet 连接

1. Windows XP 局域网组网方案

家庭或办公室里如果有两台或更多的计算机，可以把它们组成一个小的对等局域网，实现资源共享、信息传输、多人协作游戏等等。硬件只要求配备有网卡和网线即可，若计算机超过 2 台则需增加一个集线器。

另外，局域网建成后还需要接入 Internet。可以考虑通过一台性能较好的计算机上网，其他计算机以共享的方式访问 Internet。

2. 硬件设备的安装

把需要连网的计算机安装好网卡，用网线把每台计算机的网卡连接到集线器的相应端口上。启动计算机和集线器后，网卡和集线器上相应的灯亮了，表示硬件已连通。

3. 设置 IP 地址和子网掩码

网卡及驱动程序安装好以后，对于对等网上的每一台计算机应进行网络标识、访问控制等的设置，以保证网络的连通性。但是，有时还会发生无法找到对方计算机的情况，因此最好还需要设置 IP 地址和子网掩码。

（1）右击屏幕上的【网上邻居】图标，在弹出菜单中单击【属性】，可以打开【网络连接】窗口。双击【本地连接已接上】图标，弹出【本地连接状态】对话框。

（2）单击【属性】按钮，再次弹出一个【本地连接状态】对话框，如图 5-7 所示。

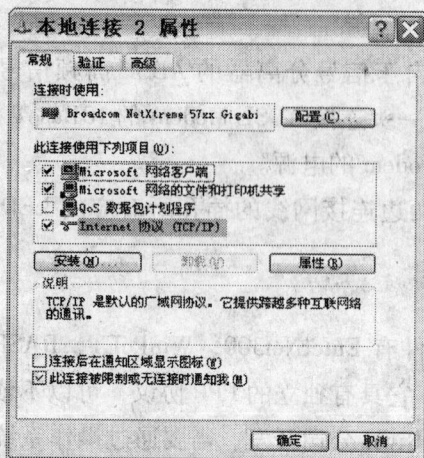

图 5-7　本地连接属性对话框　　　　**图 5-8　Internet 协议（TCP/IP）属性对话框**

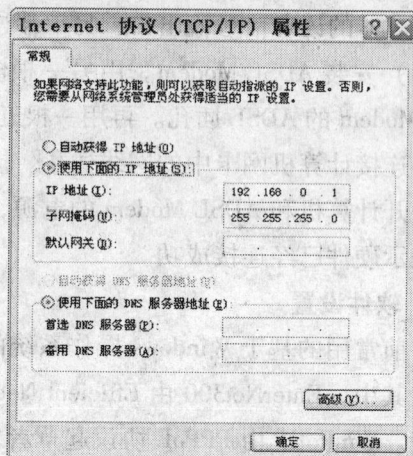

（3）选中【此连接使用下列项目】中的【Internet 协议（TCP/IP）】选项，单击【属性】按钮，弹出【Internet 协议（TCP/IP）属性】对话框，如图 5-8 所示。

（4）选择【使用下面的 IP 地址】选项，在【IP 地址】栏中输入 192.168.0.1 ～ 192.168.0.254 中的一个地址，注意各台计算机中的地址不能相同。然后，在子网掩码栏中输入 255.255.255.0。

　　注意：组网完成后可以测试网络的连通性：进入 MS-DOS 模式，在命令提示符下输入 Ping 命令和需要查找的计算机的 IP 地址，按回车即可看到相关的信息，提示当前网络连接是否连通。

4. 多机共用一线上网的配置

如果想让局域网内的所有计算机通过一条电话线上网，可以使用 Sygate 软件。该软件属于网关类代理服务器，适用于多种操作系统，支持多种 Internet 接入方式。

Sygate 一般只需安装在连接 Internet 的作为服务器的计算机上，默认情况下几乎不用任何设置即可使用。在安装 Sygate 之前，确保所有计算机安装有 TCP/IP 协议并互相连通，然后检查作为 Sygate 服务器的计算机是否已接入 Internet。服务器端 IP 地址一般会设置为 192.168.0.1 或 192.168.0.2，子网掩码为 255.255.255.0。客户端可以配置为自动获得 IP 地址，也可以手工配置指定的 IP 地址、DNS 服务等参数，但是必须保证客户端和服务器端计算机的 IP 地址在同一网段中，子网掩码相同，并且客户端的网关与服务器端计算机的 IP 地址相同。

以调制解调器拨号上网为例，简单介绍多机共用一线上网的配置过程。

（1）局域网的组建

选择一台性能较好的计算机作为服务器，通过集线器将它与其他计算机连接成一个局域网，如图5-9所示。

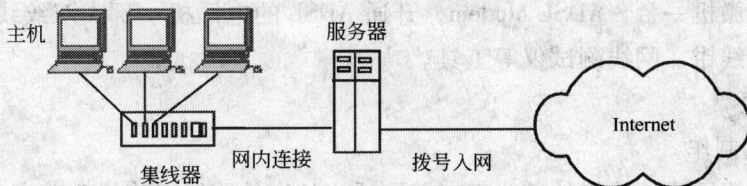

图5-9　拨号接入 Internet 示意图

（2）Sygate 软件安装

在服务器上安装 Sygate Home Network V4.5 中文版，安装过程中会弹出如图5-10所示窗口，选择"服务器模式"，在窗口下方的文本框中为该计算机取一个网内唯一的名字。随后 Sygate 会进行网络诊断，检测默认连接。

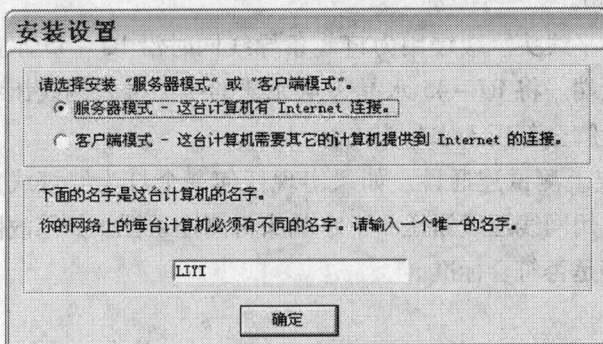

图5-10　安装设置的选择

图5-11　Sygate 工作窗口

（3）Sygate 的使用

重启计算机并运行 Sygate，执行【拨号上网】→【拨号】命令，接入 Internet，显示如图5-11所示窗口，表示网络已连通，Sygate 开始工作。将其他计算机的"Internet 协议属性"设置为"自动获得 IP 地址"，"首选 DNS 服务器"和"默认网关"均设置为"192.168.0.2"。

这样，其他计算机和服务器都可以使用 Sygate 共享接入 Internet 了。

5.4　实训9 微机上网与设置

1. 目的： 掌握网卡和 Modem 的安装和网线的制作方法，能够进行网络连接的相关设置并进行拨号上网。

2. 内容： 制作好网线，正确安装网卡和 ADSL Modem，拨号进入 Internet。

3. 要求： 实训前认真复习本章内容，通过本实训掌握网线制作和微机拨号上网的方法，完成实训报告。

实验环境：微机一台，ADSL Modem，开通 ADSL 的电话机一部。双绞线、网卡、RJ-45 水晶头、网线压线钳、网线测试仪等工具。

4. 实训步骤

（1）网线的制作

第一步：利用网线压线钳的剪线刀口剪取适当长度的网线。将线头剪齐，再将线头放入剥线刀口，让线头抵住挡板，适当握紧压线钳并慢慢旋转，取下双绞线的保护胶皮。

第二步：将不同颜色的 4 对线中的 8 条细线一一拆开，理顺，捋直，按照规定的线序排列整齐。

将水晶头有塑料弹簧片的一面向下，有针脚的一方向上，使有针脚的一端指向远离自己的方向，有方形孔的一端对着自己。最左边的是第 1 脚，最右边的是第 8 脚，选择 EIA/TIA568A 或 568B 标准排列水晶头 8 根针脚。

第三步：把线伸直、压平、理顺，剪平线头。缓缓用力将 8 条导线同时沿 RJ-45 水晶头内的 8 个线槽插入，一直插到线槽的顶端。将 RJ-45 水晶头从无牙的一侧推入网线压线钳夹槽，用力握紧线钳将突出在外面的针脚全部压入水晶头内。

第四步：把网线两端接到网线测试仪上测试连通性。如果出现任何一个灯为红灯或黄灯，都证明存在断路或者接触不良现象，用网线压线钳压一下水晶头再测连通性。如果故障依旧，需要仔细检查两端芯线的排列顺序是否符合标准。

（2）网卡的安装

第一步：将网卡插入计算机主板上的插槽内。

第二步：安装网卡驱动程序。如果在安装 Windows XP 系统之前已经连接好网卡，驱动程序可以自动进行安装。如果在安装了 Windows XP 系统之后才添加网卡，系统重启后任务栏上会出现一个小图标，并且会出现文本框显示自动搜索及安装的过程。

当网卡的驱动程序不在 Windows XP 系统的硬件列表中时，需要手动安装，步骤如下：

第三步：打开【控制面板】窗口，双击【添加硬件】选项，启动【添加硬件向导】。

第四步：计算机自动搜索已连接但未安装的硬件，弹出对话框询问用户是否已连接好新硬件，选择【是，我已经连接了此硬件】单选项，单击【下一步】按钮继续。

第五步：这时会出现显示已安装硬件列表的对话框，选择【添加新的硬件设备】选项，单击【下一步】按钮。

第六步：在接下来的对话框中要求选择进行安装的方式，选择【安装我手动从列表选择的硬件】单选项，然后单击【下一步】按钮。

第七步：在新出现的对话框中选择【网络适配器】选项，单击【下一步】按钮继续安装，如图 5-12 所示。

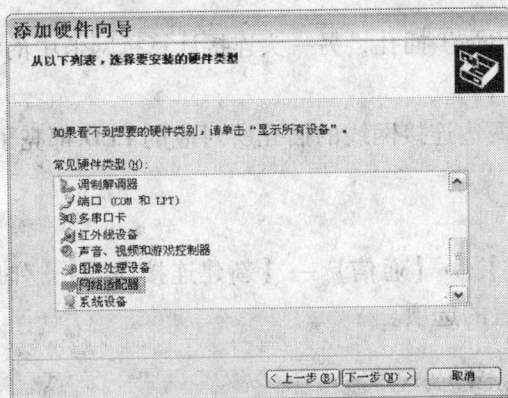

图 5-12　添加硬件的选择

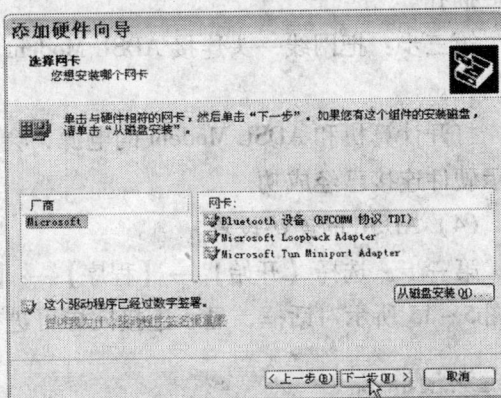

图 5-13　厂商和网卡型号的选择

第八步：在【选择网卡】对话框中提供了经过驱动程序签名的网卡厂商和型号，如图5-13 所示。

单击【从磁盘安装】按钮，弹出【从磁盘安装】对话框，插入安装盘。单击【浏览】按钮从安装盘中找到文件的正确路径，或者在【厂商文件复制来源】文本框中直接输入文件的路径，然后单击【确定】按钮，返回到【添加硬件向导】对话框中，如图5-14 所示。

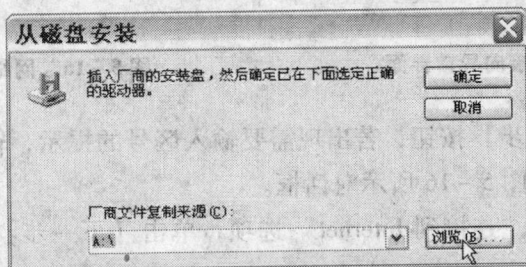

图 5-14　厂商文件复制来源的选择

第九步：在【选择网卡】对话框中单击【下一步】按钮，出现【向导准备安装您的硬件】对话框，如果要开始安装新硬件，单击【下一步】按钮，也可以单击【上一步】按钮返回到相应的步骤作出修改，单击【取消】按钮结束安装过程。

第十步：确定安装后出现【正在复制文件】的对话框，表明了文件复制的进程。添加硬件完毕后，出现【正在完成添加硬件向导】，提示用户已完成该设备的安装，单击【完成】按钮，关闭【添加硬件向导】。

（3）ADSL Modem 的安装

第一步：将电话线接入信号分离器的输入端，然后用一根电话线一头连接信号分离器的语音信号输出口，另一端连接电话机。

第二步：用另一根电话线将来自于信号分离器的 ADSL 高频信号接入 ADSL Modem 的

Line 插孔。

第三步：把网线一头连接 ADSL Modem 的 10BaseT 插孔，另一头连接计算机网卡中的网线插孔。

打开计算机和 ADSL Modem 的电源，会看到两边连接网线的插孔所对应的 LED 都亮了，表示硬件连接已经成功。

（4） ADSL 的连接设置

第一步：选择【开始】→【程序】→【附件】→【通信】→【新建连接向导】，弹出如图 5 – 15 所示对话框，显示连接向导可进行配置的选项。

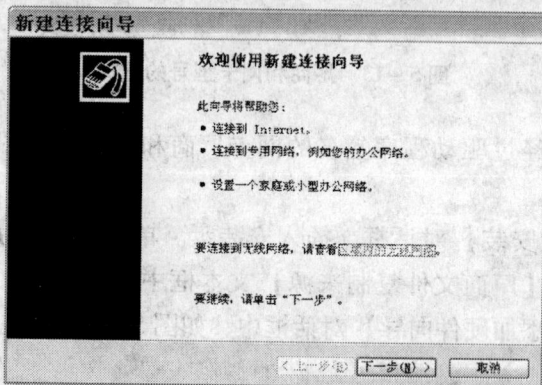

图 5 – 15　新建连接向导首界面

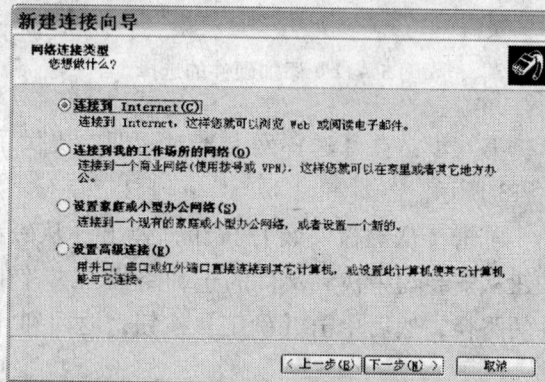

图 5 – 16　网络连接类型的选择

第二步：单击【下一步】按钮，若出现需要输入区号的提示，输入本地电话号码区号，继续下一步操作，弹出如图 5 – 16 所示对话框。

第三步：选择默认的"连接到 Internet"选项，单击【下一步】，弹出如图 5 – 17 所示对话框。

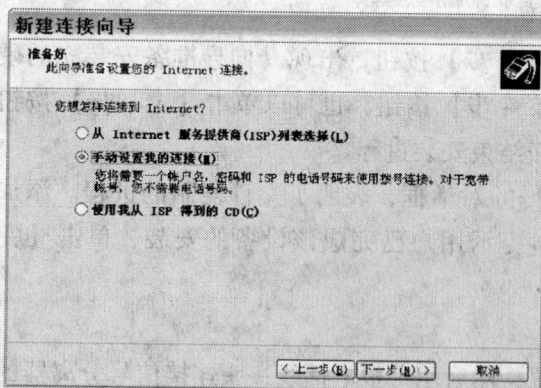

图 5 – 17　连接方式的选择之一

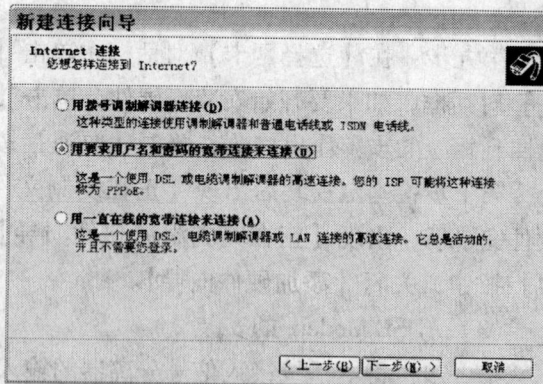

图 5 – 18　连接方式的选择之二

第四步：选择"手动设置我的连接"，单击【下一步】，弹出如图5-18所示对话框。

第五步：选择"用要求用户名和密码的宽带连接来连接"，单击【下一步】，弹出如图5-19所示对话框。在"ISP名称"下的文本框中，输入一个容易记住的连接名称，如"杭州ADSL"。

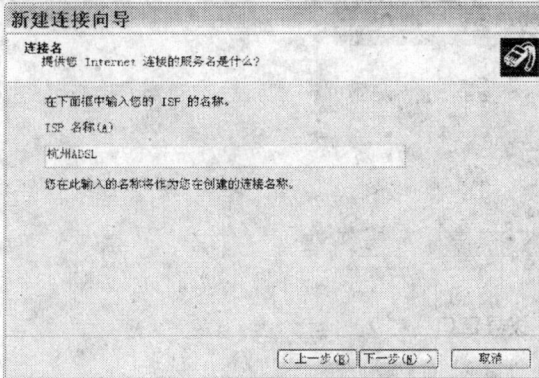

图5-19　ISP名称的输入

图5-20　账户信息等的输入和选择

第六步：单击【下一步】，弹出如图5-20所示对话框。输入给定的ADSL用户名和密码，根据向导的提示对这个上网连接的其他一些安全参数进行设置。单击【下一步】，弹出如图5-21所示对话框。

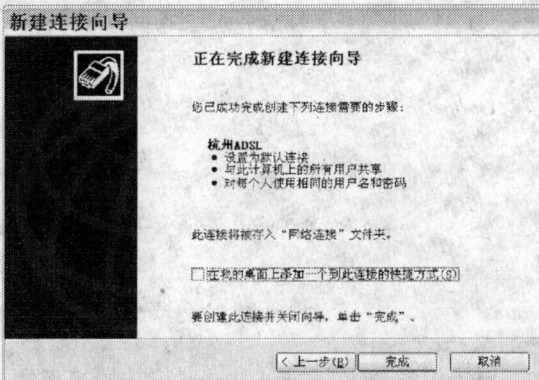

图5-21　ADSL虚拟拨号设置完成界面

图5-22　ADSL拨号快捷图标

第七步：在"在我的桌面上添加一个到此连接的快捷方式"前打钩，单击【完成】。桌面上多了个名为"杭州ADSL"的连接图标，如图5-22所示。

（5）拨号上网

第一步：双击桌面上的连接图标"杭州ADSL"，弹出如图5-23所示拨号窗口。

第二步：确认用户名和密码正确以后，单击【连接】即可拨号上网。成功连接后，可以看到屏幕右下角有两部电脑连接的图标，这时微机就可以上网了。

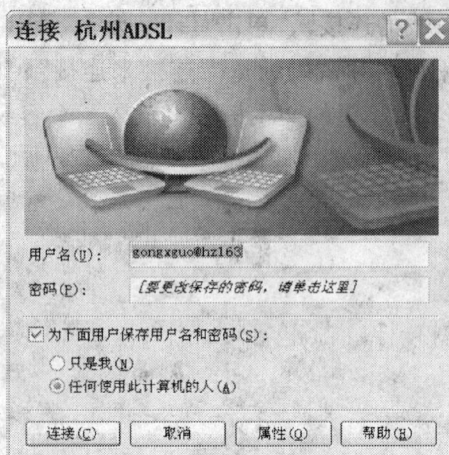

图 5 - 23　拨号窗口

本章小结

本章主要介绍了微机连网的一些基本硬件，重点讲解了如何通过 Modem，ADSL 和局域网将微机连接入 Internet，使读者学会如何让微机上网。另外，实训项目通过对上网软硬件安装和各个配置环节的具体实践，可以让读者掌握网线制作、上网设备安装、网络连接设置等方法和技术。

思考与练习

1. 思考题

（1）计算机连网可以实现哪些功能？

（2）制作网线有哪些要点？

（3）如何实现多机共用一线上网？

2. 单项选择题

（1）以下哪个不是网线压线钳的功能？（　　）。

　　A. 剪线　　　　　　B. 剥线　　　　　　C. 压线　　　　　　D. 连线

（2）以下哪个选项不是目前常用的基于 Windows 操作系统的 PPPoE 软件？（　　）。

　　A. EnterNet300　　B. WinPoET　　　　C. RASPPPoE　　　D. XPPPoE

（3）以下哪个速率不可能是调制解调器的速率？（　　）。

　　A. 56Kbps　　　　B. 33.6Kbps　　　　C. 28.8Kbps　　　D. 128Kbps

（4）当电话线两端连接 ADSL Modem 时，电话线上提供的信息通道有（　　）。

　　A. 1 个　　　　　　B. 2 个　　　　　　C. 3 个　　　　　　D. 4 个

（5）要测试网络的连通性，可以使用的 DOS 命令是（　　　）。

    A. Ping   B. IPConfig   C. Netstat   D. Path

3. 填空题

（1）人们将彼此独立的计算机连接起来实现"＿＿＿＿＿＿＿＿"与"＿＿＿＿＿＿＿＿"，从而形成了计算机网络。

（2）双绞线一般可分为＿＿＿＿＿＿＿与＿＿＿＿＿＿＿两种。

（3）在制作双绞线时，＿＿＿＿＿＿＿的水晶头一端遵循568A，另一端采用568B标准。

（4）ADSL 是＿＿＿＿＿＿＿＿的缩写，是一种在普通电话线上传输高速数字信号的技术。

（5）默认情况下，Sygate 服务器端会自动设置 IP 地址为＿＿＿＿＿＿＿＿。

4. 判断题

（1）集线器的基本功能是信息分发，把从一个端口接收的信号向所有端口分发出去。（　　　）

（2）水晶头质量的好坏并不影响通信质量的高低。（　　　）

（3）集线器的普通端口连接到普通端口或者网卡直接连接到网卡上时，需要采用交叉线缆。（　　　）

（4）内置 Modem 需要将其插到微机主板的 PCI 插槽上。（　　　）

（5）ADSL 使用普通电话线作为传输介质，通过 26KHz 以后的高频带获取较高的带宽。（　　　）

第6章 微机系统维护

学习内容

1. 微机硬件的日常保养和维护。
2. 软件系统的维护。
3. 注册表的使用与维护。
4. 常用工具软件的使用。

实训内容

1. 微机硬件系统的维护。
2. 微机软件系统的维护。
3. 微机整机系统的维护与优化。

学习目标

掌握：系统工具和常用工具软件的使用，包括系统工具的使用、控制面板的设置、系统性能管理、管理工具的使用以及磁盘分区工具的使用。

理解：微机系统维护的重要性、注册表的结构、注册表的维护。

了解：系统测试工具和杀毒软件等的基础知识。

6.1 微机系统的维护概述

微机系统的维护主要包括硬件维护和软件维护，其目的是减少微机的故障，提高微机的运行效率，在一定程度上延长微机的运行寿命。

由于微机长期处于工作状态及受周围环境的影响，主机内部 CPU、内存、硬盘、主板、光驱尤其是风扇等部件上都会沾染上灰尘，需要采用清洁剂、毛刷、吸尘器、清洁盘等维护工具对各类硬件进行日常性的维护。一般而言，可以用吸尘器吸走主机内各部件的灰尘，用干净的软布沾上专用清洁剂拭擦显示器表面，用软纱布沾取无水酒精或清洁剂擦除键盘、鼠标等处的表面污垢和油渍，用特殊的清洁光盘及清洁剂清洁光驱等等。

微机软件系统的维护工作由于整体的软件环境复杂，专业性和针对性强，维护工作较困难和复杂一些。操作系统自身附带了一些工具用于软件系统的维护，如系统工具、控制面板、管理工具等等。另外，也可以通过对注册表的编辑与修改，通过专用的维护工具软件如磁盘分区工具、压缩工具、系统测试工具、病毒防治工具等等有效达到维护和优化微机系统的作用。

6.2 微机硬件的日常保养和维护

微机硬件的日常保养和维护目的是预防硬件故障的发生和减少故障出现的频率。

（1）主板的维护常识

主板是微机的主要部件，对主板的保养非常重要。其日常维护主要包括以下方面：

* 外部电压应保持在 $200 \sim 250V$ 之间。过低容易死机，过高会烧坏电路。

* 主板的工作环境要求通风状况良好，温度适中，空气干净，远离水源，无阳光直射，无高频干扰。

* 主板的清洁可以每两个月做一次，因为空气较潮湿时灰尘可引起短路，阻碍热量的散发。

* 定期检查主板上电池有无漏液，以免元件受到腐蚀。定期检查主板上有无异物，防止造成短路。

* 对主板进行操作时，应将手上的静电卸掉，以防静电损坏主板。

（2）鼠标的维护常识

鼠标需要防尘、防强光和拉扯。对鼠标的维护主要应注意以下问题：

* 基本除尘。机械式鼠标橡胶球上的黏性灰尘附着在传动轴上会造成传动不均，甚至被卡住，导致灵敏度降低。光电式鼠标若污物附着在发光二极管或光敏三极管上会遮挡光线的接收。因此，平时要注意保持桌面的清洁。

* 开盖除尘。将机械式鼠标翻过来拧下塑料圆盖，取出橡胶球，用沾有无水酒精的棉球清洗，晾干后重新装好。对于光电式鼠标，可用棉签清理光电检测器中间的污物或其他部件的灰尘。

* 软件维护。使用原装的驱动程序以充分发挥鼠标功能。

（3）键盘的维护常识

键盘的使用频率很高，按键过重、金属物或液体溅入都会引起按键失灵等现象。对键盘的维护应注意以下事项：

* 用柔软干净的湿布定期擦拭键盘，对于顽固的污渍可以用中性的清洁剂擦除，最后

用湿布擦洗。

- 当有液体进入键盘时，应尽快关机，将键盘接口拔下，在通风处自然晾干。
- 更换键盘时，应首先断开微机电源。

（4）显示器的日常维护常识

显示器的寿命可能是微机所有部件中最长的。显示器约 50% 的故障由环境条件引起，约 30% 的故障由操作或管理不当引起。显示器的日常维护主要有以下方面：

- 在显示器加电的情况下以及刚刚关机时，不能进行移动，以免造成显像管灯丝的断裂。
- 多台显示器的摆放，应相隔 1 米以上，以防止相互干扰造成显示抖动现象。
- 显示器应放在日光照射较弱或没有光照的地方，以免老化变黄和荧光粉发光效率降低。
- 移动显示器时应先拔掉电源线和信号电缆。电缆线接触不良将会导致颜色减少或不能同步，插头的某个引脚弯曲可能会导致显示器不能显示颜色或偏向一种颜色。
- 调节显示器面板上的功能旋钮时，要缓慢，不可猛转。
- 显示器的线缆不能拉得过长，否则会导致显示器的亮度降低。
- 在梅雨季节显示器必须定期通电防湿。显示器内部存在高压，湿度大于 80% 可能产生漏电，室内湿度保持在 30% ~80% 之间显示器正常工作，室内湿度小于 30% 某些部位可能产生静电干扰。

（5）光驱的维护常识

光驱的使用寿命有限，影响寿命的元器件主要是激光头，对光驱的维护主要是对激光头的维护。激光头上有灰尘时，光驱的读盘能力将急剧下降，读盘速度减慢甚至断续和停顿，严重时会传出光驱频繁读取光盘的声音。将光盘装入光驱时一定要做到清洁，防止灰尘污染。

其他一些需要注意的事项如下：

- 在读取光盘过程中，光驱要保持在水平位置。否则，光盘在旋转时其转速会因重心不平衡而发生变化，造成读盘能力下降，严重倾斜时还会损坏激光头。光驱内的激光透镜和光电控制器件非常脆弱，经不起碰撞和震动，拆下的光驱随意移动易导致光驱性能下降和损坏。
- 开关盘盒上的按钮时不要太用力，以防按钮失控。不用手直接推回盘盒，以防止损害光驱传动齿轮。光驱读盘时不要立即退盘，以免损害激光头。

（6）打印机的日常保养常识与使用习惯

打印机是微机的常用外设，不同的打印机在日常保养时侧重不同的方面。

- 对于针式打印机，不用手指触摸打印针表面，定期用小刷和吸尘器清理机内的灰尘和纸屑，再用酒精擦洗干净。打印头的位置要根据纸张的厚薄进行调整。发现色带有破损，要立即更换新的色带。发现走纸和针头小车运行困难时不用手强行移动。
- 对于喷墨打印机，不将喷头拆下并单独放置，避免用手指和工具碰撞喷嘴面，防止喷嘴损伤或被杂物、油质等阻塞。在打印过程中避免关闭电源。墨水盒在使用前储存于密闭包装袋中，放于没有阳光直射的地方。使用同型号的墨水，用完后更换。

● 对于激光打印机，用微湿的布清洁打印机外部，用刷子或光滑的干布清洁打印机内部。清洁打印机时，若衣服上沾染了碳粉，用干布擦掉后冷水清洗。

6.3 软件系统的维护

软件故障在微机故障中所占的比例较大。长期使用特别是经过频繁的安装和卸载软件以后，微机通常会出现运行缓慢甚至产生故障现象。因此，对于软件系统的维护显得非常重要。

6.3.1 系统工具的使用

Windows XP 提供了许多工具和程序，专门用来维护计算机安全、系统管理以及对计算机的定期维护，使其性能实现最佳化。Windows XP 自带的"系统工具"包含了许多功能，如备份文件、释放磁盘空间、系统还原、创建定期计划任务等等，这些工具可以通过【开始】→【所有程序】→【附件】→【系统工具】菜单执行相关操作。

1. 备份文件

备份文件和文件夹可以将数据备份到文件或硬盘、软盘及任何其他可以保存文件的可移动或不可移动存储器。将数据备份到文件时，必须指定文件要保存的名称和位置。备份文件的扩展名通常为".bkf"。

打开的【备份工具】窗口如图6-1所示。

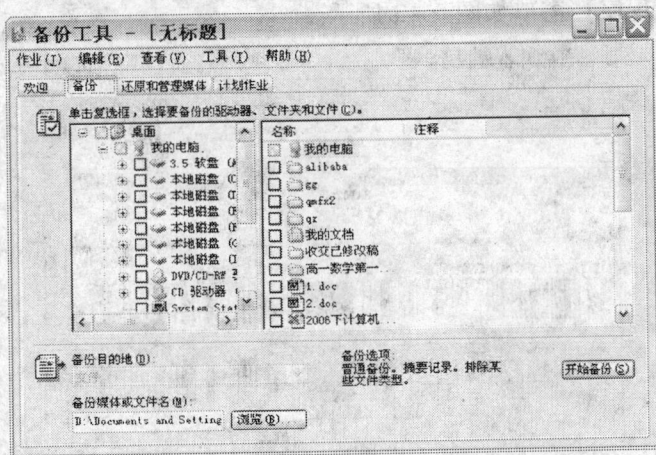

图6-1 备份工具窗口

2. 磁盘清理程序

为了保留更多的硬盘空间，需要在不损害任何已有程序和数据的前提下减少磁盘中的文

155

件数或提供更多的可用磁盘空间。磁盘清理程序可以搜索各个驱动器，列出临时文件、Internet 缓存文件和可以安全删除的不需要的程序文件，通过部分或全部删除这些文件节省出更多的可用硬盘空间。

运行【磁盘清理】程序后弹出如图 6-2 所示窗口。

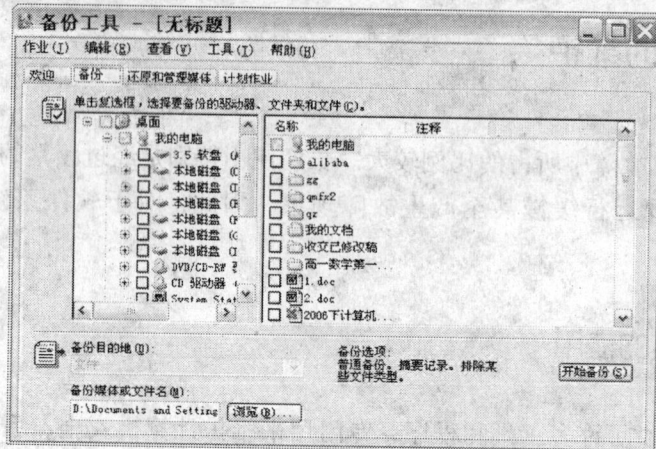

图 6-2 磁盘清理界面

通过【磁盘清理】向导可以清理硬盘中的文件，包括：临时 Internet 文件、下载的程序文件、Windows 临时文件、不再使用的 Windows 组件和安装程序及回收站中的文件等。

3. 磁盘碎片整理程序

磁盘碎片整理程序主要是为了使操作系统能更有效、更快速地访问硬盘上的文件和文件夹。其主要工作原理是将硬盘上的碎片文件和文件夹合并在一起，获得单个和连续的空间，从而提高对原有文件的读取速度，也减少写入新文件出现碎片的可能性。

【磁盘碎片整理程序】窗口如图 6-3 所示。

图 6-3 磁盘碎片整理程序窗口

在对磁盘进行碎片整理时，计算机可以执行其他任务。但是，计算机运行速度将变慢，花费时间也更长。

注意：如果要临时停止磁盘碎片管理程序以便更快地运行其他程序，可以单击【暂停】按钮。在碎片整理过程中，每当其他程序写该磁盘后磁盘碎片管理程序都将重新启动。

4. 文件和设置转移向导

【文件和设置转移向导】可以帮助用户将原来计算机上的数据文件和个人设置转移到新计算机中，从而不需要重复在原来计算机上已进行过的设置。

例如，可将原来计算机上的个人显示属性、文件夹和任务栏选项、Internet 浏览器和邮件设置转移到新计算机中。该向导还可以转移指定文件或整个文件夹，例如"我的文档"、"图片收藏"以及"收藏夹"等。

5. 系统还原

【系统还原】可以在计算机发生故障时恢复到以前的状态，它通过创建还原点的方式保存当时的信息。用户可以在任何时候创建并命名还原点，系统也可以在每天或者发生重大系统事件如安装应用程序或者驱动程序时创建还原点。

【系统还原】不会丢失个人文件或密码。当使用【系统还原】将计算机恢复到早期的状态时，像文档、电子邮件、浏览历史和最后一次指定的密码之类的项目将会保存起来。【系统还原】可以保护个人文件，不还原【我的文档】文件夹中的任何文件，也不还原任何使用常用数据文件扩展名，如".doc"或".xls"的文件。如果某一程序是在正要还原到的还原点被创建之后安装的，该程序可能会被卸载，但用该程序创建的数据文件并不丢失。

提示：如果不确定个人文件是否使用了常用数据文件扩展名，且不希望这些数据文件受到"系统还原"的影响，可以将其保存在【我的文档】文件夹中。

保存还原点的确切数目取决于计算机上发生了多少活动、硬盘或文件夹所在分区的大小，以及计算机上分配了多少磁盘空间来保存"系统还原"信息。运行【系统还原】时会显示一个日历，帮助查找与还原点相关的日期。如果不是每天都使用计算机，某些日期可能会不包含任何还原点。如果经常使用计算机，则几乎每天都可能有还原点，而且有些天还可能有多个还原点。

防病毒工具可能影响系统是否可被还原到以前的还原点。如果系统还原无法将计算机还原到以前的状态，并且用户怀疑一个或多个还原点包含了已感染的文件或者防病毒实用工具已经删除了受感染的文件，那么通过关闭系统还原后再将其打开，可以删除系统还原存档中的所有还原点。

6.3.2　控制面板的使用

【控制面板】提供了更改 Windows 外观和行为方式的工具。例如，将标准鼠标指针替换为在屏幕上移动的动画图标，将系统声音替换为自己选择的声音，将鼠标按钮更改为右键执行选择和拖放等各种功能。

右击【开始】→【控制面板】，可以打开【控制面板】窗口，如图 6 - 4 所示。

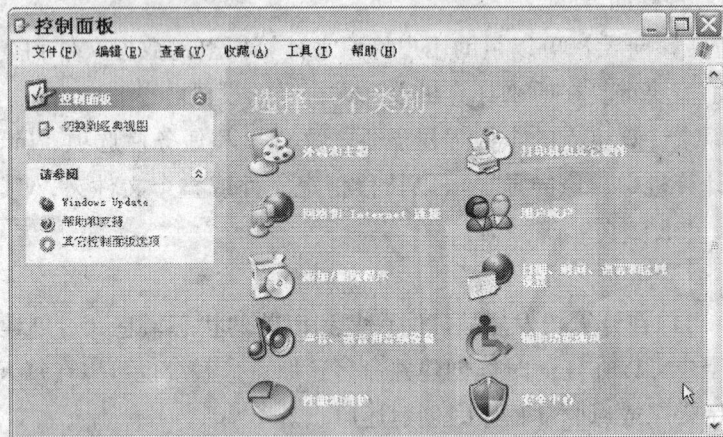

图 6 - 4　控制面板窗口

提示：Windows XP 提供有"「开始」菜单"和"经典「开始」菜单"两种系统菜单。如果不能通过书中方式打开【控制面板】的主界面，可以右击【开始】菜单，单击【属性】选项，切换到另外一种系统菜单。

【控制面板】窗口中各类工具的功能如下：

（1）外观和主题。外观和主题影响桌面的整体外观，包括背景、屏幕保护程序、图标、窗口、鼠标指针和声音。如果多人使用同一台计算机，每人都有自己的账户，可以选择不同的主题。

（2）网络和 Internet 连接。用于实现与其他计算机、网络和 Internet 的连接。

（3）添加/删除程序。用于安装、删除软件和硬件驱动程序。

（4）声音、语音和音频设备。用于配置各类语音设备。

（5）性能和维护。用于查看微机的基本信息，调整视觉效果，释放硬盘空间，备份数据以及重新安排硬盘上的项目以使程序运行得更快。

（6）打印机和其他硬件。用于配置打印机和传真，电话和调制解调器，键盘，鼠标，扫描仪和照相机，游戏设备等等。

（7）用户账户。用于创建、更改用户账号，更改用户登录或注销方式。

（8）日期、时间、语言和区域设置。可更改日期和时间及其格式，添加其他语言。

（9）辅助功能选项。用于调整屏幕上文字和颜色的对比度，配置 Windows 满足使用者视觉、听觉和移动的要求。

（10）安全中心。用于管理 Windows 的安全设置，如 Internet 选项、自动更新、Windows 防火墙等。

要在分类视图下查看【控制面板】中某一项目的详细信息，可以点按该图标或类别名称以查看相关的文本。若要打开某个项目，则单击该项目图标或类别名。

6.3.3 Windows XP 系统性能管理

【系统性能管理】可用于查看微机的基本信息，调整视觉效果，释放硬盘空间，备份数据以及重新安排硬盘上的项目以使程序运行得更快，等等。

单击【控制面板】窗口中的【性能和维护】选项，可以打开【性能和维护】窗口，如图 6-5 所示。

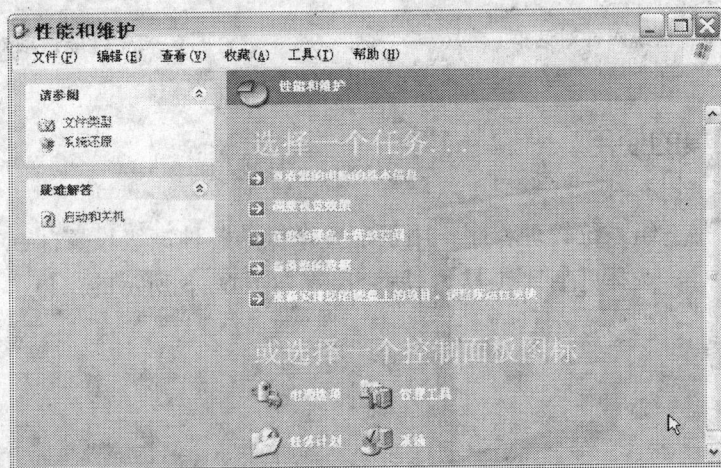

图 6-5 性能和维护窗口

【系统】选项可以查看并更改控制计算机使用内存以及查找特定信息的设置，查找有关硬件和设备属性信息，查看有关计算机连接和登录配置文件信息等等。

单击【系统】选项，弹出【系统属性】对话框，选择【高级】选项卡，弹出如图 6-6 所示对话框。

单击【性能】栏的【设置】按钮，弹出【性能选项】对话框，选中其中的【高级】选项卡，如图 6-7 所示。选择【程序】选项使前台程序更为顺畅、快速，选择【后台服务】选项则将更多的处理器资源分配给后台运行的服务程序。

单击【虚拟内存】选项中的【更改】按钮可打开【虚拟内存】对话框，在对话框中可设置 Windows 最佳页面文件大小，一般可将初始大小设成低于【所有驱动器页面文件

大小的总数】推荐大小的最低值，推荐大小等于系统随机存取存储器（RAM）容量的
1.5 倍。

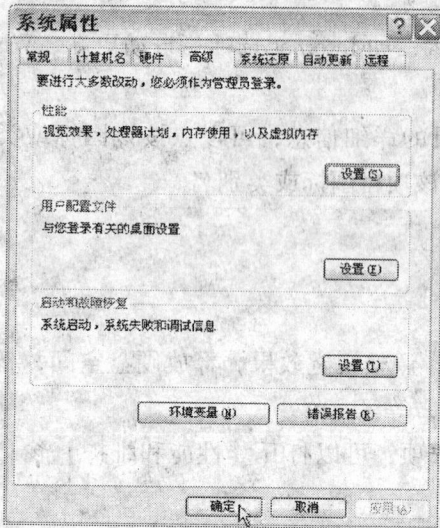

图 6-6 系统属性对话框

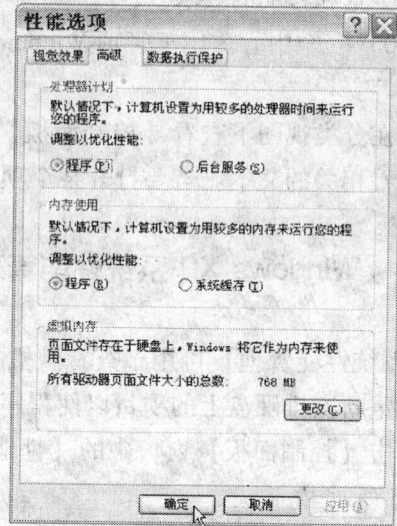

图 6-7 性能选项对话框

6.3.4 管理工具的使用

【管理工具】是一组系统管理程序，用于配置微机的各种高级设置。在控制面板窗口中双击【性能和维护】，选择【管理工具】，就会出现如图 6-8 所示的窗口。

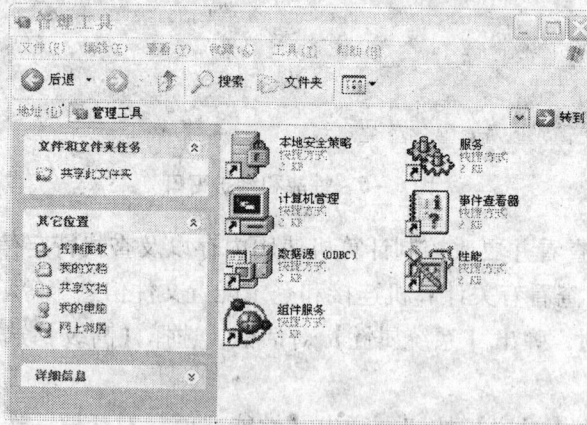

图 6-8 管理工具窗口

【管理工具】主要有以下一些基本服务：本地安全策略、服务、计算机管理、事件查看器、数据源（ODBC）、性能、组件服务等。

（1）本地安全策略

安全策略是影响计算机安全性的安全设置组合，可以利用【本地安全策略】编辑本地计算机上的账户策略和本地策略，控制访问计算机的用户、授权用户使用的资源。

（2）服务

【服务】是一种在后台运行的应用程序，通常可以在本地和通过网络为用户提供诸如客户端/服务器应用程序、Web 服务器、数据库服务器以及其他应用程序。使用【服务】可以启动、停止、暂停、恢复或禁用远程和本地计算机上的服务。

（3）计算机管理

【计算机管理】是管理工具集，用于管理本地或远程计算机。【计算机管理】将几个管理实用程序合并到控制台树，可提供对管理属性和工具的便捷访问。

（4）事件查看器

通过【事件查看器】中的事件日志，可以收集关于硬件、软件和系统问题的信息，监视 Windows XP 安全事件。当启动 Windows 时，【事件日志】服务自动启动，所有用户都能查看应用程序和系统日志。

（5）数据源（ODBC）

可以使用【ODBC 数据源管理器】配置应用程序，以便从数据库管理系统获得数据。

（6）性能

使用【性能日志和警报】可以自动从本地或远程计算机收集性能数据，使用【系统监视器】查看记录的计算机数据，也可以将数据导出到电子表格程序或数据库进行分析并生成报告。

（7）组件服务

【组件服务】用于对图形用户界面的 COM＋程序进行配置和管理，通过脚本及程序设计语言实现管理过程的自动化。

提示： 不同的机器根据所安装软件的不同，【管理工具】所提供的相关服务也不尽相同。

6.4 注册表的使用与维护

注册表是 Windows 系统的核心数据库，主要由"system. dat"和"user. dat"两个文件组成，存放在 Windows 目录下。它保存了所有系统信息，应用程序在运行时通过读取注册表获得这些信息。直接对注册表进行修改，可以优化操作系统及应用软件，设置 Windows 的使用权限，解决硬件与网络设置不当带来的故障。

6.4.1 注册表的结构

注册表逻辑结构中最基本的是主项、子项和项值，按照分组的方式进行管理和组织。主项是注册表中最底层的项，类似于磁盘上的根目录。每个主项下有若干个子项，每个子项下又可以有若干个子项。

Windows XP 中有 6 个主项，用自带的编辑器打开只能看到 5 个主项，如图 6-9 所示，还有一个主项 HKEY_ PERFOR_ MANCE_ DATA 处于隐藏状态。

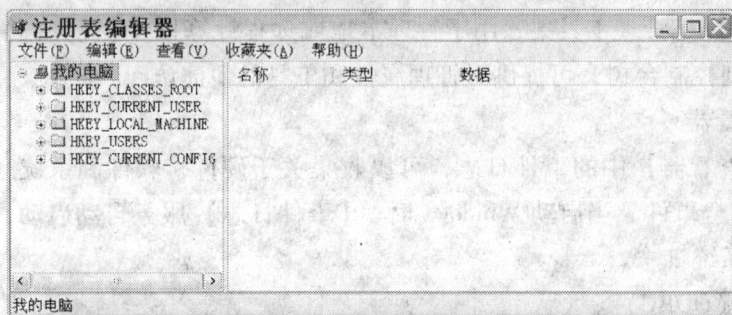

图 6-9 Windows XP 注册表编辑器

（1）HKEY_ CLASSES_ ROOT

记录 Windows 操作系统中所有数据文件的格式和关联信息，主要是文件名后缀和对应的应用程序。其下子项可分为两类：一类是已经注册的各类文件扩展名，另一类是各类文件类型有关信息。

（2）HKEY_ CURRENT_ USER

包含当前登录用户的用户配置文件信息，保证不同用户登录计算机时使用个性化设置，比如墙纸、收件箱、安全访问权限等。

（3）HKEY_ LOCAL_ MACHINE

包含了当前计算机的配置信息，包括硬件及软件设置。这些信息是为所有的用户登录系统服务的，是整个注册表中最庞大也是最重要的主项。

（4）HKEY_ USERS

包含计算机上的所有以活动方式加载的用户配置文件。

（5）HKEY_ CURRENT_ CONFIG

此主项包含有关本地计算机在系统启动时使用的硬件配置文件的信息。

（6）HKEY_ PERFOR_ MANCE_ DATA

在 Windows NT/2000/XP 注册表中隐藏了一个名为 HKEY_ PERFOR_ MANCE_ DATA 的主项。系统中的动态信息都存放在此项中，系统自带的注册表编辑器无法看到，可以用专门的程序，比如性能监视器来查看此项。

6.4.2 查看注册表

要查看注册表，需要使用注册表编辑器。Windows XP 带有注册表编辑器 Regedit 和 Regedit32。只需要普通的功能时可以采用 Regedit，而 Regedit32 则是一个 32 位的注册表编辑器，功能较强，安全性较高，使用略微麻烦。

运行 Windows XP【开始】中的【运行】项，输入"regedit"或"regedit32"，就可以打开注册表编辑器。

双击主项 HKEY_ LOCAL_ MACHINE，在展开的子项中找到 SOFTWARE，双击该子项，然后双击其展开后的子项 3721，可以在右边窗口中看到相关的项值，如图 6-10 所示。其他的注册表相关信息也以相同办法查看。

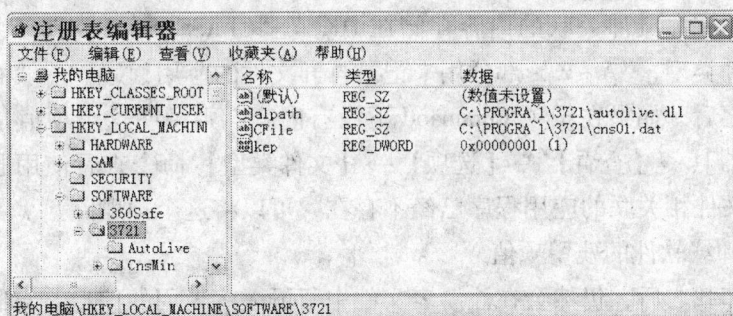

图 6-10　注册表中的项和项值

6.4.3 注册表的维护

Windows 系统有很多保护措施，通常情况下注册表错误很少发生，因为在系统启动之后除非使用合法的工具才能复制、删除和编辑注册表。尽管如此，注册表文件损坏的情况还是无法完全避免，提示"找不到 *.dll"、提示"找不到 OLE 控件"、单击某个文档时提示"找不到应用程序打开这种类型文档"等情况还是时有发生，严重时还导致硬件无法正常工作，维护注册表对于保证程序的稳定运行非常重要。

1. 注册表清理

频繁地安装删除程序以后，注册表的体积会越来越大。既浪费硬盘空间，又影响系统启动速度和对注册表的存取效率。因此，注册表的维护首先就是进行清理。

（1）重建清理

注册表文件采用了类似数据库记录方式，在删除某一个项值的时候，只将此项的标识删除，实际信息仍保留在注册表文件中，项值所占用的空间也不会释放，采用重建注册表方法可以很好地给注册表减肥。

首先，在 Windows 中运行"regedit"程序，从注册表菜单中导出整个注册表，将其保存为"new. reg"。用 DOS 引导盘进入纯 DOS 状态，通过"C：\ Windows \ regedit /c new. reg"命令重建注册表。其中参数"/c"表示从后面指定的文件中重新生成整个注册表，重建的注册表文件往往比原来的小得多，从而达到优化注册表的目的。

（2）删除注册表文件

在注册表中有较大一部分多余的内容，可以在 HKEY_ LOCAL_ MACHINE \ SOFT-WARE 和 HKEY_ CURRENT_ USER \ SOFTWARE 主项下找到原先已经被删除的子项并将其删除，而且可以把不需要的项值删除。比如 HKEY_ LOCAL_ MACHINE \ SOFTWARE \ Microsoft \ Windows \ CurrentVersion \ Explorer \ Tips 中对应的 Windows 技巧提示、HKEY_ LOCAL_ MACHINE \ SYSTEM \ CurrentControlSet \ Control \ Keyboard Layouts 对应的语言种类和输入法等等，都可以根据需要有选择地删除。

（3）删除失效的文件关联

注册表文件中有关文件关联的内容存储在 HKEY_ CLASSES_ ROOT 下，其中"a ~ z"部分用来定义文件类型，"A ~ Z"部分用来记录打开文件的应用程序。一般而言，在第二部分打开相应项值之后，如果在子项 Command 下没有内容，则说明这个项值是空的。也可以通过【文件管理器】→【查看】→【选项】→【文件类型】命令查看使用通用文件图标的项目。如果确认文件相关联的应用程序已经不存在，可以将这个项删除。

（4）删除已卸载软件的残留项值

许多软件在卸载之后，仍然会在注册表文件中留下一些无用的信息。它们一般都保存在 HKEY_ LOCAL_ MACHINE \ SOFTWAR 和 HKEY_ CURRENT_ USERS \ DEFAULT \ Software 中。在这里查找已经被卸载的软件残留信息，并且将其彻底删除。

（5）删除多余的 DLL 文件

通过注册表可以发现一些无用的 DLL 文件信息或者是 VxD 文件信息，删除它们可以提高系统的运行效率。具体的方法是在注册表中打开 HKEY_ LOCAL_ MACHINE \ SOFTWARE \ Microsoft \ Windows \ CurrentVersion \ SharedDLLS，该子项下包含的项目就是共享这个 DLL 文件的应用程序数目。如果某个 DLL 文件对应的数值为 0，就表示它对系统已经没有用处。

当然，还可以通过专业注册表优化减肥工具来完成注册表清理操作，如超级兔子注册表优化软件、RegClean、Registry Optimizer 等。

2. 注册表备份

注册表中存放的是 Windows 系统中重要的信息，是影响系统稳定的关键信息之一，很多软件故障都与注册表有关，因此备份注册表就成为解决很多问题的重要手段。

（1）手工进行备份

在安装软件前要养成良好的习惯，首先做好注册表的备份，将备份文件命名为不同的 reg 文件。手工备份注册表比较麻烦，但是在无法进入 Windows 图形界面的时候，手工的恢复则会显得更方便、快捷。

Windows XP 注册表文件的系统部分存储在"C：\ Winnt \ System32 \ Config"文件夹，

用户配置文件信息则保存在"C：\ Documents and Settings \ 用户名"文件夹中。由于 Windows 的保护机制，无法直接对其进行复制，需要引导进入 DOS 系统或者在计算机内的另外一个系统中进行备份。

（2）使用系统备份工具进行备份

Windows XP 自带的备份工具不能够直接备份注册表，但可以在对系统状态进行备份的同时实现对注册表的备份。Windows XP 的备份工具可以通过【开始】→【程序】→【附件】→【系统工具】→【备份】菜单激活，也可以直接在运行窗口中输入"ntbackup"来启动备份程序。选择其中的【备份】选项卡，并选中【系统状态】（System State）即可进行备份。系统状态数据一般包括注册表、COM + 类注册数据库、启动文件等信息。由于不能单独针对其中的某一个组件进行备份，所以备份文件占用较大的空间。

（3）通过注册表编辑器导出注册表

可以使用【注册表编辑器】备份注册表。导出注册表时，只要选中相应的注册表分支，比如"HKEY_ CURRENT_ USER \ Control Panel"，选择【文件】菜单下的【导出】注册表文件选项，如图 6 - 11 所示，在弹出的对话框中输入相应的文件名和路径等信息，点击【保存】按钮备份选中的注册表分支。当然，同样的办法也可以对整个注册表进行备份。

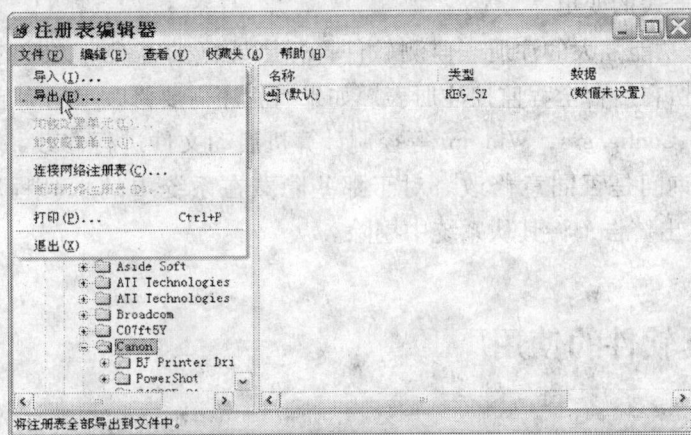

图 6 - 11 注册表编辑器的导出菜单

若导出的文件是文本格式，能够通过记事本等编辑器进行查看。这种方法对于 Windows 9x/Me 很是实用，在系统无法进入图形界面的时候可以方便地恢复注册表。因为 regedit 程序既可以在 Windows 中使用，也可以在 DOS 状态下执行导入功能。

3. 恢复注册表

当注册表完成备份操作之后，如果系统遭到破坏，可以利用原有的备份文件恢复注册表。

（1）在 DOS 环境下手工恢复

很多情况下，如果注册表出现问题可以在启动的时候按下 F8 按钮进入 DOS 模式，将备份的注册表文件恢复即可。

在 Windows XP 中无法直接恢复备份的注册表文件，需要借助安装的双系统或者引导进入 DOS 系统之后，手工复制文件来完成注册表的恢复操作。

（2）使用系统备份工具恢复注册表

启动备份程序，进入【恢复】标签，在【还原位置】区域选择备份文件，并且在【要还原的数据】区域选择还原的目标。点击【刷新】按钮可以选择备份集，最后按下【开始】按钮，备份程序自动恢复注册表。

（3）通过注册表编辑器导入注册表

在 Windows XP 中，如果恢复之前曾经通过注册表编辑器导出注册表文件，那么恢复的时候只需要双击这个注册表文件，系统就会自动启动注册表编辑器，将其中的注册表信息导入注册表。另外，也可以在注册表编辑器的【文件】菜单中选择【导入】命令，选择以前备份的文件，也可恢复注册表信息。

4. RegRun 的注册表监测

日常使用计算机过程中，经常会有程序更改注册表，在卸载程序之后还要在注册表中查找并删除相关的项值。很多网络病毒、木马程序也会自动更改注册表。RegRun 工具软件可以有效地控制对注册表的变更。

RegRun 是一款功能强大的注册表监测软件，开启计算机后就对关键的几个系统引导文件进行检测，并驻留在后台全程监控注册表。如果有程序需要修改注册表启动选项，或者试图对 Autoexec. bat，Config. sys，Win. ini 等控制计算机启动文件进行修改，RegRun 会对其进行拦截并弹出窗口询问是否同意修改。对于那些隐藏在系统中的木马程序、病毒等，RegRun 会在激活前发出警告，将其从系统中剔除。

6.5　常用工具软件的使用

6.5.1　磁盘分区工具

1. Windows XP 自带磁盘分区工具

Windows XP 自带的磁盘分区工具兼容性好，支持 FAT/FAT32/NTFS 格式，分区的改动不用重启就可以使用。

打开【开始】→【运行】，输入命令"diskmgmt. msc"可以打开"磁盘管理控制台"工具。

（1）增加磁盘分区

右击空闲空间，选择【新建磁盘分区】或【新建逻辑驱动器】，出现分区向导界面。其中，分区类型可以选择主分区、扩展分区、逻辑分区，如果还没有扩展分区则可选择【扩展分区】，否则只有"主"或"逻辑"可用。一般直接单击【下一步】，除非需要增加扩展分区。

在接下来的对话框中输入磁盘分区大小，选择驱动器号或访问路径，再在分区界面里选择文件系统、分配单元（"簇"）的大小，并输入卷标。单击【完成】按钮开始执行分区和格式化操作。

（2）删除磁盘分区

右击磁盘分区，选择含有"删除……"的项目，出现的对话框中直接都选择【是】，可以删除相应的分区。

2. Partition Magic（分区魔术师）

Partition Magic 是一款 Win32 平台下的磁盘无损分区工具，具有友好的界面和强大的分区功能，分区过程不会损坏数据。Partition Magic 的分区原理是直接操作磁盘的 FAT 表，操作后的分区可直接被操作系统识别。它可以在 DOS，Windows 95/98/2000/XP 等操作系统中运行，支持 FAT，FAT32，NTFS，Ext 等多种格式的文件系统，而且可以相互转化。

Partition Magic 具有以下功能：

（1）调整分区容量

如果原来分区时考虑欠周全、应用中有新的需要或要安装新的操作系统，就会出现某个分区特别是 C 盘容量不够的情况，利用 Partition Magic 可以很好地解决这个问题。

运行 Partition Magic，在软件窗口左边任务栏中选择【调整一个分区的容量】。在弹出的【调整分区容量向导】中单击【下一步】，选择要调整分区的硬盘驱动器，进入下一步选择要调整容量的分区。在接下来的对话框中显示出当前硬盘容量的大小以及允许的最小和最大容量。在【分区的新容量】的数值框中输入改变后的分区大小，该值不能超过提示中所允许的最大容量。在下一个对话框中选择要减少哪一个分区的容量来补充给所调整的分区。在确认了分区上所做的更改后，对话框中会出现调整前后的对比，核对无误后点击【完成】按钮实现分区容量的调整。

（2）合并多个分区

如果原有的几个分区容量过小，可以使用 Partition Magic 的分区合并功能，方便快捷地将较小的分区合并成一个大的分区。

进行分区的合并前，首先要备份好原分区中的数据。在分区合并时，默认的方法是将序号在后的磁盘分区上的数据删除。比如，将 E 盘和 F 盘分区合并成新的 E 分区，就需要把 F 盘上的数据进行备份。选择相关菜单中的【删除】选项删除 F 分区，使之变为自由空间。然后选取需要扩展的 E 分区，重新定义分区大小并包含已有的自由空间，确认后软件会重写该分区的 FAT 结构，但不会破坏原来的 E 分区中的数据。所有操作都完成后，Partition Magic 会重启计算机，执行多个分区的合并过程。

（3）对硬盘的重新分区

与其他分区软件相比较，Partition Magic 最主要的特点就是可以对已有数据的硬盘重新分区，把硬盘中的剩余自由空间分离出来，原有的文件分配表和数据不会被破坏或丢失。

创建分区时，可以在扩展分区中建立主分区，创建的逻辑分区为原扩展分区的一个逻辑盘，盘符由系统重新分配。

6.5.2　磁盘备份工具

操作系统越来越庞大，安装时间也越来越长，当系统被破坏或者崩溃以后，重装系统将是一件费时又费力的事情。所以，在安装好操作系统及相关的应用软件以后，做好系统和数据的备份工作显得十分重要。目前，各种专用的备份软件推陈出新，适用面越来越广，安全系数越来越高，性能也越来越好，但简单的备份方式也并未被淘汰。单个文件备份形式仍然被继续采用，批量备份软件已成为主流，硬盘克隆技术越来越受欢迎。

1. Drive Imaged

Windows 操作系统所包含的数据很多，采用简单的数据复制很难达到相应的效果。这时，通常需要对操作系统所在的分区直接进行备份，从而完整地保留系统的相关数据。Drive Imaged 在分区克隆方面的功能相当强大，采用了 SmartSector 专利技术的硬盘复制镜像功能，速度快，操作简单。

Drive Imaged 主界面中主要有两个选项：【Create Image】和【Restore Image】。【Create Image】用于创建备份文件，【Restore Image】用于执行恢复备份文件命令。

2. GHOST

GHOST 是一个用于备份和恢复系统的软件，它可以实现两个硬盘之间的拷贝、两个硬盘分区之间的拷贝、制作映像文件等功能。当系统安装完毕后，可以利用 GHOST 软件将各个分区进行备份，当系统出现问题时，用备份文件将该分区进行恢复。

对分区进行恢复时，备份数据的恢复是覆盖性的，进行恢复前需要将重要的数据复制到其他分区中。

双击 GHOST32. EXE 文件，可以打开 GHOST 软件的主界面。在主界面的左下角是主菜单，通过该菜单可以进行各项操作。其中，对硬盘的操作集中在【Local】选项中，如图6-12 所示。单击【Local】→【Disk】子菜单，会呈现 3 个子菜单："To Disk" 表示硬盘复

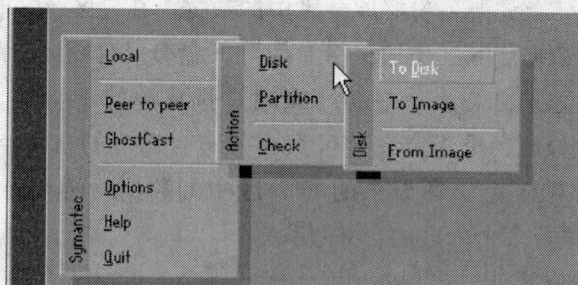

图 6 - 12　GHOST 软件开始菜单

制，"To Image" 表示硬盘备份，"From Image" 表示备份还原。这些选项要求系统必须安装有两个以上的硬盘方可操作。在进行两个硬盘克隆时，硬盘的容量必须相等。

6.5.3 压缩工具

压缩工具和解压缩工具有很多种，目前应用最为广泛的是 WinZip 系列和 WinRAR 系列。

1. WinZip

WinZip 是一款较为流行的压缩和解压缩工具，运行速度快，使用方便。它几乎支持目前所有压缩格式的文件，还全面支持 Windows 对象 Drag and Drop（拖放）技术，将被压缩文件直接拖拉到 WinZip 窗口即可实现压缩。同样，将 WinZip 里的文件拖放到 Windows 窗口也可以实现快速的解压缩。

2. WinRAR

WinRAR 也是较为受欢迎的 Windows 版压缩工具，其前身是 DOS 版的 RAR 压缩软件。

WinRAR 作为一个优秀的压缩和解压缩软件，优点是压缩率通常能达到 50% 以上，速度快，可支持非 RAR 压缩文件，可将大型文件分割成多个小的压缩文件，支持鼠标右键快选功能，支持 Zip 文件，支持 ANSI Comment，能够多卷压缩，可产生自动解压缩文件。新版还加强了在信息安全和数据流方面的功能，并针对不同的需要保存不同的压缩配置。

3. Zip Magic

Zip Magic 也是一种较流行的压缩工具。它将压缩文件转化成一个 ZipFolder（压缩文件夹），用户可以像使用普通文件夹中的文件一样使用压缩文件的内容，而不必对这些压缩文件进行解压缩。另外，它还可以像处理标准文件夹一样从 ZipFolder 中将一个压缩文件移动或复制到其他 Windows 文件夹中，Zip Magic 会自动从压缩文件中取出该文件。

6.5.4 系统测试工具

对微机进行系统测试，通常有两个目的：一是参数测试，二是性能测试。参数测试是为了解微机的各项硬件配置情况和部件性能参数，从而对整机的各部件有所了解。性能测试则用来测试部件或系统的各项性能指标。

系统测试的常用工具软件也有两种类型：一类是对某个单独的硬件设备的测试工具，另一类是对整个系统的测试工具。前者可以测试单个硬件的性能好坏，并给出一个相对定量的结论以供用户对比。后者则从整机系统的角度去判断系统能否正常运行，能否发挥最大效率，同时还为与其他机型在相同的软、硬件条件下运行的性能比较提供一个判断依据。

微机测试方法有很多，测试软件也较多，下面介绍几款常用的测试工具。

1. SiSoft Sandra 2005

SiSoft Sandra 2005 是一个功能强大的系统软硬件检测工具，硬件检测和评分功能较为实用。该软件运行后的主窗口如图 6-14 所示，其中的小图标代表一个个的测试项目，也称为模块。模块被分成 4 类：Information Modules 信息类模块、Benchmarking Modules 分值测试类模块、Listing Modules 列表类模块和 Testing 测试类模块。这 4 类模块形成了 SiSoft Sandra 2005 强大的系统分析测试功能。

SiSoft Sandra 2005 中的模块几乎包括了系统中所有硬件，例如系统总体信息、CPU/总线/BIOS/芯片组信息、主板信息等都可以在这里找到。选择【View】菜单里的命令或者点击工具条上的【Information Modules】按钮可以把主界面窗口切换到信息类模块视图，这一类模块比较多。一般直接在主界面窗口中执行某一硬件图标即可获得所需要的信息。例如双击选择【CPU & BIOS Information】模块，弹出的对话框则会显示 SiSoft Sandra 2005 所检测到的系统中的 CPU、FPU 协处理器、BIOS 及其他相关设备的详细信息。点击对话框下方的【◎】（Next）按钮可以进入下一个信息检测模块【APM & ACPI Information】（在主窗口视图里紧接着的下一个）；点击【◎】（Back）按钮可以进入上一个信息检测模块【Mainboard Information】。通过以上方式可以逐个模块进行浏览测试。点击【↻】（Update）按钮可以重新进行检测，更新测试结果。

2. WinBench 2000

ZD 实验室出品的具有权威性的微机系统测试软件，目前已成为工业标准的测试软件。它是许多主机板测试工程师测试主机板时必用的测试软件，也是系统烤机最好的烤机软件之一。

WinBench 2000 以打包形式提供，在安装过程中可以自动解包并进行安装设置，用户按照系统提示完成安装操作。安装完毕后，在【程序】菜单中会出现相应的菜单项。单击该菜单项即可打开 WinBench 2000 主界面。

WinBench 2000 操作界面主要分为以下 4 个部分：

（1）菜单，用于各个功能模块的运行控制。

（2）Function 窗口，它的左边有 6 个启动按钮图标，单击这些按钮图标可以启动相应的功能。在窗口的右边还有 3 个选项：【Run】选项可以在右边的下拉列表中选择测试项目；【Save Result】选项可将测试结果以数据库的形式保存在磁盘上；【Compare Result】可将多次测试的结果进行比较。

（3）系统信息（System information）窗口，用于列出各项现行系统的性能指标。

（4）系统测试结果表（Table of Result），用于显示测试结果。

6.5.5 病毒防治工具

计算机病毒是指编制或者在计算机程序中插入的破坏计算机功能或者毁坏数据，影响计算机使用，并能自我复制的一组计算机指令或者程序代码。

计算机病毒具有独特的复制能力，可以很快地蔓延，又常常难以根除。它们能把自身附着在各种类型的文件上，当文件被复制或从一个用户传送到另一个用户时，就随同文件一起蔓延开来。病毒对计算机信息系统会造成严重的破坏，主要体现为直接破坏计算机数据、占用磁盘空间并破坏计算机信息、抢占系统资源、影响运行速度等等。

目前常用的杀毒软件有：

1. 瑞星公司的 RAV 杀毒软件，其最新版本是瑞星 2007。瑞星 2006 版本杀毒软件经"剑盟"测试，结果优异，是目前国内技术含量较高的一款杀毒软件，而且升级稳定。

2. 江民公司的 KV 杀毒软件，诞生于 1994 年，KV2004 版本在国内杀毒市场连续两次获得公安部权威检测一级品，连续 3 次病毒检测率获得双百分。该软件致力于简单化、自动化，杀毒能力强，支持制作 U 盘杀毒功能。

3. 冠群金辰公司的 KILL 杀毒软件，是一款无缝内嵌双杀毒软件，将网络技术应用在单机版上，是具有主动防御能力的杀毒软件产品。KILL 拥有两大国际知名杀毒品牌——VET 和 InoculateIT，可以让用户同时拥有两套具有主动防御能力的杀毒软件，从文件、邮件、内存、网页等各方面的数据流进行双向实时集中监控，为用户的电脑构建全方位的病毒防护体系。

4. 美国 Symantec 公司的 Norton AntiVirus（NAV）杀毒软件，它是 Symantec 公司推出的功能强大的反病毒软件。该软件具有很强的检测已知和未知病毒的能力，在用户中具有良好声誉。

5. BitDefender 杀毒软件是来自罗马尼亚的老牌杀毒软件，24 万超大病毒库，具有功能强大的反病毒引擎以及互联网过滤技术，提供即时信息保护功能，包括永久的防病毒保护、后台扫描与网络防火墙、保密控制、自动快速升级模块、创建计划任务、病毒隔离区等功能。

6. Kaspersky（卡巴斯基）杀毒软件源于俄罗斯，是世界上优秀、顶级的网络杀毒软件，查杀病毒性能远高于同类产品。具有超强的中心管理和杀毒能力，能真正实现带毒杀毒。提供所有类型的抗病毒防护：抗病毒扫描仪、监控器、行为阻断、完全检验、E-mail 通路和防火墙。几乎支持所有的普通操作系统。

7. F – Secure Anti – Virus 来自芬兰，集合 AVP，LIBRA，ORION，DRACO 四套杀毒引擎，其中一个就是 Kaspersky 的杀毒内核。采用分布式防火墙技术，对网络流行病毒尤其有效。作为一款功能强大的实时病毒监测和防护系统，支持所有的 Windows 平台，集成多个病毒监测引擎，如果一个发生遗漏就会有另一个去监测。

8. 俄罗斯 Kami 公司的 AntiVirus ToolKit Pro（AVP）杀毒软件，在世界反病毒界甚至在病毒制造者中均有较高声望，具有较强的检测和杀毒能力。

9. 美国 Nai 公司的 VirusScan。Nai 公司是西方老牌的反病毒软件公司，其产品号称全球市场占有率第一。

6.6　实训 10 微机硬件系统的维护

1. 目的：了解微机硬件系统维护的基础知识，掌握主机硬件和常用外部设备的日常维护方法。

2. 内容：拆卸主机并对其内的各主要部件进行清洁和维护，对一些常用的外设进行清洁和维护。

3. 要求：通过本实训熟悉主机硬件和常用外部设备的日常维护工作，书写实训报告。

实验环境：微机一台，维护工具：电吹风、万用表、试电笔、尖嘴钳、十字螺丝刀、一字螺丝刀、钟表螺丝刀一套、镊子、吹气球、油漆刷（或油画笔）、清洁剂（光驱）、橡皮、0 号水砂纸、无水乙醇、脱脂棉球、钟表油（缝机油）、润滑油。其中，清洁剂挥发性能越快越好，酸碱性呈中性。

4. 实训步骤

（1）主机的拆卸

第一步：关闭电源，拔下电源线，拔下外部设备的连接线。

第二步：用十字螺丝刀拧下螺钉，取下机箱盖。

第三步：用螺丝刀拧下条形窗口上沿固定插卡的螺钉，取出插在主板的扩展槽中的显示卡、声卡、网卡等。

第四步：拔下硬盘、软驱、光驱等的数据线和电源插头，拧下机箱面板内驱动器支架两侧的螺钉，用手抽出硬盘、软驱、光驱。

第五步：拔下主板电源插头以及 CPU 风扇、光驱的音频线、主板与机箱面板插头、声卡与主板间的 SB-LINK 插头等。

（2）主机的清洁

第一步：清洁机箱内表面的积尘。先用湿布擦拭，再用电吹风吹干。

第二步：清洁插槽、插头、插座等。先用油画笔清扫，再用吹气球或电吹风吹尽灰尘。

第三步：清洁 CPU 和风扇。先用吹气球和毛刷清理灰尘，然后揭开风扇后面的不干胶，涂上钟表油或缝机油。用尖嘴钳把风扇转子上的锁片（中间有一个小缺口的圆环）拆下来。用镊子夹住一团脱脂棉，蘸上无水酒精，把转子上的接触环和电刷上的黑色油垢小心地擦去，注意不要把电刷弄斜、弄歪、弄断。清理干净后，可能会发现接触环上还有被氧化的氧化铜黑点。用一根牙签包住 0 号水砂纸，仔细地将氧化铜打磨掉，然后在上面涂上润滑脂。

第四步：清洁内存条和适配卡。用油画笔清除内存条和各种适配卡的灰尘。用橡皮或软棉布沾无水酒精擦拭金手指表面的灰尘、油污或氧化层，不可用砂纸类东西擦拭金手指，否则会损伤极薄的镀层。

（3）外设的维护

第一步：清洁显示器。用柔软的干布或基本不沾水的湿布小心地从屏幕中心向外擦拭，也可用毛刷或小型吸尘器等去除显示器外壳上的灰尘与污垢，但尽量不要抹擦。注意不能用酒精之类的化学溶液擦拭，更不能用粗糙的布、纸之类的物品来擦拭。

第二步：鼠标的维护。若是机械式鼠标，将其翻过来摘下塑料圆盖，取出橡胶球，用沾有无水酒精的棉球清洗，晾干后重新装好。若是光电式鼠标，观察并去除附着在发光二极管或光敏三极管上的光污物，避免其遮挡光线的接收。

第三步：键盘的维护。用柔软干净的湿布擦拭键盘，清除键盘上的灰尘。对于顽固的污渍，用中性的清洁剂进行清洗。

第四步：光驱的维护。用棉签擦拭光驱的机械部件，用吹气球吹掉激光头上的灰尘。

第五步：打印机的维护。用无水酒精擦洗针式打印针，用小刷和吹风机清理机内的灰尘和纸屑，再用酒精擦洗干净。当打印效果较差时更换色带，根据纸张的厚薄调整打印头的位置。

对于喷墨打印机和激光打印机，用微湿的布清洁打印机外部，用刷子或光滑的干布清洁打印机内部，尝试进行墨盒或磁鼓的更换。

第六步：音箱的保养。用干净潮湿的软棉布擦拭音箱表面。

（4）重新装机

重新安装主机及外设各部件。

6.7　实训 11 微机软件系统的维护

1. 目的：了解微机软件系统维护的基本方法，掌握维护工具的使用、注册表的简单维护和优化、系统优化软件的使用。

2. 内容：利用操作系统提供的系统维护工具、注册表和系统优化软件 Windows 优化大师对微机软件系统进行维护和优化。

3. 要求：实训前认真复习本章内容，通过本实训掌握对操作系统、应用软件、各类工具软件及其中数据的维护，完成实训报告。

实验环境：微机一台，安装有 Windows 优化大师软件。

4. 实训步骤

（1）操作系统维护工具的使用

第一步：查看微机系统信息。单击任务栏的【开始】→【程序】→【附件】→【系统工具】→【系统信息】选项，弹出如图 6－13 所示窗口。查看操作系统的名称、系统目录、处理器型号、内存大小等信息。选择窗口左边的各个选项，可以进一步查看系统中【硬件资源】、【组件】、【软件环境】、【Internet 设置】、【应用程序】的详细信息。

第二步：垃圾文件清理。单击任务栏的【开始】→【程序】→【附件】→【系统工

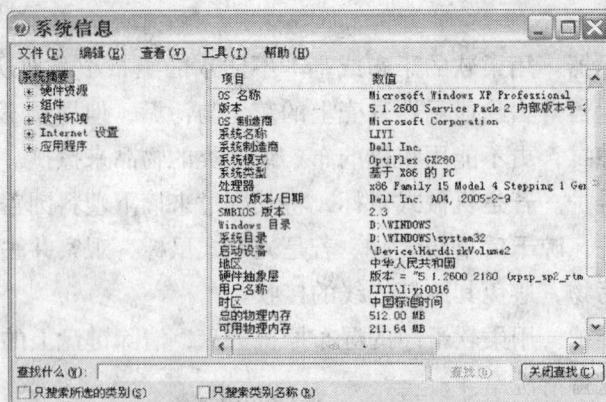

图 6-13　系统信息窗口

具】→【磁盘清理】选项，打开【选择驱动器】对话框，如图 6-14 所示。

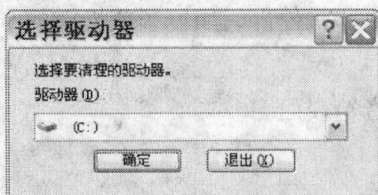

图 6-14　选择驱动器对话框

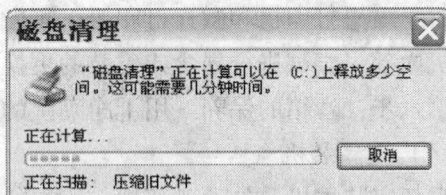

图 6-15　磁盘清理时间计算对话框

选择【驱动器】下拉列表框，选择一个需要进行文件清理的盘符，然后单击【确定】按钮。

弹出的【磁盘清理】对话框提示正在计算可以释放多少空间，如图 6-15 所示。

扫描结束后，弹出【（C:）的磁盘清理】对话框，如图 6-16 所示。在【要删除的文件】列表框中选择需要进行清除的项目。单击【确定】按钮执行清理过程。

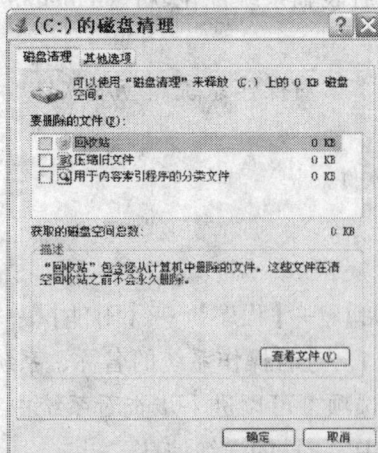

图 6-16　磁盘清理对象选择对话框

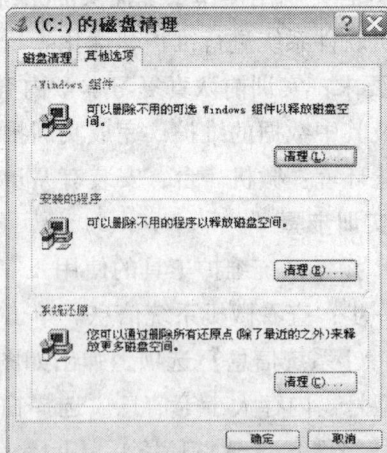

图 6-17　磁盘清理其他选项对话框

单击【其他选项】选项卡，弹出如图 6－17 所示对话框。

单击【Windows 组件】中的【清理】按钮，对系统中的不常用的 Windows 组件进行清除。

单击【安装的程序】中的【清理】按钮，在相应的弹出窗口中选择需要卸载的应用程序进行卸载。

单击【系统还原】中的【清理】按钮，清除以往保存于系统内的还原点信息，以释放更多的磁盘空间。

第三步：磁盘碎片整理。单击任务栏的【开始】→【程序】→【附件】→【系统工具】→【磁盘碎片整理程序】选项，弹出【磁盘碎片整理程序】对话框，如图 6－18 所示。

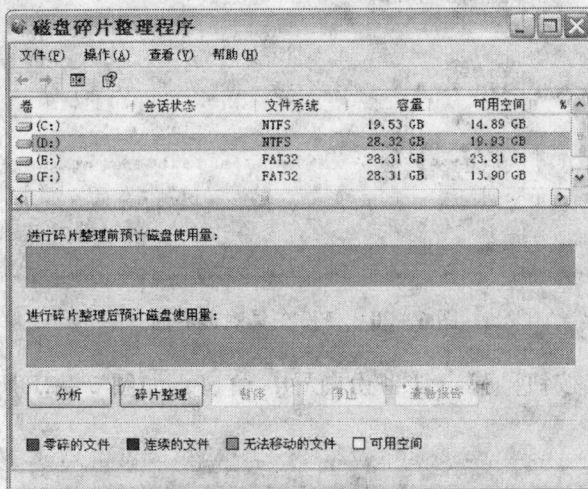

图 6－18 磁盘碎片整理程序对话框

选择某个需要整理的磁盘分区，单击【分析】按钮，查看是否需要进行整理。分析完成后会出现一个【已完成分析】的提示。若不需要整理，单击【关闭】按钮返回。若需要进行整理，则进一步单击【碎片整理】按钮，出现如图 6－19 所示窗口。

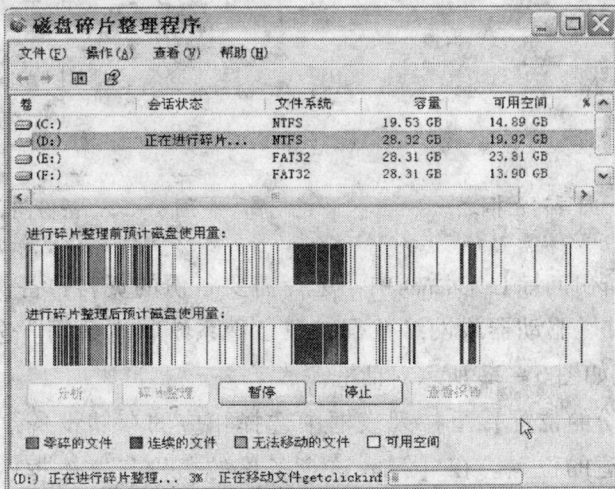

图 6－19 磁盘整理过程信息窗口

磁盘碎片整理完成后，会弹出一个【已完成碎片整理】的对话框，单击其中的【查看报告】按钮可以了解整理后磁盘的详细情况。

第四步：备份。单击任务栏的【开始】→【程序】→【附件】→【系统工具】→【备份】选项，弹出【备份工具】对话框，如图6－20所示。

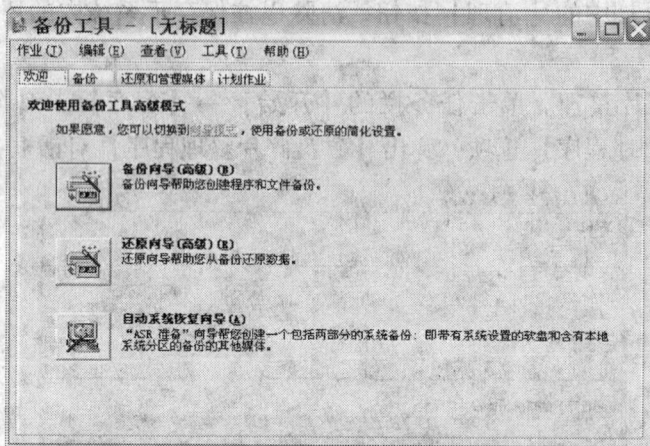

图6－20 备份工具欢迎界面

选择【备份向导】按钮，弹出【备份向导】窗口，如图6－21所示。单击【下一步】按钮。

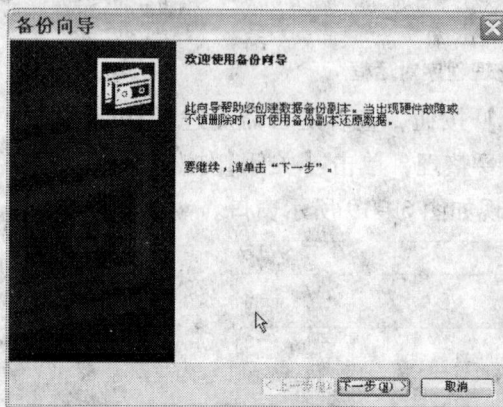

图6－21 备份向导对话框之一

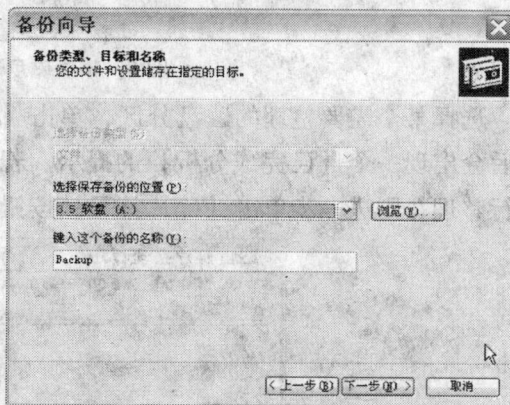

图6－22 备份向导对话框之二

在弹出的新的【备份向导】对话框中，选择需要备份的资料：备份这台计算机的所有项目，备份选定的文件、驱动器或网络数据，只备份系统状态数据。选择其中一项，单击【下一步】按钮，出现如图6－22所示对话框。

在【选择保存备份的位置】下拉列表框中选择相应的存储设备，或通过右边的【浏览】按钮选择一个合适的位置。在【键入这个备份的名称】文本框中输入一个名称，如"Backup"。

单击【下一步】按钮。在弹出的新的对话框中显示了前面选择和输入的各项设置，如描述、内容、位置等信息，如图 6-23 所示。单击【完成】按钮，进入备份的实际执行过程。备份执行过程如图 6-24 所示。

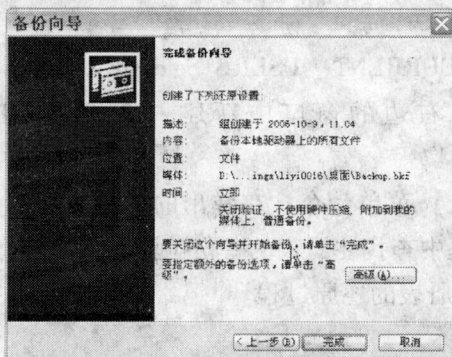

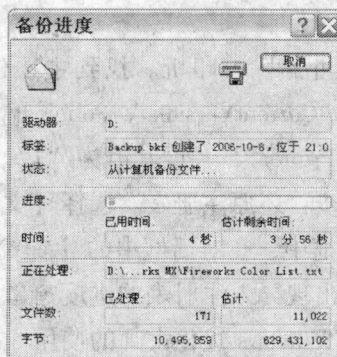

图 6-23 备份向导完成信息提示对话框

图 6-24 备份进度信息提示

（2）注册表的维护

第一步：进入注册表编辑器。选择【开始】→【运行】菜单命令，打开【运行】对话框，在对话框中输入"Regedit"命令，单击【确定】按钮，进入注册表编辑器。

第二步：备份注册表。选择【文件】→【导出】菜单命令，弹出【导出注册表文件】对话框。在【保存在】文本框中选择要导出的位置，在【文件名】文本框中输入文件名，在【导出范围】栏中选择导出注册表的全部内容或导出某一具体分支，单击【保存】按钮完成注册表的备份。

第三步：修改注册表常见项值。

① 禁止光盘的自动运行。双击注册表主项 HKEY_ LOCAL_ MACHINE，打开其下的 System/CurrentControlSet/Services/Cdrom 分支，如图 6-25 所示。双击 AutoRun，打开"编辑 DWORD 值"对话框，将其项值改为"0"，重新启动计算机后设置将生效。

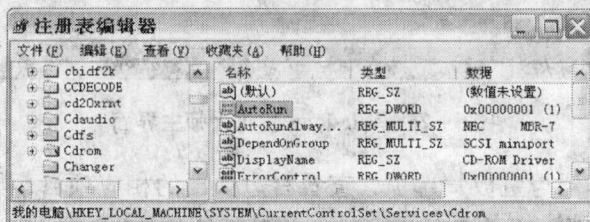

图 6-25 注册表项值修改窗口

② 关闭 CD 播放器的自动播放功能。在注册表编辑器中找到 HKEY_ CLASS_ ROOT/AudioCD/shell 分支，在 shell 子项下删除 play 子项。

③ 隐藏驱动器。找到注册表分支 HKEY_ CURRENT_ USER/Software/Microsoft/Windows/CurrentVersion/Policies/Exploer，在 Explorer 子项中新建一个二进制值，将其名称设

置为"NoDrivers"。将要隐藏的驱动器所代表的号码相加,其中 A 驱为 1,B 驱为 2,C 驱为 4,D 驱为 8,依此类推。将相加所得到的数字转换为 16 进制,低位在前,高位在后。若要隐藏 B 驱和 C 驱则需要设置数据为 06 00 00 00,若要隐藏所有驱动器则可设置数据为 ff ff ff ff。

④ 禁止删除打印机。找到主项位置 HKEY_ CURRENT_ USER \ Software \ Microsoft \ Windows \ CurrentVersion \ Policies \ Explorer,在右边的窗口中新建一个 DWORD 值:"NoDeletePrinter",并设其值为"1"。

第四步:还原注册表。选择【文件】→【导入】菜单命令,在弹出的【导入注册表文件】对话框中,在对话框中的【查找范围】文本框中查找注册表的备份位置,单击【打开】按钮便会出现导入注册表的进度窗口,从而完成注册表的还原过程。

(3) Windows 优化大师的使用

第一步:系统信息检测。启动 Windows 优化大师,显示【系统信息检测】栏中的【系统信息总览】,查看整个系统的总体信息,比如操作系统、用户名、计算机设备等的版本和设备参数,如图 6-26 所示。

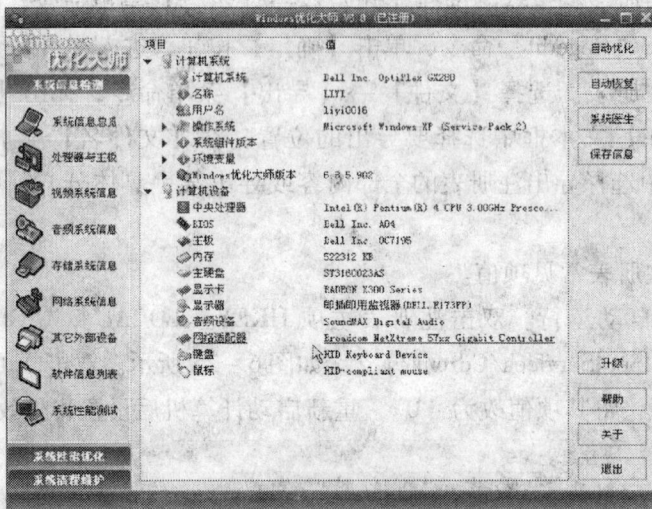

图 6-26 Windows 优化大师主界面

单击左边的【处理器与主板】选项,查看右边弹出的相应项目,如处理器型号、主频、外频、一级数据缓存等等。单击其他选项如"视频系统信息"、"音频系统信息"、"存储系统信息"等,查看右边显示的相应信息。

单击本栏目最下方的"系统性能测试"选项,窗口右边会显示出 AMD 和 Intel 处理器系统的总体性能估算、处理器和内存性能、显示卡和内存性能分数。单击下方的"测试"按钮,经过一系列的显示卡和内存测试,得出了当前系统的相应分数。

第二步:系统性能优化。单击左下角的【系统性能优化】选项,在窗口左边弹出【磁

盘缓存优化】、【桌面菜单优化】、【文件系统优化】、【网络系统优化】、【开机速度优化】、
【系统安全优化】选项。

单击【磁盘缓存优化】选项，在窗口右边上方的【磁盘缓存和内存性能设置】区域拉动滑块设置相应的输入/输出缓存大小和内存性能配置选项，如图6-27所示。

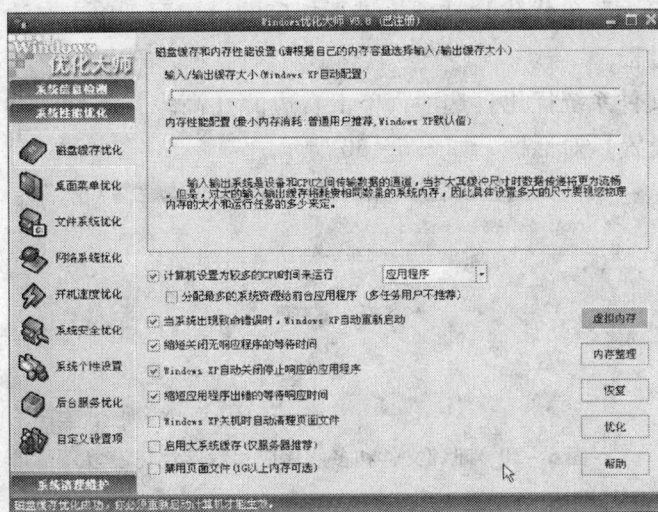

图6-27 系统性能优化

单击右下角系列按钮中的【虚拟内存】按钮，弹出如图6-28所示对话框。

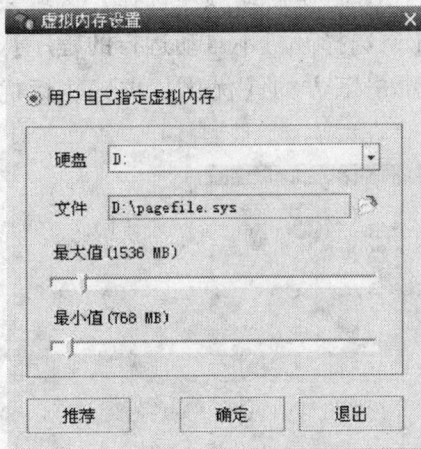

图6-28 虚拟内存设置对话框

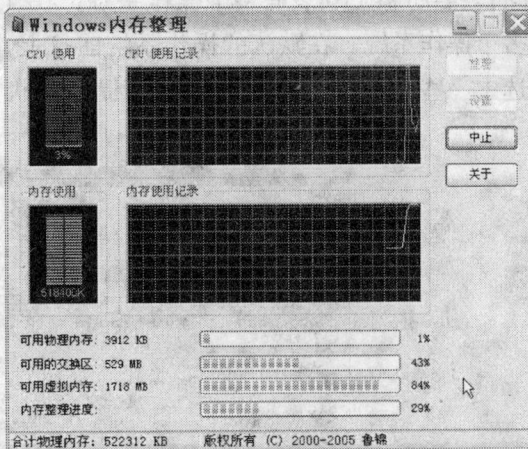

图6-29 Windows内存整理

指定相应的虚拟内存为D盘，采用默认的交换文件pagefile.sys，拉动相应的滑块设定虚拟存储的最大值和最小值，单击【确定】按钮完成设置。

返回到原界面后，单击右下角系列按钮中的【内存整理】按钮，弹出【Windows内存整理】对话框。单击【整理】按钮开始对内存空间的整理，如图6-29所示。

关闭【Windows 内存整理】对话框，返回到主界面。选中"计算机设置为较多的 CPU 时间来运行"、"当系统出现致命错误时，Windows XP 自动重新启动"、"缩短关闭无响应程序的等待时间"、"Windows XP 自动关闭停止响应的应用程序"、"缩短应用程序出错的等待响应时间"选项，单击右下角的【优化】按钮进行磁盘缓存的优化过程。

单击左边的【桌面菜单优化】选项，进行相应的设置后，单击右边的【优化】按钮进入桌面菜单的优化过程。

单击左边的【文件系统优化】选项，单击右边的【高级】按钮，弹出【毗邻文件和多媒体应用程序优化设置】对话框，如图 6 – 30 所示。

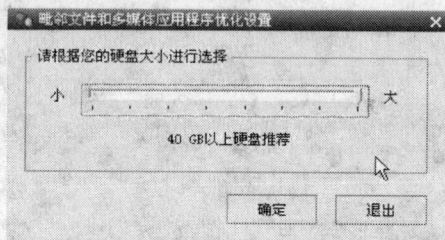

图 6 – 30　毗邻文件和多媒体应用程序优化设置

根据本机器的硬盘大小拉动滑块至相应的位置，单击【确定】按钮返回主界面。根据自身需要选中其他一些设置选项，单击【优化】按钮实施文件系统的优化过程。

单击左边的【开机速度优化】选项，如图 6 – 31 所示，选择一个合适的【启动信息停留时间】。若机器上安装有多个操作系统，在【Windows XP 默认启动顺序选择】区域会显示有多个操作系统，在默认的操作系统前打上钩。在【请选择开机不自动运行的程序】区域，选中一些并不常用的应用程序以提高开机速度，单击下方的【优化】按钮执行优化过程。

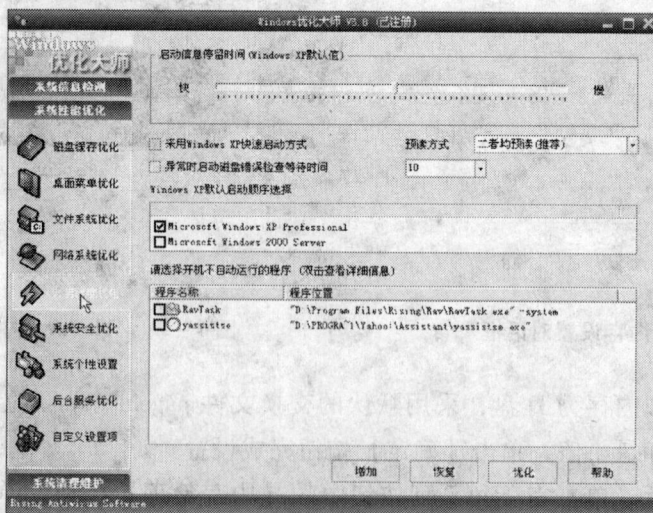

图 6 – 31　开机速度优化

最后，自行配置其他性能优化选项，如"系统安全优化"，"系统个性设置"，"后台服务优化"等等。

第三步：系统清理维护。单击左下角的【系统清理维护】选项，会在窗口左边弹出"注册信息清理"、"垃圾文件清理"、"冗余 DLL 清理"、"ActiveX 清理"、"软件智能卸载"、"驱动智能备份"、"系统磁盘医生"等选项，如图 6 - 32 所示，单击相应的选项可以进行对应项目的清理维护。

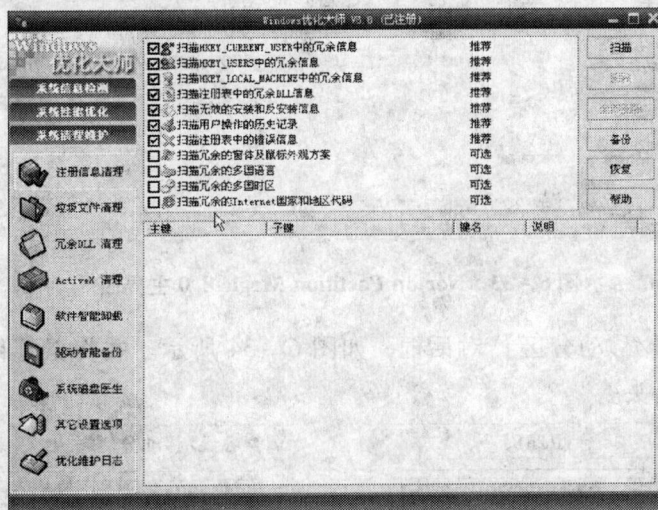

图 6 - 32 系统清理维护

6.8 实训 12 微机整机系统的维护与优化

1. **目的**：掌握对硬盘的分区、优化，硬盘克隆软件的使用。

2. **内容**：对硬盘进行分区操作，克隆硬盘的某个分区。

3. **要求**：通过本实训掌握磁盘分区工具 Partition Magic 软件的使用，掌握硬盘实用程序 GHOST 克隆软件的使用，完成实训报告。

实验环境：微机一台，安装有 Partition Magic 软件和 GHOST 软件。

4. **实训步骤**

（1）Partition Magic 软件的使用

第一步：选择【开始】→【所有程序】→【Norton Partition Magic 8.0】菜单命令，启动磁盘分区管理工具软件 Partition Magic 8.0。

第二步：调整磁盘分区大小。

选择要调整的 G 分区，单击【分区操作】中的【调整/移动分区】图标，如图 6 - 33 所示。

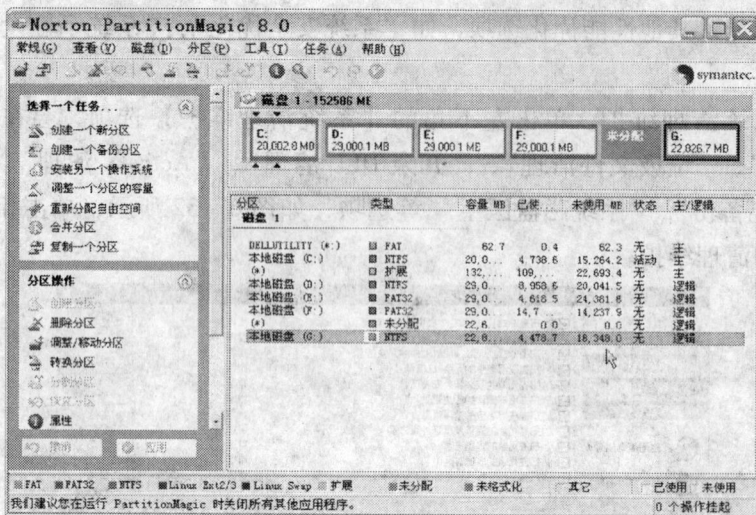

图 6 – 33　Norton Partition Magic 8.0 主界面

打开【调整容量/移动分区】对话框，如图 6 – 34 所示。并将鼠标停放于中间的箭头上，使其变为双向箭头。

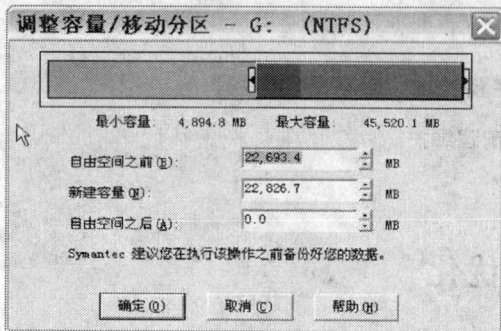

图 6 – 34　调整容量/移动分区对话框

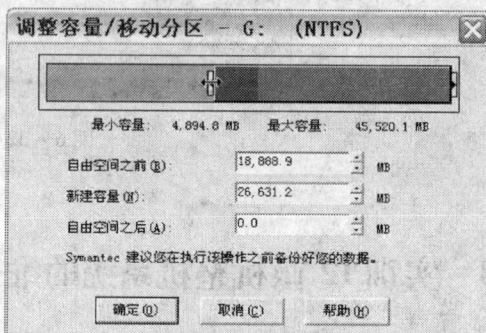

图 6 – 35　分区的移动

按住鼠标左键，向右拖动鼠标，将该分界线移动到相应的位置，如图 6 – 35 所示。

单击【确定】按钮，分区大小将被调整。上述过程也可以通过在文本框中输入精确数值来完成，其中"自由空间之前"对应左边的滑块，释放的自由空间将排在分区之前，"自由空间之后"则相反。

第三步：调整分区容量。

单击左侧【选择一个任务】选项框内的【调整一个分区的容量】任务，打开【调整分区的容量】向导框，如图 6 – 36 所示。

单击【下一步】按钮，在弹出的【调整分区的容量】对话框中选择盘符【G：】，如图 6 – 37 所示。

单击【下一步】按钮，弹出【调整分区的容量】窗口，如图 6 – 38 所示。在【分区的新容量】文本框中输入一个合适的容量。

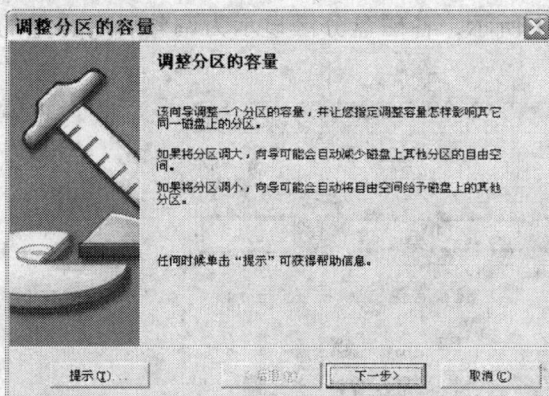

图 6-36 调整分区容量向导框

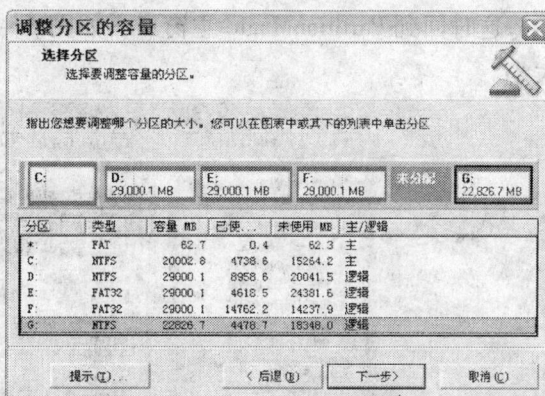

图 6-37 分区的选择

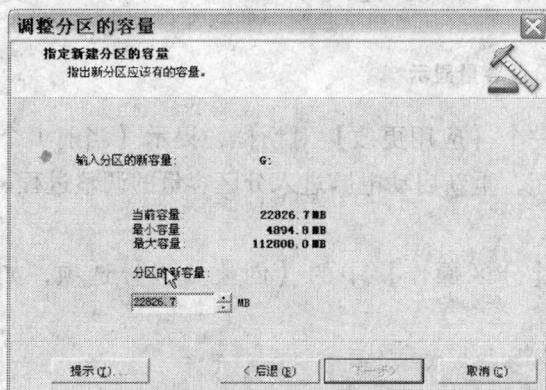

图 6-38 分区容量的设置

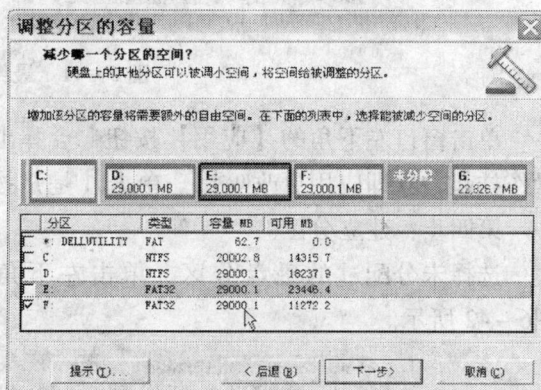

图 6-39 减小分区的选择

单击【下一步】按钮。由于前面输入一个比原先大的分区容量，在打开的【调整分区的容量】对话框窗口中会要求减小哪一个分区的空间，如图 6-39 所示，在下方的多选框中选择【F】盘。

单击【下一步】按钮，打开如图 6-40 所示窗口，其中会显示调整之前和调整之后的对比，确认正确无误之后单击【完成】按钮。

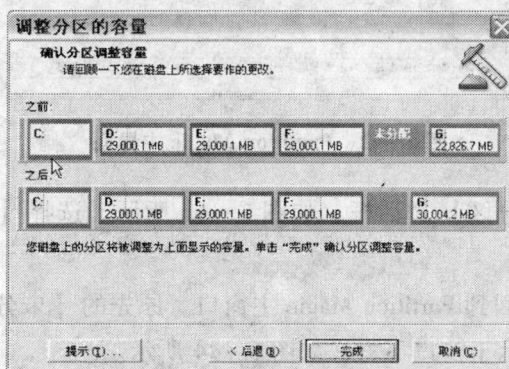

图 6-40 分区容量显示比较

这时回到 PartitionMagic 主窗口，如图 6 - 41 所示，各磁盘分区显示为调整后的容量的大小。

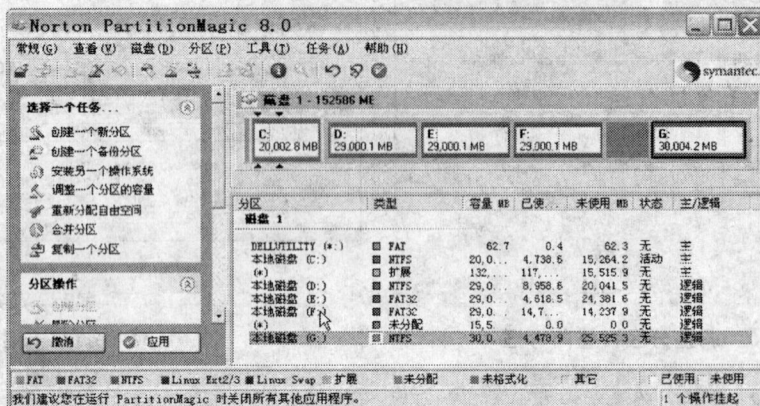

图 6 - 41　最终分区容量显示

单击窗口左下角的【应用】按钮，会弹出一个【应用更改】对话框，提示【当前 1 个操作挂起，立即应用更改吗？】。单击【是】按钮，重新启动电脑进入分区容量的调整过程。

第四步：建立分区。

选择未分配过的磁盘分区，单击左下角【分区操作】中的【创建分区】选项，如图 6 - 42 所示。

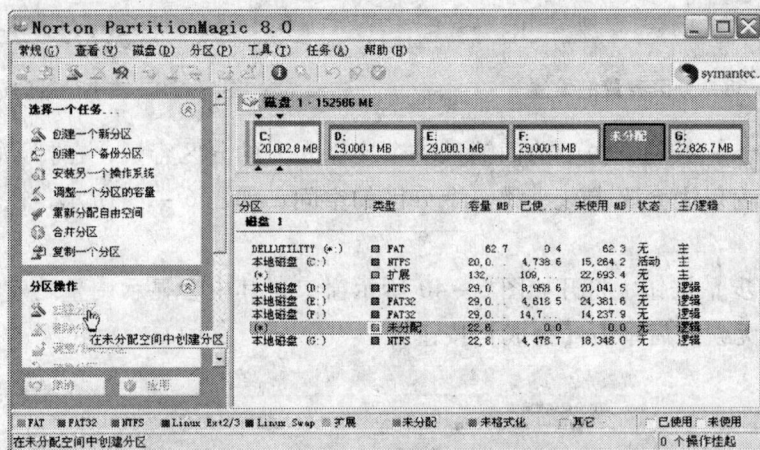

图 6 - 42　Partition Magic 主界面

接着，会弹出【创建分区】对话框，如图 6 - 43 所示。选择【分区类型】为 "NTFS" 格式，其他选取默认选项。

单击【确定】按钮，回到 Partition Magic 主窗口。原先的【未分配】区域变为了逻辑磁盘分区 "I"，具体信息显示于窗口下方，如图 6 - 44 所示。

单击窗口左下角的【应用】按钮，弹出【应用更改】对话框，提示【当前 1 个操作挂

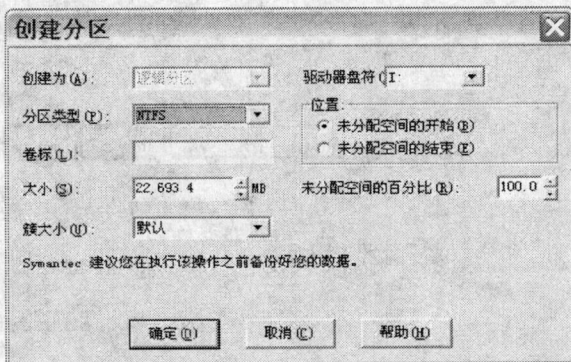

图 6-43 分区格式的选择

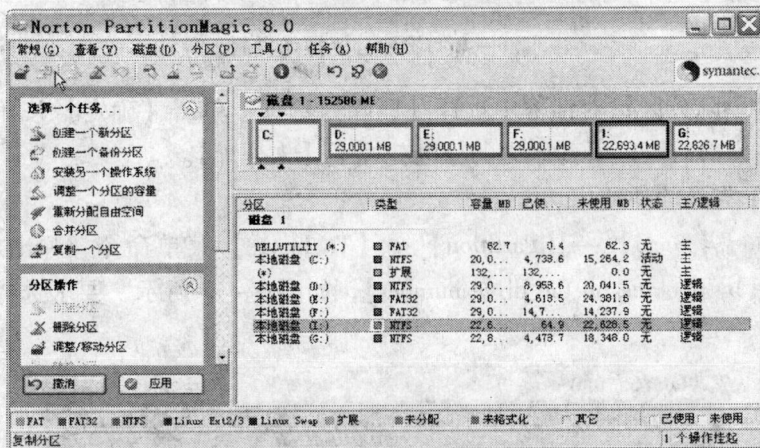

图 6-44 分区设定信息的显示

起，立即应用更改吗?】，单击【是】按钮，开始进行分区操作，如图 6-45 所示。

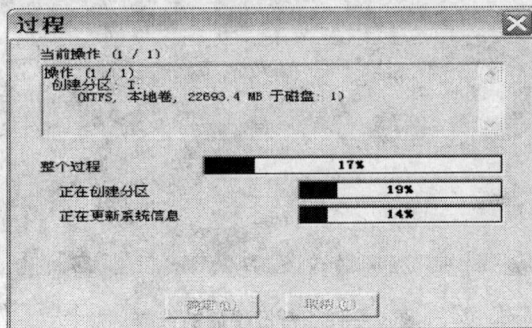

图 6-45 分区创建过程显示

第五步：删除分区。

选择要删除的磁盘分区，如图 6-46 所示，单击左下角【分区操作】中的【删除分区】选项。

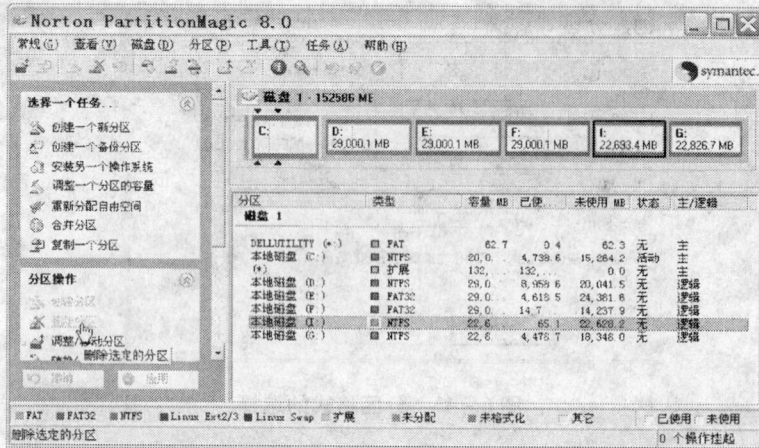

图6-46 删除分区操作界面

在弹出的【删除分区】对话框中选择【删除】选项，单击【确定】按钮完成逻辑分区的删除，回到主窗口后可以看到原先的分区变成了【未分配】。

（2）GHOST克隆软件使用

第一步：执行【Local】→【Partition】→【To Image】菜单命令，弹出对话框【Select local source drive by clicking on the drive number】，如图6-47所示，要求选择需要进行备份操作的硬盘。

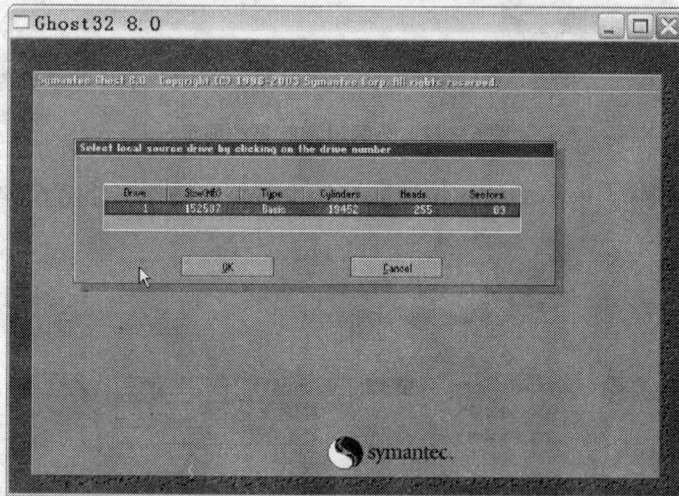

图6-47 备份硬盘的选择

第二步：单击【OK】按钮，弹出新的窗口，如图6-48所示，其中显示了各个分区的具体情况。选择其中一个分区，单击【OK】按钮。

第三步：在新窗口中的【Look in】下拉列表框中选择备份存储的位置，在【File Name】文本框中输入文件名，默认后缀名为".GHO"，如图6-49所示。

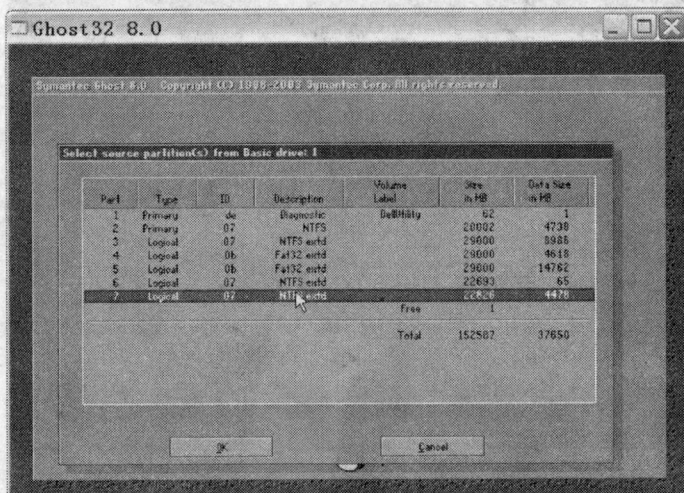

图 6-48 分区信息显示

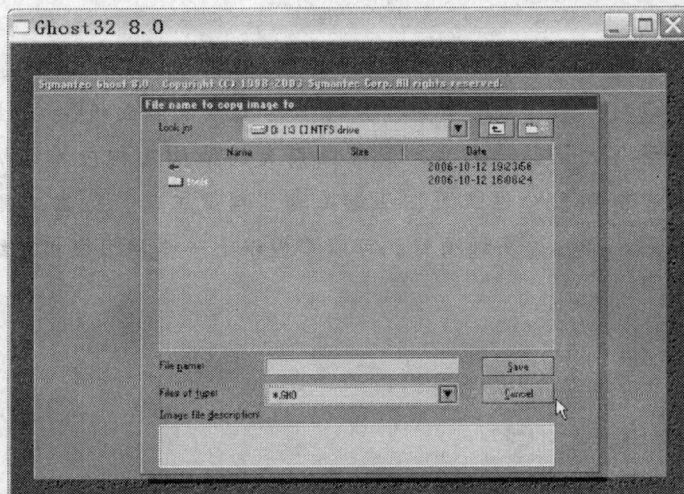

图 6-49 备份存储位置选择

第四步：单击【Save】按钮，弹出询问对话框要求确认是否对备份文件进行压缩。选择【NO】后会再次弹出一个对话框询问是否继续进行备份。

第五步：单击【Yes】按钮，开始对所选择的分区进行备份，备份过程如图 6-50 所示。

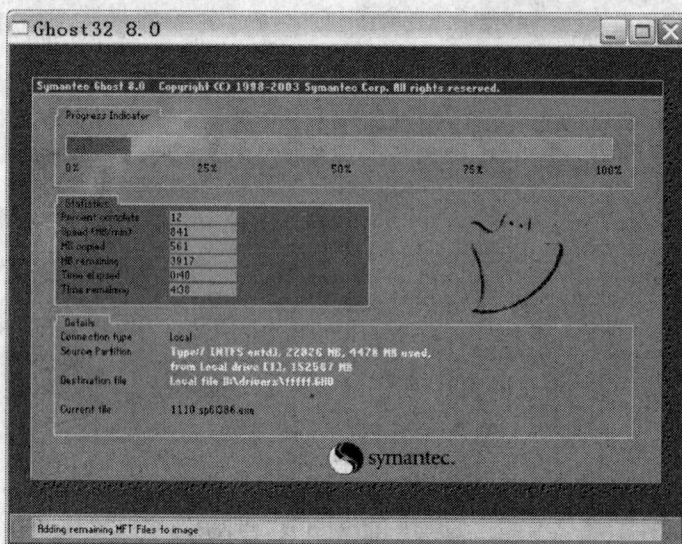

图 6 - 50　备份过程的显示

本章小结

本章主要介绍了软件系统的维护、注册表的使用及维护、常用工具软件的使用等内容。通过本章的学习，读者对于操作系统中的"系统工具"、"控制面板"、"性能管理"、"管理工具"等的使用有了具体的认识，初步理解了注册表的结构及相应的维护和操作，同时对一些常用的工具软件，如磁盘分区工具、压缩工具、测试工具、防毒工具等有了基本的了解。另外，通过本章的几个相关实训项目，可以掌握以上一些常用微机系统维护工具的具体使用和操作。

思考与练习

1. 思考题

（1）为什么要进行数据备份？数据备份及恢复是如何进行的？

（2）什么是注册表，它有什么作用？

（3）常用的比较有名的杀毒软件有哪些？各有什么特点？

2. 单项选择题

（1）用于整理小块内存映射到虚拟内存以释放物理内存的优化大师组件是（　　　）。

　　A. 系统医生　　　　B. 文件粉碎机　　　　C. 内存整理　　　　D. 系统个性设置

（2）在运行窗口中输入什么命令可以打开注册表编辑器？（　　　）。

　　A. regedit　　　　B. regedt　　　　C. reegit　　　　D. reggidt

（3）出现在注册表右边窗口中的数据字符串称为（　　　）。

　　A. 子项　　　　　　B. 项值　　　　　　C. 数据类　　　　D. 配置单元

（4）备份文件的扩展名通常为（　　　）。

　　A. bkf　　　　　　B. reg　　　　　　C. bak　　　　　D. tmp

（5）磁盘清理程序不能清理的内容是（　　　）。

　　A. 临时 Internet 文件

　　B. Windows 临时文件

　　C. 不再使用的 Windows 组件和安装程序

　　D. "我的文档"中的文件

3. 填空题

（1）＿＿＿＿＿＿＿＿能让计算机运行速度大大提高，但处理时间漫长。

（2）Windows 优化大师中的＿＿＿＿＿＿＿用于检查和修复系统中注册表的错误及应用程序的软件错误。

（3）运行＿＿＿＿＿＿＿文件，可以打开 GHOST 软件的主界面。

（4）＿＿＿＿＿＿＿是 Windows 系统的核心数据库，其中存放着各种参数。

（5）注册表信息都以＿＿＿＿＿＿＿形式保存。

4. 判断题

（1）在拆卸主机之前必须断开电源，打开机箱之前双手触摸地面或墙壁释放静电。（　　　）

（2）子项是注册表中最底层的项，类似于磁盘上的根目录。（　　　）

（3）高级备份软件越来越多，简单备份方式已完全被淘汰。（　　　）

（4）注册表由"system. dat"和"user. dat"两个文件组成，存放在 Windows 目录下。（　　　）

（5）计算机病毒是指编制或者在计算机程序中插入的破坏计算机功能或者毁坏数据，影响计算机使用，并能自我复制的一组计算机指令或者程序代码。（　　　）

第7章 微机常见故障分析和处理

学习内容

1. 微机故障的种类和产生故障的原因。
2. 微机故障诊断和处理的基本原则。
3. 微机常见硬件故障分析和处理。
4. 微机常见软件故障分析和处理。

实训内容

微机常见故障处理。

学习目标

掌握：微机故障的种类和产生故障的一般原因。微机故障诊断和处理的基本原则和一般步骤。

理解：常见硬件故障的分析和处理，如主板、CPU、内存、显卡、硬盘和电源等微机主要部件常见故障。

了解：常见软件故障分析和处理的一般方法。

7.1 微机故障和处理概述

7.1.1 微机故障的分类

微机在使用过程中会出现各种各样的故障，往往造成系统运行出错或性能下降。根据微机系统的软硬件构成把微机故障分为硬件故障、软件故障两大类。随着微机技术的发展和制造工艺的提高，硬件故障发生的比例相对软件故障来说变得越来越小。

1. 硬件故障

硬件故障是指由微机系统中的元器件损坏、接触不良、不兼容或性能不稳定等情况所引起的故障。如元器件工作时温度过高导致工作不稳定；电源故障导致没有供电或只有部分供电；硬件部件故障造成系统工作不正常；元器件与芯片松动或脱落，微机外部和内部各部件间的连接电缆或插头（座）松动、脱落或错误连接导致不能正常运行；板卡上的跳线连接脱落、连接错误或开关设置错误，构成非正常的系统配置等等。

2. 软件故障

软件故障是微机系统中的软件遭到破坏、软件参数设置错误、软件不兼容、软件本身隐含错误等因素引起的故障。目前微机系统的软件越来越丰富，且软件规模也越来越大，导致发生软件故障的因素很多，情况也很复杂，常表现为软件不能运行、系统死机、文件丢失或被破坏、系统工作混乱等现象。

7.1.2 微机故障处理的基本原则

微机故障处理的一般方法是先根据故障现象分析故障产生的原因，然后进行故障诊断并进一步明确产生故障的原因，最后修复故障使系统恢复正常。微机故障处理应遵循从简单着手，仔细观察故障现象，冷静思考，抓住重点，作出正确判断的基本原则。

1. 观察分析

一旦微机发生故障，首先应观察分析，一般可从以下几方面观察：

（1）观察故障现象和出错显示：如果有出错提示，一般按提示可以快速定位故障；如果没有出错提示，则应仔细观察故障现象和其他相关情况。

（2）观察周围环境：电源供应情况，周边环境状况如电磁场和高功率电器等，微机的布局和网络环境，温度、湿度和清洁状况等都有可能引起微机故障。

（3）观察微机硬件环境：观察各种微机部件的跳接线设置和相互连接等有无错误和松动等现象，观察各部件的温度、颜色、形状、气味等是否正常。

（4）分析用户的操作过程：尤其对初级用户来说，很多错误可能是因为操作过程和操作习惯不符合要求所造成的。

（5）分析微机的软件环境：分析系统的软件配置情况，考虑是否存在软件与软件、软件与硬件间的冲突或不匹配现象，各种驱动和相关补丁是否正确安装等。

2. 判断故障类别

由于硬件故障相对较少发生，可以先尝试分析是否为软件故障，如果不是软件故障再着手检查是否为硬件故障。另外，可以着重分析故障发生前后系统的变化情况，故障很可能因为最近一次的软硬件变化而引起。也可以试着改变系统的软硬件状况，以便判断故障发生的位置。

3. 抓住重点，逐步解决

当故障现象复杂或有多个故障时，应该先判断和处理主要的故障现象，解决主要问题，然后再判断和处理次要故障现象。有时主要故障排除后，次要故障也随之消除。

7.2 微机常见硬件故障分析和处理

7.2.1 微机硬件故障诊断和处理

微机硬件故障发生后，关键是进行故障诊断，确定故障所在的部件和故障发生的原因。下面我们主要介绍硬件故障诊断和处理的一般原则和常用方法。

1. 硬件故障诊断和处理的一般原则

硬件故障的诊断和处理一般遵循先简单后复杂、先电源后负载、先外设后主机的原则。

（1）先简单后复杂

微机发生故障时，首先应做最简单的检查，如数据线松动与否，灰尘是否过多，插卡是否接触不良等。在排除这些简单因素后再检查是否有硬件损坏等复杂的问题。

（2）先电源后负载

随着微机部件的功率增大，电源功率不足的问题经常出现。往往用户把所有的部件都检查了一遍也没有发现故障的原因，其实很有可能是机箱电源供应不足、市电输入不正常等电源问题引起的故障。所以出现故障时应先排除电源问题，然后再来检查具体的微机部件问题。

（3）先外设后主机

很多故障表现可能与某些外设直接相关，这时应该先检查外设本身是否正常，然后再检查外设与主机的接口是否正常，最后考虑主机部分的故障。

2. 硬件故障诊断和处理的常用方法

诊断和处理微机硬件故障的常用方法主要有观察法、清洁法、拔插法、替换法、最小系统法和软件诊断法等。

（1）观察法

观察法是最简单，也是最重要的方法。在故障处理的整个过程中都需要密切注意观察。通过观察及时发现故障现象和故障点，起到快速定位故障的作用。用看、听、闻、摸等简单的方法检查微机情况、周围环境及用户的操作方法，如各部件的工作状态、外观和温度等是否异常。

（2）清洁法

如果微机的周围环境有比较多的灰尘，或者微机使用时间久了，各部件上堆积的灰尘很可能引起微机故障。一般可用小毛刷轻轻刷去散热器、主板、各种扩展板上的灰尘，用橡皮擦去各种板卡引脚的表面氧化层，用折叠的白纸插入插槽中来回擦拭除去各种插槽的表面氧化层等清洁方法排除故障。

注意：清洁工作不可用力过大，以免损伤板卡的各种元器件或造成元器件的松动。同时工作中也要注意防静电，如应使用天然材料制成的小毛刷等。

（3）拔插法

拔插法是确定故障的简捷方法，即关机后将插件板卡逐块拔出，每拔出一块板卡就开机观察运行状态。一旦拔出某块板卡后故障消失，那么就说明该板卡或相应I/O总线插槽有故障。若拔出所有插件板卡后故障依然存在，则很可能主板有故障。

（4）替换法

替换法是通过用好的部件去代替怀疑有故障的部件，或用怀疑有故障的部件代替好的部件（小心损坏器件），观察故障的变化情况判断故障所在，这是一种最简单而且相当有效的方法。

（5）最小系统法

最小系统分硬件最小系统和软件最小系统。硬件最小系统一般由电源、主板和CPU组成；采用软件最小系统法时，系统的硬件配置一般由电源、主板、CPU、内存、硬盘、显卡、显示器和键盘组成。

硬件最小系统法：安装好电源、主板和CPU，打开电源，用螺丝刀连接主板上连接机箱电源开关的两根PWRSW针，如图7-1所示，并马上移开螺丝刀。通过主板报警声来判断这一核心组成部分是否能正常工作，如AMI BIOS主板的4个短声音为系统时钟错误、5个短声音为CPU错误等。

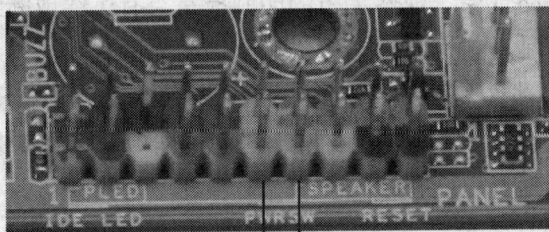

ATX电源/软关机按钮的两根PWRSW针

图7-1 ATX电源/软关机按钮的两根PWRSW针

软件最小系统法：主要用来判断系统在最基本的软硬件环境中是否能正常工作，如果不能正常工作，就可判定最基本的软件系统或硬件部件有故障，从而起到故障隔离的作用，接着可用替换法来排查。如果最小系统下能正常工作，则接着——添加其他硬件，定位故障并进行处理。

（6）软件诊断法

利用各种诊断软件或专用诊断卡定位故障也是一种常用的方法。如主板诊断卡利用主板 BIOS 内部自检程序的检测结果，通过代码显示快速定位故障，能够起到事半功倍的作用。不过采用诊断软件的前提是保证系统能够运行该诊断软件。

7.2.2　主板常见故障

主板是微机稳定可靠运行的基础，各个部件通过主板连接在一起，如果主板出现故障，微机就会无法正常工作。

1. 主板常见故障现象

主板所集成的组件和电路很多，是目前最容易发生故障的部件，其故障现象也复杂多样。以下是微机运行中的主板常见故障现象：

（1）无法正常启动，有报警声或无警报声，或自检出错，或无显示。

（2）频繁死机，即使在 CMOS 设置里也会出现死机现象。

（3）无法正确识别出键盘和鼠标。

（4）CMOS 设置不能保存。

（5）主板 COM 口或并行口、IDE 口损坏。

2. 主板常见故障处理方法

常用的观察法、清洁法、插拔法、替换法、最小系统法、软件诊断法或诊断卡等方法都可以应用于主板故障检测和处理。

如果发现主板布满了灰尘，应先将灰尘清理干净。灰尘的堆积妨碍散热，易于损坏元器件，天气潮湿时还会产生电路短路现象。观察主板的印刷板是否有飞线或断线、元器件是否有被烧焦、外形是否变形、主板是否与机箱接触形成短路等明显的现象。

用替换法可以确认主板上的部件是否正常，将 CPU、内存条和各种板卡插到其他工作正常的主板上使用看是否正常工作，也可以把其他工作正常的 CPU、内存条和各种板卡插到主板上看是否正常工作，判断是否主板有故障。

注意：在微机故障检测过程中，发现微机的每个部件放在其他机器里都能正常工作，有可能是软硬件兼容性存在问题而造成的故障，可以先在排除软件问题之后，继续用替换法依次排查，找出不兼容的部件。

另外，还可以采用以下方法来检查和处理主板故障：

（1）检查 BIOS 设置

主板 BIOS 的设置是否正确、BIOS 程序工作是否正常直接决定了整个微机系统的"生死"。引起 BIOS 故障的原因一般分为设置错误、病毒破坏和 BIOS 版本太低 3 类。

第一类：设置错误。可以利用 BIOS 设置程序恢复系统缺省设置，设置方法可参见本书 4.2 节。

第二类：病毒破坏。首先进行杀毒处理，然后再做相应的挽救工作，如 CIH 病毒会损坏 BIOS 芯片，同时还会造成硬盘数据的丢失。

第三类：BIOS 版本太低。为纠正 BIOS 前版本的缺陷，支持不断出现的新硬件，厂家会推出 BIOS 新版本。升级 BIOS 的常用方法有 3 种：一是直接更换新的 BIOS 芯片；二是用专用 BIOS 擦写设备；三是用专用的 BIOS 刷新程序。目前主板 BIOS 几乎都采用了 Flash ROM，使用专用的 BIOS 刷新程序，可对其内容进行改写。

提示：升级 BIOS 要求十分严格，在整个刷新过程中不能出现一丝差错，否则就有可能导致主板报废。因此用专用的 BIOS 刷新程序时，一定要查清 BIOS 出品的公司名称、主板型号及 BIOS 的类型和版本，查找相应的 BIOS 更新文件和刷新程序，同时保存 BIOS 旧版本以防升级失败。

（2）判别 BIOS 警报声

当微机无法启动，又无显示时，一般可利用主板 BIOS 的报警声音来快速定位故障，尽管有时 BIOS 的报警指示也并不明确。目前较常见的 BIOS 类型有 AMI BIOS，Award BIOS 和 Phoenix BIOS 3 种，不同类型 BIOS 的报警声含义有所不同。

3. 主板常见故障处理实例

（1）CMOS 密码丢失

CMOS RAM 中存储着正确的时间与系统参数等资料，而 BIOS 系统设置程序用于对 CMOS 参数的设置。当 BIOS 设置中的安全性能选项 Security 设置了密码而密码又忘了，或 BIOS 设置错误导致系统出错，这时都需要清除 CMOS 设置内容。

主板上一般有一个 CLRTC 跳线是专门用来清除 CMOS 设置内容的，一般位于主板的 CMOS 锂电池附近，华硕 P5LD2SE 主板 CMOS 电池和跳线如图 7-2 所示。不同的主板 CLRTC 跳线的位置会有所不同，具体位置和操作步骤可参照主板说明书。一般的操作步骤如下：

第一步：关闭电源，拔掉电源线；

第二步：取下主板上的 CMOS 电池；

第三步：将跳线帽由 [1-2]（预设值）改为 [2-3]，约 5~10 秒钟（此时即已清除 CMOS 设置内容）；

第四步：再将跳线帽改回到 [1-2]，将 CMOS 电池安装回主板；

第五步：连接电源线，启动微机，进入 BIOS 设置程序重新进行相关设置。

注意：除非需要清除 CMOS 设置，千万不要将主板上 CLRTC 的跳线帽由预设值位置移开，否则会导致系统开机失败。

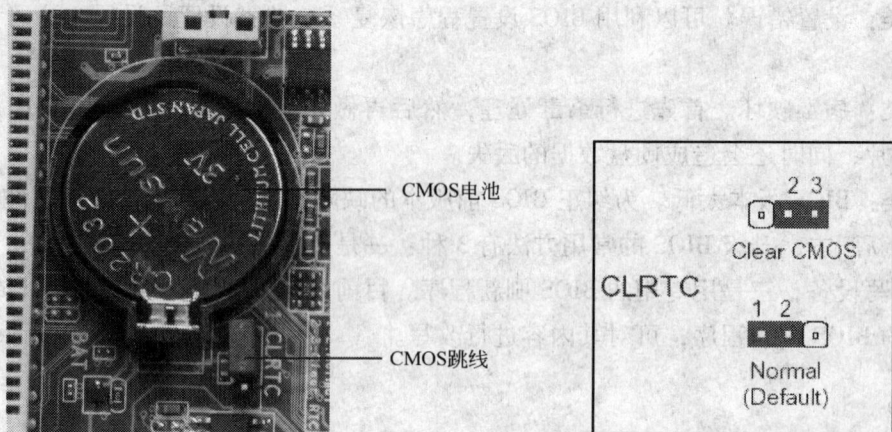

图 7 - 2　华硕 P5PLD2SE 主板 CMOS 电池和跳线

（2）系统不启动，无显示，无报警声

这是主板的常见故障，引起原因是多方面的，以下是常见的主要原因和相应的处理方法：

第一类：CPU 安装问题。查看 CPU 插座是否松动、没有插好，若是，重新正确安装即可；如果 CPU 有缺针，则更换 CPU。

第二类：CPU 风扇没有安装到位。如果 CPU 风扇没有安装到位，则重新安装；如果风扇的卡扣断裂，则需要送修。

第三类：CPU 没有供电。如果主板电源没有插好，则重新插好电源。如果 CPU 损坏，则只能更换 CPU。

第四类：CPU 频率设置出错。可通过重新设置 CMOS 中的 CPU 频率选项得到解决。

第五类：BIOS 版本太低或 BIOS 被破坏。出现 BIOS 被破坏的现象时应先分析是否由病毒引起，或是否 BIOS 损坏，还是 BIOS 版本太低，然后作相应处理。

第六类：CMOS 电池故障。如果是主板的电池电量供应不足，使得 CMOS 设置参数不能有效保存，则需换 CMOS 电池。若系统不启动，但 CPU 风扇能旋转，电源和硬盘指示灯也亮，当把 CMOS 电池取下后系统就能正常启动，则表明电池有故障，也应更换 CMOS 电池。如果更换电池不能解决问题，则可能是 CMOS 跳线问题或主板电路问题。跳线问题只需把 CMOS 跳线设为预设选项即可；主板电路问题则需要专业维修。

第七类：内存损坏、内存不匹配或无法识别内存。一旦插上了主板无法识别的内存，或插上不同品牌、类型的内存，主板就无法启动，甚至无故障提示。此类故障可通过更换内存得到解决。

第八类：内存插槽损坏。安装内存时用力过猛或方法不当，会造成内存插槽内的簧片变形断裂，以致该内存插槽报废。这时只需换内存插槽即可。如果内存插槽都损坏，则需送专业维修。

注意：在拔插内存条前，一定要拔去主机的电源插头，防止烧毁内存条。插拔内存条时，不要左右晃动，应垂直用力。

第九类：主板的电容损坏。电容因电压过高或长时受高温熏烤，会冒泡或淌液，造成CPU、内存、相关板卡工作不稳定，也会表现为容易死机或系统不稳定，经常出现蓝屏等故障现象。此类故障需送专业维修。

第十类：主板扩展槽故障。当主板扩展槽中插入相应的扩展卡后，会导致主板没有响应，开机无显示。如果有空余插槽只需换插槽即可，如果没有空余插槽则需送专业维修。

7.2.3 CPU 常见故障

CPU 是微机的核心部件，CPU 故障会影响到整个微机系统的正常运行。CPU 的集成度很高、可靠性也较高，正常使用情况下 CPU 故障率在所有的微机部件中是最低的。因为CPU 的制作工艺相当复杂，所以对有故障的 CPU 一般只采取降频使用或是直接报废。

1. CPU 常见故障现象

一般情况下，CPU 出现故障后很容易判断，往往有以下表现：

（1）加电后只有电源灯亮，系统无其他任何反应，显示器无任何显示，无任何报警声。

（2）频繁死机，甚至在 BIOS 设置时也会出现死机的情况。

（3）不断重启，特别是开机不久便连续出现重启的现象。

（4）系统性能明显降低。

2. CPU 常见故障处理方法

当 CPU 出现故障时，可以按以下方法来处理：

（1）关闭电源，打开机箱，检查 CPU 的散热片和风扇，查看 CPU 风扇的电源线是否连接好，用手拨动风扇，看旋转是否灵活。

（2）加电启动系统，查看 CPU 风扇是否正常。如果风扇不转或转动不灵活，可确定是因 CPU 过热而使系统出现不正常现象。

（3）用手轻轻地压 CPU 芯片的四周，排除 CPU 插针没有安插好，即接触不良的故障。

（4）观察 CPU 插针是否有弯曲，如果有弯曲要用镊子轻轻地夹直弯曲的插针。

（5）观察 CPU 插针是否有锈蚀的现象，这种情况多发生在南方夏季潮湿多雨季节。可用酒精棉球擦干净插针，吹干后再插入 CPU 插座。

3. CPU 常见故障处理实例

CPU 的常见故障主要是使用不当和日常维护不够所引起的，只要加强日常维护，这些故障基本可以避免。CPU 的常见故障一般可以分为以下几类：

（1）CPU 设置错误或设备不匹配

CPU 电压设置错误：若 CPU 的工作电压过高会使 CPU 工作时过度发热而死机。当电压的范围超过 10% 的时候，就会产生增加 CPU 的"电子迁移"现象，从而导致 CPU 内伤而出现死机故障，严重时还会出现烧毁 CPU 的现象。当然，当 CPU 的工作电压太低时也不能正常工作。

CPU 频率设置错误：若 CPU 频率设置过高会出现死机的现象；如果设置的频率过低，会使系统的运行速度太慢。

与其他设备不匹配：CPU 与主板、内存条和外部设备接口等必须匹配，否则也将无法正常运行。

注意：在微机系统配置时，应特别注意 CPU、主板和内存三者之间的匹配。另外，Rambus 内存必须要将主板上的内存插槽插满才能正常使用，如果没有插满，就需要使用一个与 Rambus 形状类似的专用"串接器"插在空闲的插槽上。

（2）CPU 超频

超频即通过设置比 CPU 正常工作频率更高的频率来提高 CPU 的运行速度。但超频会产生大量的热量，使 CPU 温度升高，从而引发"电子迁移"效应，降低 CPU 的使用寿命。超频有可能造成 CPU 工作不稳定，甚至产生损坏等严重后果，必须谨慎处理。

注意：当前 CPU 的价格不是很高，且超频所能带来的性能提升也有限，建议最好不要超频使用 CPU，以免得不偿失。

（3）CPU 压坏或针脚接触不良

关闭电源，取下风扇，检查 CPU 插座的固定杆是否固定到位，检查 CPU 是否插入到位。取出 CPU，检查 CPU 是否有被烧毁、压坏的痕迹。

注意：CPU 内核十分娇嫩，在安装风扇时稍不注意，便很容易被压坏。因此，安装或拆卸 CPU 或 CPU 散热器时应注意保持平衡，以免折弯针脚或压坏 CPU 内核。尤其在安装前要注意检查针脚是否弯曲，否则就有可能折断 CPU 针脚。

（4）CPU 温度过高

随着 CPU 工艺和集成度的不断提高，CPU 的工作电压和工作频率越来越高，核心发热已成为比较严峻的问题。因此，CPU 对散热器的要求也越来越高，使用品质良好的散热器来降低 CPU 芯片的表面温度，才能保持微机的正常运行。

散热器选购不当或运行不正常，CPU 工作时的温度超过了其本身所能承受的温度时，就会引起工作不稳定，时常出现死机的现象，严重时 CPU 及其周围的器件将会被烧坏。如开机有报警声但系统能正常启动，这种情况可能是由于 CPU 温度检测异常但未达到立即关机程度所引起。

提示：如果 CPU 拥有热感式监控系统，它会持续检测温度。只要核心温度到达一定的高温，CPU 就会降低工作频率，直到核心温度恢复到安全界限以下。一般在主机内的空间足够大，并有良好排热风道的情况下，散热片和散热风扇的体积越大散热效果越好。

7.2.4 内存常见故障

微机系统中内存是很敏感的部件，同时内存的使用频率也很高，很容易造成损坏和引发故障。所以，内存故障是微机的常见故障。

1. 内存常见故障现象

内存故障的常见表现形式有无法正常启动并伴有报警声、开机无显示、计算机运行不稳定、安装操作系统时出现蓝屏、系统经常死机，运行内存相关度高的程序或软件时频繁死机等。

2. 内存常见故障处理方法

当内存出现故障时，可以按以下方法来处理：

第一步：检查内存是否安装正确。如果安装不到位，只需重新拔插，正确安装即可。

第二步：检查插槽积尘是否过多或插槽内是否有异物。可用毛刷清扫，或皮老虎清除灰尘或异物。

第三步：检查内存条引脚是否锈蚀氧化。可用橡皮用力擦拭内存条引脚，清除锈蚀氧化。

第四步：检查内存插槽簧片是否变形失效。可以把内存换插到另一条插槽，若所有插槽的簧片都变形失效，则需请专业人员修理。

第五步：检查 BIOS 中内存设定是否正确。重新设定 BIOS 内存相关设置选项。

第六步：检查是否内存混插错误。不可将不同类型的内存混插，也不可将同类型但额定电压不同的内存混插。

第七步：检查是否内存已损坏。可用替换法检查内存是否存在故障，如果内存损坏则更换内存。

第八步：检查主板和内存是否兼容。如果主板和内存本身都没有故障，只是存在硬件不兼容，则需更换内存或主板。

3. 内存常见故障处理实例

（1）开机无显示且有内存报警声

内存报警的故障较为常见，主要由内存接触不良引起，故障处理可以按内存常见故障处理方法的步骤进行。

注意：在拔插内存条时一定要拔掉主机电源线，防止意外烧毁内存。

（2）内存混插造成系统无法正常开机

使用不同规格的内存条有可能引起微机无法正常开机，甚至出现黑屏，故障处理的主要步骤如下：

第一步：更换内存条安插位置。将低速的内存条插到主板内存插槽较靠前的位置，即插在第一条内存插槽的位置。如果故障依旧，继续第二步。

第二步：如果系统可以启动，则进入 BIOS 设置，将内存的相应项（包括 CAS 等）设置成为低规范的相应值。如果故障依旧，继续第三步。

第三步：取下内存频率低的内存条，进入 BIOS 设置，将内存的频率降至主板支持的内存频率值，将内存降频使用。例如：DDR266 和 DDR400 的内存混用，最好使用 DDR266 的内存频率，增加稳定性。然后，再插入原频率低内存条使两条内存保持相同的工作频率。如果故障还无法排除，则只能放弃其中低频率内存，同时恢复高频率内存的频率设置。

（3）内存混插造成系统运行不稳定

系统运行不稳定主要是内存兼容性差造成的，处理的主要方法为：

第一步：同上例第一步，更换内存的位置。

第二步：升级操作系统，一般来说新的操作系统拥有更好的管理机制，能更好地协调和使用不同型号的硬件。

第三步：在 BIOS 设置中关闭内存由 SPD 自动配置的选项，改为手动配置。

第四步：如果主板有 I/O 电压调节功能，可将电压适当调高，加强内存的稳定性。

7.2.5 显卡常见故障

微机系统中，由显卡引起的微机故障还是比较多的。一般来说，显卡故障还会伴有黑屏等现象，给故障的定位和处理造成一定的麻烦。

1. 显卡常见故障现象

显卡出现故障最直接的表现是显示不正常，所以显卡故障经常与显示器故障混淆起来。一般出现显卡故障的主要现象有如下几种：

（1）显示器黑屏

（2）显示器花屏

（3）显示乱码

（4）字符图形显示错误

（5）字符颜色或背景色有错误

（6）显示偏色、抖动

（7）安装显卡驱动程序失败

2. 显卡常见故障处理方法

当显卡出现故障时，可以按以下方法来处理：

第一步：检查是否电源问题。如果电源没有打开或电源没有插好，则打开电源或重新插好电源。

第二步：检查是否接触不良。主板的显卡插槽和显卡引脚之间、显卡接口和显示器接口之间的接触不良是较为常见的故障，如显卡安装不正确、插槽中有灰尘堆积或有异物、插槽松动、显卡引脚被氧化、显卡的固定挡板弯曲变形、固定显卡挡板的螺丝过松或过紧、显卡变形等，可根据具体情况作相应处理。

第三步：检查是否散热不好。检查显卡风扇是否正常运转，风扇上灰尘是否过多，如果灰尘太多可以用毛刷清理。如果厂商为降低制造成本，省去了散热片或采用了质量不好的风扇，也可使显卡工作的稳定性降低。

第四步：检查是否供电不好。每款显卡都有自己正常的工作电压标准，如果电源的供电不足或高出标准都有可能产生显示方面的故障。

第五步：检查是否显卡驱动程序升级出错。如果驱动程序版本不正确，则升级时会出现问题。显卡驱动程序升级时，必须先弄清楚显卡的型号，找厂商或驱动网站下载最新的显卡驱动程序。

第六步：检查是否 BIOS 设置不正确。当主板拥有集成显卡时，如果再外接一块独立显卡就有可能引起冲突，需要在 BIOS 设置中将集成显卡相关项设为"Disabled"，或用主板的硬跳线将集成显卡屏蔽。BIOS 的设置选项 AGP Sideband Addressing（AGP 边带寻址）设定为"Enable"也可能导致系统不稳定。

第七步：检查是否内存条插装位置不正确。如果是集成显卡，在第一根内存条插槽上没有插装内存条就会出错。因为集成显卡一般不带显存，使用系统的一部分主内存作为显存，并且要求在第一根内存条插槽 DIMM1 上一定要插有内存条，以便集成显卡能正常调用主内存。

第八步：检查是否刷新显卡 BIOS 错误。如果更新显卡 BIOS 后经常出现黑屏、游戏时自动退出或者屏幕出现有规律条纹等，很有可能是 BIOS 升级出错。

第九步：检查是否显卡与主板不兼容。如果故障不是以上原因所引起，则试着换一块好的显卡插在这台微机的主板上，如果微机故障消失，再把疑有故障的显卡插在另一台正常的微机主板上，如果也没有发生故障，则说明显卡与主板存在不兼容。

3. 显卡常见故障处理实例

（1）开机无显示

此类故障一般是因为显卡与主板接触不良或主板插槽有问题造成的。关闭电源，并按以下步骤处理：

第一步：检查显示器电源是否有故障。

第二步：检查显卡是否插好。可重新拔插显卡，并固定显卡。

第三步：检查显卡与主板显卡插槽、显示器信号线针脚与显卡是否接触不良，信号线是否断裂。先做清洁工作，用毛刷清理显卡上的灰尘，尤其是显卡风扇及散热片上的灰尘；用橡皮擦拭清除显卡引脚的氧化层。如果主板有另外的显卡扩展插槽,可把显卡换插到其他插槽;如果主板只有一个显卡扩展插槽,试着把靠近显卡的扩展卡换一个插槽,使它离显卡远一点。

第四步:检查插槽是否损坏。可把显卡插在另一台微机的主板上,如果故障消失,且换一块好的显卡插到原主板上也产生同样故障,则表明主板插槽有问题。

第五步:检查是否显卡与显示器不兼容、显卡与主板不兼容。可以用替换法来检查兼容性问题。

第六步:若经以上处理后故障依旧,则可能是显存损坏、显卡的线路或芯片有损坏。另外也不排除超频、温度过高、显卡与其他硬件有冲突等原因造成该故障,如显卡超频过度,显示芯片就会过热导致损坏。

(2)显示不正常

显示不正常是显卡故障的最常见表现,如花屏、有异常杂点或图案、乱码、文字或画面显示不完全等,引起此类故障的原因主要有以下几类:

第一类:显卡与显示器信号线接触不良。重新将信号线插头插好;如果显示缺少颜色或行场不同步,则应先检查显卡的插头是否完好、插头中的插针是否弯曲或折断。

第二类:显卡与主板显卡插槽接触不良。处理方法同故障实例(1)第三步。

第三类:散热不好。显卡风扇可帮助显卡散热,一个质量较好的风扇才能保证显卡的正常工作。

第四类:显卡损坏。检查显存芯片及外围元件,有没有发现虚焊、爆裂、变色、脱焊、短路等问题和损坏特征。可以用"替换法"来定位是否为显卡故障。

第五类:主板 BIOS 设置问题。如果只在运行某些软件时颜色不正常,则可能需要在主板 BIOS 设置中开启 PCI/VGA Palette Snoop(PCI/VGA 调色板探测)选项;如果显卡 BIOS 刷新出错,则重新刷新显卡 BIOS 程序。另外,显卡超频也是引起故障的常见原因。

第六类:驱动程序不匹配。删除显卡驱动程序,重新更新驱动程序。如果是显示器、显卡不支持所设置的分辨率,只需重新设置相关显示属性即可。

7.2.6　显示器常见故障

在微机故障中,显示器故障是最为常见的。导致显示器故障的原因有多种,其中环境条件和人为操作或管理不当是造成显示器故障的主要原因。以下介绍 CRT 和 LCD 显示器的常见故障及解决方法。

1. 显示器常见故障现象

显示器的常见故障现象有如下几类:

(1)显示器黑屏

(2)显示器偏色

（3）无法调整刷新频率

（4）开机无显示

（5）显示器屏幕抖动

（6）显示器出现水波纹和花屏

由于 LCD 显示器与传统的 CRT 显示器两者成像原理不同，所以故障表现也存在一定的差异。

2. 显示器常见故障处理方法

（1）CRT 显示器的常见故障处理方法：

①显示器偏色

检查是否显卡及显示信号线接触不良、显示器被磁化、机内偏转线圈发生移位产生色纯不良、消磁电路损坏等因素。

②无法调整刷新频率

检查是否显示器类型选择不正确、显卡的驱动程序安装不正确。

注意：显示器的刷新率不要设置得太高，超过其标准刷新率太多，否则会烧坏显示器或缩短其寿命。

③显示器屏幕抖动

第一步：检查是否显示器刷新频率设置不正确。

第二步：检查是否显卡与主板显卡插槽、显示器信号线针脚与显卡接触不良。

第三步：检查是否主机电源设备已经老化或电源质量低劣。

第四步：检查是否显示器电源滤波电容损坏。

第五步：检查是否显示器的周围有强磁设备，如音箱、大功率的电源变压器等。

提示：由于 CRT 显示器内有高压电源，出现比较严重的异常问题后应及时送专业维修点维修，而不要自己随意处理，以免出现火灾、人身伤害等危险。

（2）LCD 显示器的常见故障处理方法

①出现水波纹和花屏现象

第一步：检查是否电脑周边有电磁干扰源。

第二步：检查是否显示器刷新频率设置不当。

第三步：检查是否显卡上没有数字接口，而是通过内部的数字/模拟转换电路与显卡的 VGA 接口相连接。

第四步：检查是否显示器存在质量问题。

提示：出现水波纹和花屏是液晶显示器比较常见的质量问题，自己无法解决，建议尽快更换或送修。

②显示分辨率设定不当

与 CRT 显示器不同，液晶显示器的屏幕分辨率不能随意设定，LCD 只能支持一个"最佳分辨率"。当设置为其他分辨率时，一般通过扩大或缩小屏幕显示范围，使显示效果保持不变，超过部分则黑屏处理；另外也可使用插值等方法保持全屏显示，但显示效果就会大打折扣。

3. 显示器常见故障处理实例

（1）显示器黑屏

引起显示器黑屏故障的主要原因分主机部件故障、显示器自身故障两大类。

主机部件的故障引起黑屏的主要原因可以分为以下几类：

第一类：电源故障。打开电脑后主机机箱面板指示灯不亮，并且听不到主机内电源风扇的旋转声和硬盘自检声等，表明电源供应不正常。如果是主机电源损坏或主机电源质量不佳，则更换大功率质优电源是这类故障的最好解决办法。如果主板上有 AT/ATX 双电源接口，检查跳线设置是否正确。

第二类：微机部件质量引起的故障。如主板、BIOS、内存、显卡等存在故障可能引起黑屏，可采用"最小系统法"及"替换法"来进行定位故障诊断。

第三类：部件间的连接质量引起的故障。如内存、显卡等与主板间的插接不正确或有松动造成接触不良，显示卡与显示器连接有问题等都有可能引起黑屏。

第四类：超频引起的故障。超频容易造成散热不良，引起黑屏故障的产生，严重时还会引起元器件的损坏。

第五类：其他原因引起的黑屏。如散热风扇损坏、主板 CMOS 设置不正确、BIOS 跳线不正确、软件冲突、BIOS 刷新出错、电源管理设置不正确、病毒等等都可引起黑屏故障。

显示器自身故障引起黑屏的主要原因可以分为以下几类：

第一类：电源故障。如外部交流电源功率不足、电压不稳定，使显示器不能正常启动。

第二类：显示器电源开关电路损坏。如电源开关损坏、内部短路、开关管损坏或其外围电路元器件损坏等引起显示器黑屏。

第三类：显示器部件损坏。如 CRT 显示器行输出电路、高压包的损坏，显像管及其供电电路出现故障是引起显示器黑屏的主要因素；如 LCD 显示器驱动背光的电路故障、高压板及控制高压板开关的电路故障，或屏背光损坏是引起黑屏的主要因素。

（2）显示器图像模糊

CRT 显示器图像模糊分两类情况。一类是开机时图像比较模糊，虽然使用一段时间后就逐渐正常了，但在关机一段时间后再开机时故障又会再次出现。故障原因大多是显像管管座受潮氧化所致，只要更换新管座就能排除故障。如果故障不能排除，则更换高压包。另一类是刚开机时图像清晰，但随着使用时间的延长而越来越模糊。故障原因大多是显示器行电路部分的问题，如行管、逆程二极管、逆程电容等元件的热稳定性能不好或有虚焊所致，也可能是高压包的聚焦极旋钮老化、显像管老化。

LCD 显示器图像模糊大多是显示分辨率设置不当造成的，只要把分辨率改为"最佳分辨率"即可。

7.2.7 硬盘常见故障

在微机硬件部件中，硬盘发生故障的比例是比较高的。由于硬盘是最重要的外存储器，硬盘工作的正常与否关系到微机能否启动和数据资料是否完整保存。因此，用户对硬盘故障特别敏感，如果硬盘出现故障，则意味着用户的数据安全受到了严重威胁。

1. 硬盘常见故障现象

一般来说，硬盘的故障可以分为硬件故障和软件故障两类。硬盘的软件故障是指硬盘上一些重要数据的丢失、损坏或被修改而引起的自举引导失败或读写故障。硬盘常见的软件故障现象有：微机无法启动（分区表损坏、引导区出错等）、硬盘逻辑锁、硬盘容量丢失、数据文件丢失或损坏等。硬盘常见的硬件故障一般表现为如下现象：

（1）BIOS 不认硬盘；

（2）硬盘发出"咔嚓咔嚓"的磁头撞击声；

（3）硬盘电机不转，通电后无任何声音；

（4）硬盘磁头错位，读写数据错误。

2. 硬盘常见故障处理方法

硬盘的软件故障大多因为病毒感染和操作不当所造成，一般可根据屏幕提示信息和用户经验对故障进行诊断和处理。硬盘软件故障排除的一般步骤如下：

第一步：检查 CMOS 设置，查看其中工作模式是否正确，容量等参数是否正确。

第二步：用相应操作系统的启动盘启动计算机。

第三步：用杀毒软件查杀病毒。

第四步：如果系统无法启动，检查系统信息（如分区表、主引导分区等）是否被损坏。可用各种工具软件进行修复，当无法修复时，可对硬盘重新分区，高级格式化以后重装系统。必要时可对硬盘进行低级格式化。

第五步：分区表、主引导分区等系统信息未被损坏，但系统无法启动、软件运行出错和文件被破坏，可重新安装操作系统及应用程序。

如果仅仅由于硬盘外部接插件的接触不良、盘体的运动部件或集成电路损坏等原因，可以采用下列步骤进行故障处理。

第一步：检查 CMOS 硬盘配置信息是否丢失或出错。检查主板上 CMOS 电路是否有电池故障，元器件（如二极管、三极管、电阻、电容等）是否有损坏。

第二步：检查电源是否正常，电源风扇是否转动。

第三步：检查数据线、插头是否插好，有无插反或接触不良。

第四步：采用"替代法"来确定故障部件。

经过以上几个步骤，只要不是硬盘盘体本身损坏，仅仅是接触不良或外电路故障则多数能够迅速排除。如果硬盘的盘体物理损坏，一般需请专业维修人员进行检查与维修。因为硬盘的维修要求很高，其内部必须保证无尘。在有尘环境下打开盘体，一旦尘粒粘在盘片上，就会造成硬盘的灾难。

注意： 在一般情况下，确诊硬盘故障的工作总是伴随着修复工作同时进行的。修复工作切不可盲目进行，修复工作的前提是要尽最大可能保护用户硬盘中的数据。

3. 硬盘常见故障处理实例

（1）BIOS 检测不到硬盘

如果 BIOS 无法自动检测到硬盘，通常有下面 4 类原因：

第一类：硬盘连接问题。硬盘的数据线及电源线松动，导致自检时无法检测到硬盘或者无法启动硬盘。此类故障只要重新插好硬盘数据线及电源线即可。

第二类：硬盘 Jumper（跳线）设置错误。如果硬盘跳线设置错误，使一个 IDE 通道上的两个设备冲突，会导致不能正常引导。如双硬盘系统，可以把一个设置为主硬盘（Master），另一个设置为从硬盘（Slave），且最好分别连到两个 IDE 插槽中，即使硬盘接口速率不一致也可以稳定地工作。

第三类：硬盘与光驱接在同一个 IDE 通道，主、从设置出错。一般情况下，只要正确设置的话，将硬盘和光驱接在同一个 IDE 接口上都会相安无事。如果主板只有一个 IDE 接口，而硬盘和光驱又都采用 IDE 接口，所以光驱和硬盘共用一根 IDE 线缆，这种情况下连接的主、从 IDE 接口应与光驱和硬盘本身的主、从跳线设置一致，否则会出错。

第四类：硬盘或 IDE 接口发生物理损坏。如果硬盘已经正确安装，而且跳线正确设置，光驱也没有发生冲突，但 BIOS 仍然检测不到硬盘，可能就是 IDE 接口发生故障，可以用"替换法"诊断。

（2）硬盘"无法引导系统"故障

系统无法启动，出现了"Non – System disk or disk error, replace disk and press a key to reboot"（非系统盘或磁盘出错，替换磁盘并按任意键重启）提示信息。这是常见的硬盘"无法引导系统"故障，具体处理步骤如下：

第一步：检查 CMOS 硬盘配置信息。在启动时，进入 BIOS 设置。

第二步：如果能够看到硬盘型号，并且型号没有出现乱码，执行第三步，否则执行第四步。

第三步：进入硬盘属性设置界面，将"IDE Primary Master"和"Access Mode"选项均设置为"Auto"。并选择"IDE HDD Auto – Detection"选项，让主板自动检测硬盘，如果此时能显示出相应硬盘信息，则说明硬盘的物理连接及 BIOS 设置正确。

第四步：如果在"Standard CMOS Features"中看不到硬盘盘符及相关信息，或者硬盘的型号字符变成了乱码，且查不到硬盘的参数，那么有可能是硬盘的数据线、电源线出错，或者是硬盘本身出错。

第五步：硬盘的数据线或电源线问题。首先考虑利用替换法更换一根确认没有问题的数据线，并且仔细检查数据线与硬盘接口、主板 IDE 接口的接触情况，查看主板 IDE 接口和硬盘数据接口是否出现了断针、弯针等情况。如果问题确实是因数据线及电源连接造成，一般更换数据线并排除接触不良的问题后，在 BIOS 设置中就能看到硬盘，此时硬盘也就可以引导了。

第六步：硬盘本身问题。当通过更换数据线、排除接触不良仍然无法看到硬盘，或者硬盘型号出现乱码，则只能通过"替换法"来检查是否是硬盘本身出了故障。

如果系统中安装了多块硬盘，则还需要检查硬盘的跳线设置情况，以免因为跳线设置错误而导致系统无法检测到硬盘的存在。

"无法引导系统"硬盘故障如果是由软件故障引起，则处理步骤如下：

第一步：检查是否系统文件破坏导致无法引导。如果硬盘中没有安装操作系统，或者操作系统的引导文件遭到破坏，则也会出现硬盘无法引导的现象。如果没有安装操作系统则安装操作系统即可，如果操作系统的引导文件遭到破坏，则需要恢复安装操作系统即能解决问题。

第二步：检查是否硬盘引导区被破坏导致无法引导。如果引导区记录被破坏，当启动系统时，往往会出现"Non – System disk or disk error, replace disk and press a key to reboot"、"Error Loading Operating System"（装入 DOS 引导记录错误）等提示信息，或没有任何信息。

第三步：修复硬盘主引导区。如果系统出现硬盘无法引导的现象，并且通过前面讲述的方法都无法解决问题，则可以判断是硬盘主引导区出现问题。可以通过工具软件修复硬盘主引导区。

7.2.8 电源常见故障

电源担负着提供微机电力的重任，它能否提供稳定充沛的电力，对微机可靠高效地运行起着至关重要的作用。随着微机硬件部件性能的不断提高，整机的电力消耗迅速攀升，电源造成的故障有明显增加。据统计，由电源问题所引起的故障约占了微机故障的 20% ~30%。

1. 电源常见故障现象

当电源出现问题，微机所表现出来的形式也是多种多样的。以下是由于电源的故障或缺陷而引起的几种常见故障现象。

（1）电源指示灯未亮，主板不加电。

（2）系统自动不停重启、自动关机。

（3）系统故障，如无故死机、程序出错、音箱中有杂音等。

（4）系统不能引导、自检失败。

（5）部分微机部件不能正常运行，如光驱不读盘、图像抖动、硬盘出现坏磁道。

（6）显示器黑屏。

（7）微机部件烧毁，如显示器。

2. 电源常见故障处理方法

电源常见故障处理的一般步骤如下：

（1）先检查电源线是否插好，电源风扇是否转动，供电是不是正常。

（2）检查 BIOS 设置和 Windows 中的 ACPI（Advanced Configuration and Power Interface，高级配置与电源接口）设置是否正确，排除因设置不当造成的假故障。

（3）检查主板有无加电，CPU 风扇是否转动。

（4）用"替换法"检查是否有电源问题。如果换一个工作正常的电源后故障消失，则表明是电源引起的故障。

（5）如果确定电源功率不足，更换大功率高质量电源；如果电源损坏则送修。

3. 电源常见故障处理实例

（1）主机无电源反应，电源指示灯未亮

正常情况下，打开电源后，电源供应器开始工作，可听到散热风扇转动的声音，并看到机箱上的电源指示灯亮起。

引起开机无电源反应，电源指示灯不亮故障的可能原因有以下几类：

第一类：电源线没插好，或微机专用分插座开关未切换到 ON。

第二类：接入了太多的硬盘、光驱等部件。

第三类：电源损坏。

一般，此故障的处理可按以下步骤进行：

第一步：检查是否电源线没插好，若没插好则重新插好电源线。

第二步：检查微机专用分插座开关，并确认已切到 ON。

第三步：关闭电源，打开机箱，将主板上的所有板卡和排线全部拔掉，开机，主机可工作，说明电源部分基本正常。若主机还是不工作，执行第五步。

第四步：依次将板卡插入，每插一块卡开机一次。直到故障重现，拔下最后一次插入的卡，将该卡插入另一正常微机中，如果没有出现故障，则表示该卡无故障。这种情况可能是电源内部功率有所下降，当负载加大时电源内部产生自保护，则考虑换一个更高功率的电源供应器。

第五步：如电源供应器不能正常工作或不能输出正常的电压，表明电源坏了，只能更换电源。

（2）电源输出不稳定

微机在每次开机过程中都会自动重启一次，重复一次自检之后才能进入操作系统。或有时候有电源输出，但是开机无显示。

启动时重新引导通常是由于主板的故障而引起的，电源输出不稳定也可能出现这种情况。因此，必须对主板和电源分别进行检测。有电源输出，但是开机无显示，可能原因是电源输入的 RESET 信号延迟时间不够，或电源无输出。开机后，用电压表测量电源的输出端，如果无 +5V 输出，再检查延时元器件。若有 +5V，则更换延时电路的延时电容即可。如果电源供应器不能正常工作或不能输出正常的电压，表明电源坏了，可考虑更换。

7.2.9　鼠标常见故障

鼠标是微机中最重要的输入设备，因为使用频繁，很容易发生故障。对于鼠标的一些小问题，一般可以自行解决，这样可以延长鼠标使用寿命。

1. 鼠标常见故障现象

鼠标的常见故障现象主要有以下几种：

（1）系统不认鼠标

（2）鼠标按键失灵

（3）鼠标移动迟缓

（4）鼠标无法移动

（5）鼠标移动时指针跳动

（6）鼠标定位不准

2. 鼠标常见故障处理方法

鼠标的维修相对比较简单，大多故障都是由于断线、按键接触不良、机械（光学）系统脏污造成的，虚焊和元件损坏等故障现象相对较少，其中元件损坏一般是发光二极管老化，晶振、IC 损坏等。

（1）断线故障

断线故障经常发生在插头或鼠标连接线的弯头处，表现为光标不动或时好时坏，用手推动连线，光标抖动。只要断线不在 PS/2 口插头处，可以剪断后重新焊接。

（2）按键故障

如果是鼠标按键无动作，可能是因为鼠标按键和电路板上的微动开关距离太远，或点击开关反弹能力下降。拆开鼠标，可在鼠标按键的下面粘上一块厚度适中的塑料片。

如果鼠标按键无法正常弹起，可能是因按键下方微动开关中的碗形接触片断裂引起的，尤其是塑料簧片长期使用后容易断裂。可以拆开微动开关，仔细清洁一下触点，上些润滑油脂，装好便可以修复。如果是簧片断裂就只能更换鼠标了。

（3）X，Y 轴失灵

X 轴或 Y 轴完全失灵故障。如果清洁鼠标球和滚轴没有明显效果，则打开鼠标外壳后检查一下有否明显的断线或元件虚焊现象。有的鼠标在打开外壳后故障会自动消除，大多数原因是发光二极管和光敏三极管距离太远，可以用手将收发对管捏紧一些，故障即可排除。

　　注意：不要在带电状态下拆卸鼠标，以防静电或误操作损害电脑接口。

（4）触点开关损坏

如果确认鼠标有某个触点开关损坏导致按键失灵，可以找一只廉价鼠标，将它的触点开关拆下来互换，或可以拆下不常用的触点开关，比如可用中键触点开关来代替左、右按键的工作。

（5）机械（光学）系统脏污

机械系统脏污处理方法为：将鼠标翻转，按照箭头指示的方向逆时针旋转活动底板，取下活动底板和橡皮球，然后将滚轴及支撑轮、橡胶球上的脏物清理干净，重新装好就可以恢复正常。

光学系统脏污处理方法为：打开鼠标盖，用棉球沾无水酒精擦洗发光管、透镜及反光镜、光敏管表面，直到光洁如新为止。

（6）设置不当造成的鼠标问题

选择［开始］→［设置］→［控制面板］→［鼠标］，打开［鼠标属性］窗口，在"鼠标键"选项卡（如图 7－3 所示）中，设置符合自己的［双击速度］和［鼠标键配置］；在［指针选项］选项卡（如图 7－4 所示）中，也可以设置相应的［移动］、［可见性］等属性。

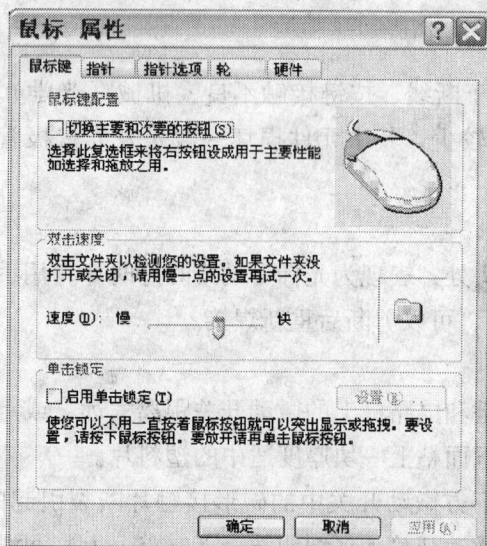

図 7－3　鼠标属性窗口鼠标键选项卡　　　　図 7－4　鼠标属性窗口指针选项选项卡

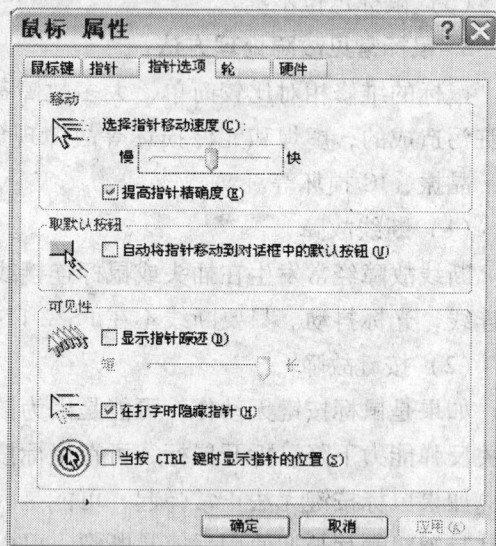

3. 鼠标常见故障处理实例

（1）系统不认鼠标

开机自检后，系统报"鼠标没有检测到"或屏幕显示"没有安装鼠标"。引起不认鼠标故障的可能原因有：接触不良、鼠标的硬件故障、病毒或主板故障等。一般按下列步骤检查和处理：

第一步：首先检查鼠标连接接口接触是否良好，鼠标接口的针是否弯曲，重新连接好鼠标后启动系统。

第二步：若故障仍存在，则用替换法，将另一只正常的相同型号的鼠标与主机连接，再开机启动。

第三步：若故障消失，则说明是鼠标的硬件故障引起的。若故障仍存在，可能是主板的鼠标接口损坏，则需更换主板或使用多功能卡。

第四步：若故障仍存在，进行杀毒处理，重新冷启动后，检查鼠标驱动程序是否完好，如有问题应重新安装。也有可能是软件冲突引起的故障，可以卸载疑有冲突的应用软件。

第五步：若经以上检查后故障仍存在，就有可能是主板线路有故障，应送专业人员修理。

（2）鼠标指针不能灵活移动

移动鼠标时屏幕上的光标不能灵活移动，这种现象一般可分以下几类。

第一类：由于鼠标受到强烈振动，如掉在地上，使红外发射或接收二极管偏离原位置造成故障。这种现象的特点是光标只在一个方向（如 X 方向）上移动不灵活。可以将鼠标底部螺丝拧下，打开鼠标上盖，轻轻转动压力滚轴上的圆盘，同时调整圆盘两侧的二极管，观察屏幕上的光标，直到光标移动自如为止。

第二类：机械鼠标的塑胶圆球和压力滚轴太脏（如有油污），使圆球与滚轴之间的摩擦力变小，造成圆球滚动时滚轴不能同步转动。光电鼠标的透镜通路有污染，使光线不能顺利到达。这种现象往往是光标向各方向移动均不够灵活。一般只需打开鼠标上盖，做好鼠标相应的清洁工作即可。

第三类：由于发光管或光敏元件老化造成故障，可以更换型号相同的发光管或光敏管。

第四类：如果光电接收系统偏移，使焦距没有对准，可调节发光管的位置，使之恢复原位，直到向水平与垂直方向移动时，指针最灵敏为止，再用少量的 502 胶水固定发光管的位置即可。

第五类：外界光线影响造成故障。为了防止外界光线的影响，透镜组件的裸露部分是用不透光的黑纸遮住的，使光线在暗箱中传递，如果黑纸脱落，导致外界光线照射到光敏管上，就会使光敏管饱和，数据处理电路得不到正确的信号，导致灵敏度降低。

（3）鼠标定位不准

鼠标位置不定或经常无故发生飘移故障的主要原因有 3 类。

第一类：外界的杂散光影响。有些鼠标外壳的透光性太好，而光路屏蔽又不好，这时若周围有强光干扰就很容易影响到鼠标内部光信号的传输，导致鼠标误动作。所以购买时候注意产品的外壳不要过于透明。

第二类：如果电路中有虚焊，会使电路产生的脉冲混入造成干扰，对电路的正常工作产生影响。此时，需要仔细检查电路的焊点，特别是某些易受力的部位。发现虚焊点后，用电烙铁补焊即可。

第三类：如果集成电路或晶振质量不好，受温度影响，工作频率不稳或产生飘移，则只能用同型号、同频率的元件替换。

注意：拆卸鼠标时要小心，先卸下鼠标底部的螺丝。如果还不能打开鼠标，不要硬撬，有可能在标签或保修贴下还有隐藏的螺丝，有些鼠标连接处还有塑料倒钩。

7.2.10 键盘常见故障

键盘是最常用的、最基本的输入设备。因为键盘使用率比较高，产生故障的比例也较高，如键盘按键失效或反应迟钝等。

1. 键盘常见故障现象

键盘的常见故障主要可分为以下 3 类。

（1）开机搜索不到键盘，键盘不可用。

（2）键盘自检出错。

（3）键盘按键失灵，如某些按键无法键入、按键显示不稳定、连键、按键无法自行弹起等。

2. 键盘常见故障处理方法

键盘故障大多是按键失灵，失灵的原因往往是线路板或导电塑胶上有污垢。一般可以按以下步骤处理：

（1）先检查键盘的连接是否有松动，接口的针脚是否有弯曲。

（2）拆键盘。翻转键盘，拧开固定螺丝。然后用平头螺丝刀拨开键盘外壳。拆下键盘外壳，取出整个键盘，将键帽拔出，用无水酒精棉花将按键与键帽相接的部分擦洗干净。

（3）翻开线路板，线路板一般都用软塑料制成的薄膜，上面刻有按键排线，用无水酒精棉花轻轻擦洗线路板两遍，对按键失灵部分的线路可多擦几遍，去除积攒的污垢。

（4）如导电塑胶有损坏的话，可把不常用按键上的导电塑胶换到已损坏的部分。

（5）用毛笔、小刷子等工具清除键盘内角落的污垢。

（6）查看焊接模块有无虚焊或脱焊，如果虚焊或脱焊，可以进行补焊工作。

（7）装好键盘。

3. 键盘常见故障处理实例

（1）开机检测不到键盘

引起开机检测不到键盘故障的因素有很多，例如连接不牢固、键盘接口损坏、线路有问题、主板损坏等，但大多都是连接的故障。如果是连接故障，先关机，然后拔掉键盘插头，再正确插进主板上的键盘接口即可。

📢 **注意：** PS/2 接口的鼠标和键盘都切忌带电热拔插，否则很容易导致接口烧毁。

（2）键盘自检失败故障

在开机自检时，显示出错信息"Keyboard error Press F1 to Resume"，但按 F1 键也无反应，按其他键也不行。引起故障的可能原因有如下两类：

第一类：键盘本身的故障。用一只好键盘替代，如故障消失，则说明是键盘本身的故障。或键盘电缆有故障

第二类：如故障依旧，则可能是主板键盘接口故障。把该键盘连接到一台好的微机上，如故障消失，则说明是主板键盘接口故障。

（3）开机提示键盘错误

开机时提示"Keyboard error or no Keyboard present"，开机后死机。故障主要是由于键盘没有接好、键盘接口的插针弯曲、键盘或主板接口损坏引起。

在开机时，键盘右上角的 3 个灯是否闪烁一下，如果没有闪烁，首先检查键盘的连接情况，接着检查接口有无损坏，如果接口线路有断点，找到断点重新焊接好即可。如果主板上的键盘接口正常，则说明键盘损坏，更换新的键盘。

（4）键盘、鼠标插反，开机黑屏

安装 PS/2 接口的键盘和鼠标时，要注意别将接口弄错，如果接错了，开机就会黑屏，键盘鼠标都不能正常使用，但不会烧坏设备。标准 PS/2 接口键盘、鼠标都可以简单通过颜色来分辨。

📢 **注意：** 如果不小心键盘进水，则尽快断开电源，然后把键盘翻过来，尽量将里面的水倒出来，并用吹风机（冷风）或风扇把键盘吹干。再将键盘放置 24 小时左右，如有必要还可在阳光下晒干（但不能暴晒）。测试键盘，如果不行，则说明键盘已损坏。

7.2.11 光驱常见故障

光驱是微机硬件中使用寿命最短的配件之一。随着光驱的使用频率越来越高，出现故障的可能也越来越大。光驱故障一般可分为系统设置故障、机械故障和光学故障 3 类。机械故障和光学故障的维修一般都要拆开光驱，光驱属于精密设备，拆卸时稍有不慎就可能被损坏。

1. 光驱常见故障现象

光驱的常见故障主要可分为以下几类：

（1）开机自检无光驱

（2）光驱盘符"消失"

（3）光驱读盘能力下降，挑盘、不读盘或读盘报错

（4）光驱读盘时硬盘运行速度变慢

（5）使用光驱时，微机自动重启

（6）光驱托盘被卡住

2. 光驱常见故障处理方法

光驱的常见故障可按以下步骤进行处理：

（1）先检查光驱电源线和数据线连接是否正常，接触是否良好。可用"替换法"排除连线故障或主板上接口部分的故障。

（2）进入系统后，在设备管理器里查看，是否能找到光驱。

（3）检查是否有病毒进入，屏蔽了光驱。

（4）检测读盘是否正常。如果读盘不正常，接着按以下步骤处理。

（5）首先检查光盘放置是否到位，或光驱门是否关好。

（6）仔细观察该光盘是否有划痕或污渍，可换一张好盘试试，若能够正常读盘，则证实的确是光盘破损所致。另外，光盘数据存放格式不对也会出现上述故障现象。如果激光头脏了，可用 VCD 清洁光盘清洁激光头组件。

（7）如果换入的好盘仍不能正常读取，则说明故障是由光驱出现问题引起。可能是驱动程序问题，建议重新安装驱动程序。

（8）如果还不能解决问题，则说明原因在光驱本身，而且最大可能是激光镜头积尘或偏位等原因所致，可对激光镜头进行清洗并进行例行检查。

（9）如仍不能解决问题，则说明光驱内部元件有损坏的可能，可请专业人员维修。

3. 光驱常见故障处理实例

（1）开机检测不到光驱

引起开机检测不到光驱的主要原因有：光驱数据线接头松动、光驱的供电线没有插好、硬盘数据线损毁或光驱（主、从）跳线设置错误等。先检查光驱的数据线接头是否松动，如果发现没有插好，则将其重新插好、插紧。如果这样仍然不能解决故障，那么可以找来一根新的数据线换上试试。如果故障依然存在的话，检查光盘的跳线设置，若设置有误，则更改即可。如果故障仍然不能排除，检查是否电源的额定功率较低，无法持续提供光驱足够的工作电压，可以换一个功率高的电源试试。

（2）光驱挑盘故障

引起光驱挑盘的原因主要有以下 5 类：

第一类：光驱机械故障。光驱机械部分的磨损、位移、变形，形成机械部分抖动过大或直接损坏，导致某些光盘不能运行或激光不能正常发射聚焦至正常的光盘轨道上，造成无法正常读取光盘中的数据。如果机械磨损现象严重，一般考虑更换光驱；如果有位移现象，可对变形的部分进行校正。

第二类：激光头老化、失效或是激光头被灰尘覆盖。当激光头老化、激光二极管失效时，光驱就报废了。对于灰尘覆盖所引起的挑盘现象，只要清洁光驱的激光头即可。

第三类：光盘划伤、盘片上部分信息损坏。读出一部分数据后，便无法再顺利读出其后的数据，光驱灯不停地闪烁，最后提示找不到光驱信息等，这种现象往往是光盘本身划伤太多，说明盘片已经报废，只能更换好的盘片了。

第四类：劣质光盘。劣质光盘和主动轴不能够同步旋转，盘上各轨道间距大小相差悬殊，当间距较大时能够读出数据，当间距较小时，激光束聚焦到轨道上很容易发生跳格，拾取的信号漂浮不定。

第五类：散热不良。光驱的激光头读盘性能不稳定或者是光驱电路板上的芯片散热不良时，使光驱经常工作在较热的环境中，引起读盘故障。

7.2.12　打印机常见故障

随着办公自动化的普及，喷墨打印机、激光打印机的使用越来越频繁。一般在打印机使用一段时间后，尤其在操作和维护不当的情况下，打印机经常会产生故障，导致工作效率的下降。

1. 打印机常见故障现象

打印机故障主要表现为以下几种现象：

（1）打印机无法打印

（2）打印机输出空白纸

（3）打印时不进纸

（4）一次进多张纸

（5）打印头移动受阻，如停下长鸣或在原处震动

（6）打印字符不全或字符不清晰

（7）打印纸输出变黑

（8）打印纸上重复出现污迹

2. 打印机常见故障处理方法

常见打印机故障的处理可按以下步骤进行：

（1）检查打印机电源指示灯是否亮。如果没有，则检查打印机电源线是否连接。

（2）检查打印机与主机之间的数据电缆是否连接正确。可重新连接数据线，以保证连接正确。

（3）检查连接电缆是否有缺陷。可将该电缆在正常微机上进行测试，若经验证确有缺陷，应更换新电缆。

（4）打印机自检。可通过打印机的指示灯或蜂鸣器的声音来加以判断，其中指示灯可以指示出最基本的故障，包括缺纸、缺墨、没有电源等情况。

（5）检测打印机的内部部件是否正确工作，如托纸架、进纸口、打印头等，判断是否存在故障部件。

（6）打印测试页。如果测试页打印正常，说明打印机硬件无故障。

（7）打印机驱动程序是否正常，如果所用驱动程序不正确，则应重新安装驱动程序。

（8）检查打印机纸盒是否有纸。

（9）检查是否有病毒。用查毒软件查杀病毒。

（10）检查喷嘴是否堵塞，墨盒中的墨水或硒鼓中的墨粉是否已用尽。

如以上方法都不能解决，最好是请专业的维修人员维修。

3. 打印机常见故障分析和处理

（1）打印机无法打印

对于打印机无法打印的故障可以按以下步骤进行处理：

第一步：检查打印机电源是否接通、打印机电源开关是否打开、打印机数据电缆的连接是否正确。

第二步：检查打印机进纸盒中是否有纸，打印机内是否卡纸，感光鼓组件是否有问题。

第三步：检查应用程序是否有问题或存在病毒。

第四步：检查是否硬盘剩余空间过小导致打印机不能打印，或未将当前打印机设置为默认打印机。

选择［开始］→［设置］→［打印机和传真］，打开［打印机和传真］窗口（如图7-5所示），看到当前使用的打印机图标有一黑色的小钩，说明该打印机已被设置为默认打印机。如果没有黑色小钩，鼠标右键单击该打印机图标，在弹出的快捷菜单（如图7-6所示）中选择［设为默认打印机］即可。如果［打印机和传真］窗口中没有已安装的打印机，则点击［添加打印机］图标，然后根据提示进行安装。

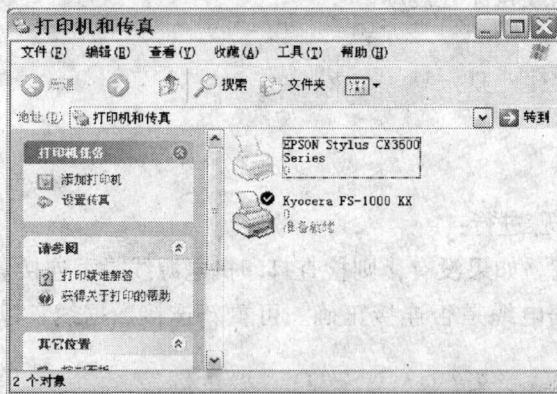

图 7-5　打印机和传真窗口　　　　图 7-6　打印机快捷菜单

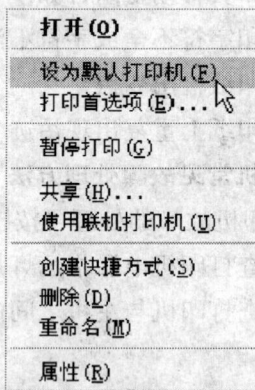

第五步：检查当前打印机是否被设置为暂停打印。鼠标右键单击该打印机图标，在弹出的快捷菜单中选择"恢复打印"即可恢复打印。

第六步：检查打印机驱动程序是否有问题，若有，可以重新安装或配置打印机驱动程序。

第七步：检查 BIOS 中打印机端口是否打开，把 BIOS 设置中打印机端口使用端口设置为"Enable"。

第八步：经过以上步骤，故障仍然无法排除，则可能是打印机硬件出现了故障。

（2）打印输出乱码

对于打印输出乱码的故障可以按以下步骤进行处理：

第一步：首先检查数据线，如果打印机的数据线不支持双向通道就会出现这样的问题，换一条具有双向通道的数据线。

第二步：如果有病毒，则杀毒。

第三步：如果驱动程序版本太旧，则重新安装驱动程序。

第四步：如果一次打印的文件较大，会出现打印机内存不够的问题，须扩充打印机的内存，或把大文件分几部分打印。

第五步：字库没有正确安装。如果打印机输出的文件字体全部乱码，但把打印机连到别的微机上试用正常，则表示打印机本身无故障。可能是没有安装所使用的字体。安装字体可按以下步骤进行：首先选择［开始］→［控制面板］，双击［字体］图标，打开［字体］窗口，如图7-7所示，要保证用于打印的字体已正常安装。如果所打印的字体没有安装，可在［文件］中选择［安装新字体］选项，如图7-8所示，再选择字体所在路径，即可进行字体的安装。然后在［字体］窗口，右击该字体图标，在弹出的快捷菜单中，选择［打印］选项，如图7-9所示，看输出的打印结果是否正常。如不正常，则可能是该字体已损坏，应对此字体进行重新安装。最后，用另一种字体对所选中的文件进行打印，以确认是不是字体的问题。

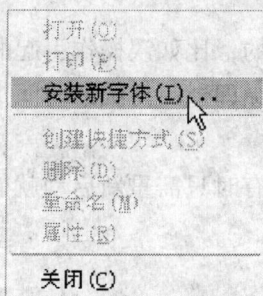

图7-7 字体窗口　　　图7-8 文件菜单　　　图7-9 字体快捷菜单

第六步：如果以上步骤都不能排除故障，可能是由于打印接口电路损坏或主控单片机损坏。其中打印机接口电路损坏的故障较为常见，由于接口电路采用微电源供电，一旦接口带电拔插产生瞬间高压静电，就很容易击穿接口芯片。这类故障一般只要更换接口芯片即可排除。

7.3　微机常见软件故障分析和处理

7.3.1　微机软件故障诊断与处理

1. 微机软件故障的类型

在微机使用过程中，相对于硬件故障而言，软件故障的发生更频繁，产生的原因也更复杂。软件故障主要是指软件引起的系统故障，有软件本身的问题和操作方法不当的问题。此外，系统配置不正确、参数设置不正确和系统工作环境改变产生的故障也属于软件故障范畴。

根据微机工作的阶段不同，软件故障可以分为 BIOS 设置故障、系统引导故障、软件运行故障和系统退出故障等。根据软件故障的性质，软件故障又可分为兼容性软件故障、冲突性软件故障、误操作性软件故障、病毒性软件故障、配件性软件故障等。

2. 微机软件故障的特点

与硬件故障相比，软件故障主要具有以下特点：

（1）功能性

一般软件故障并不导致机内的板卡和元器件的物理损坏，而是产生功能性错误导致系统功能丧失。因此只需进行正确的设置、调整或改变操作条件，系统即可恢复正常。

（2）隐蔽性

软件故障往往是软件本身设计不完善所致，一般用户对故障的发生和引起故障的原因很难理解，且大多软件是不公开源码的，所以其故障更具有隐蔽性。

（3）随机性

不少软件故障是没有明显规律的，比如误操作引起的软件故障，因为误操作的不可预测使得故障现象也不可预知，有时稍纵即逝，持续的时间很短。

（4）可恢复性

软件故障一般是可以恢复的。有时只需重新启动就能恢复正常，有时则必须重新配置或重新装入相应的软件才能恢复正常。

3. 引起软件故障的主要原因

软件故障所涉及的范围比较广，引起故障的原因也比较多，影响的范围也不同，有可能只是运行某个应用软件时出现故障，也有可能导致系统瘫痪。一般来说，软件发生故障的主要原因大致可以分为以下几类：

（1）设备驱动程序安装和设置不当。

（2）系统中存在软件与软件、软件与硬件的冲突和不兼容，文件丢失。

（3）BIOS 参数设置、系统引导区数据出错。

（4）操作系统及其他软件的设置错误。

（5）病毒的破坏和干扰。

（6）内存冲突、内存耗尽。

（7）用户操作不当。

4. 软件故障分析方法

在诊断软件故障时，首先必须准备好一套软件工具，常见的有：操作系统、设备驱动程序、常用工具软件、常用应用软件、病毒查杀软件、系统测试软件等。

其次，要静心观察。当微机系统出现故障时，要冷静地观察微机当前的工作情况。比如，观察是否显示有出错信息，是否在读盘，是否有异常的声响等，由此可初步判断出故障的部位。当确定是软件故障时，还要进一步弄清当前是在什么环境下运行什么软件，是运行系统软件还是在运行应用软件。

然后，从设置开始，仔细观察 BIOS 参数的设置是否符合硬件配置要求，硬件驱动程序是否正确安装，硬件资源是否存在冲突等。尽可能多次反复进行试验，以验证该故障是必然发生的，还是偶然发生的，并应充分注意引发故障时的环境和条件。还要重视软件版本，仔细了解系统软件的版本和应用软件的匹配情况。

另外，要注意是否感染病毒，几乎所有的故障都有可能是由病毒引起的。因此，要仔细观察故障现象是否与病毒有关，并及时查杀病毒。

7.3.2 微机常见软件故障处理实例

1. 死机

在微机故障中，死机是一种最常见的故障现象，也是最难判断的故障现象之一。死机可能由软件引起，也可能由硬件引起。如散热不良、内存混插、超频、灰尘、静电、电源等硬件因素都可能导致死机。相对而言，软件因素引起死机的情况更为常见，一般有以下几种：

（1）病毒感染

病毒经常干扰和破坏微机正常工作，导致死机。一旦发生死机，可以先考虑系统是否感染了病毒，用杀毒软件（如瑞星或金山毒霸等）全面查杀病毒。

（2）不兼容

如果存在软件上的不兼容和冲突，首先考虑是否最近新安装软件所引起，卸载该软件，如果故障现象消失，则表明该软件和系统存在冲突。查看该软件说明，看是否有相应的系统软硬件配置和设置要求，如果有则按要求设置；如果没有则只好考虑放弃该软件的使用。

也有可能是与硬件设备冲突。设备冲突一般多在安装新硬件的时候出现，可以通过修改设置来排除冲突。

（3）系统文件丢失或遭破坏

系统文件和重要驱动程序的丢失和破坏，软件不正常卸载（如直接删除软件安装所在的目录），注册表损坏，这些都会引起死机。

针对这些情况，可以重新安装驱动程序，修复安装操作系统，用工具软件修复和清理注册表等方法来修复系统。

提示：正确的软件卸载方法是：使用软件自带卸载程序，或者用控制面板中的"添加/删除程序"进行卸载。

（4）系统文件不匹配

当多个程序共享一个或多个相同的动态连接库文件时，在应用软件的安装过程中有可能替换已有的 Windows 动态连接库文件。某些应用软件在安装过程中，有时会提示"某某文件的版本比目前正在使用的文件旧，是否保存现有文件"，如果你选择安装旧版本，则应用程序或操作系统就有可能变得混乱，严重的会导致崩溃，一般尽量采用较新版本的动态连接库文件。

（5）软件本身有缺陷

如果软件本身存在缺陷，如编程不合理、不规范、内存分配不合理、测试不严格，在某些特殊的情况下，软件可能发生严重出错导致死机。

Windows 操作系统本身也存在不少缺陷，微软不时推出的补丁就是为了弥补其相应软件的缺陷而设计的程序，用户下载补丁程序用于完善相应软件。

同样，驱动程序也会存在自身缺陷，或是碰巧与某个应用程序不兼容，也可能导致 Windows 系统不稳定。一般可以更新驱动程序来解决问题，不过有时最新的驱动程序不一定是最好的。

（6）系统资源不足

如果启动的程序太多，引起系统性能下降，耗尽内存和其他系统资源造成死机，则可以关闭一些程序来解决。在开机时尽量不要加载不必要的程序，避免同时运行大程序，以免占用过多的系统资源。

除了以上几种情况外，CMOS 设置不当、误操作、硬盘剩余空间太少、硬盘碎片太多和非正常关机等也都会引起死机现象的发生。

2. 系统自动关机

系统运行过程中突然自动关机，或系统启动后马上自动关机，这类故障原因复杂。如果是软件故障所引起，主要有以下两种：

（1）病毒破坏

系统自动关机故障，最大的可能原因是系统感染病毒，如比较典型的"冲击波"病毒，发作时还会提示系统将在 60 秒后自动启动。对于病毒感染，可以使用最新版的杀毒软件进行杀毒，如果是木马程序有时要彻底清除很难，这时格式化硬盘、重新安装操作系统可能是最好的办法。

（2）系统文件损坏

当系统文件被破坏时，可能会造成系统在启动时无法完成初始化而强迫重新启动。对于这种故障，因为无法正常启动，只能覆盖安装或重新安装操作系统。

系统自动关机故障由硬件引起的可能性也很大，如电压不稳、接触不良、电源功率不足、主板电源插座有虚焊、内存问题、光驱问题、RESET 键质量有问题等，另外散热不良或测温失灵、风扇测速失灵、强磁干扰也有可能导致此故障的发生。

7.4 实训 13 微机常见故障处理

1. 实训目的：通过对微机故障的检测分析和处理，掌握微机软硬件常见故障的处理方法，熟悉常见的故障现象，理解常见故障的产生原因。学会根据故障现象准确判断和定位微机常见故障，如系统不启动、不显示、内存报警、接插座松动等，并正确处理故障。

2. 实训要求：针对已经预设了若干可控制故障的微机环境，利用观察法、替换法、最小系统法等常用微机故障诊断方法，分析故障产生的原因，完成故障定位并尝试修复故障。

（1）正确判断微机所存在的故障，并进行记录；

（2）根据故障现象判断和定位故障，并分析故障产生原因；

（3）确定故障解决方案，并解除故障，修复微机系统，使微机恢复正常启动运行；

（4）对故障诊断和处理的方法进行分析和总结，写出实训报告。

3. 实训条件

（1）硬件：一台运行正常稳定的微机系统，一台事先预设有若干故障的运行不正常的微机系统。

（2）软件：Windows XP Professional 安装盘，各种设备驱动程序，杀毒软件。

（3）工具：带磁性的螺丝刀（一字型、十字型各一把），尖嘴钳，小毛刷（天然材料），吹气球，橡皮，棉手套，抹布，酒精（不可用来擦拭机箱、显示器等的塑料外壳），吸尘器（选用），万用表（选用），主板诊断卡（选用）。

（4）其他：微机部件相应说明书，笔，实训报告纸。

（5）微机故障情况说明。

4. 实训内容与步骤

（1）实训注意事项

• 认真阅读相关设备的用户使用手册或其他相关文档，熟悉各微机部件操作方法，不盲目操作。

• 拆装微机部件时，应记录部件原始安装的状态，认真观察部件上元器件的形状、颜色等情况。

• 在任何拆装零部件的过程中，请切记一定要将电源拔去，不要进行热插拔，以免不小心烧坏电脑。

● 维修电脑时请注意静电，以免烧坏微机部件，尤其是干燥的冬天，手经常带有静电，请勿直接用手触摸微机部件的电路板和芯片等元器件。

● 准备一个小空盒，用来装拆下的小螺丝，维修完毕再将螺丝拧回原位。

● 微机故障处理实训是一种实战性训练，操作步骤和操作方法不规范很容易造成微机部件的损坏。为了避免不必要的损失，务必小心谨慎。

（2）实训准备

第一步：消除静电

可以用手摸一摸金属水管等接地设备；有条件也可以配戴防静电环。防止人体所带静电损坏电子器件。

第二步：检查实训环境

检查实训所需硬件设备及微机组成部件是否齐全，软件和工具等其他所有实训条件是否具备。

（3）故障检测和处理

第一步：了解微机故障情况

认真阅读微机故障情况说明，并开机验证故障现象。

第二步：仔细观察

一定要对周围的环境、连接的设备，以及与故障部件相关的其他部件或设备进行认真的检查和记录，以找出引起故障的根本原因。

● 观察周围环境

检查市电电压是否稳定，是否在 220V ± 10% 范围内；是否接有漏电保护器，是否有地线等；主机电源线两端是否可靠连接。

观察微机的布局状况、网络硬件状况；观察周围的电、磁场状况，周围是否有其他大功率电器，环境的温湿度、洁净程度等。

● 观察硬件环境

观察机箱内的清洁度、温湿度，部件上的各种跳接线设置、部件或设备间的连接有无错误或错接、缺针/断针等现象，元器件的颜色、形状、气味等是否正常。

电源开关和其他按钮是否能正常通断，接触是否良好；连接到外部的信号线是否有断路、短路等现象；主机电源是否已正确地连接在各主要部件，特别是与主板的连接；板卡，特别是主板上的跳接线设置是否正确；检查机箱内是否有异物造成短路；或零部件安装上是否造成短路。

● 观察软件环境

观察系统中加载的软件；观察软硬件间是否有冲突或不匹配；观察是否正确安装设备驱动，是否安装操作系统及其他软件的最新补丁。

第三步：清洁

- 除尘：如果故障机内、外部灰尘较多，应该先进行除尘，再进行后续的判断和处理。在除尘过程中，应特别注意风扇和风道的清洁，清除灰尘后，为增加润滑性可在风扇轴处加一点钟表油。

- 板卡引脚部分的清洁：可以用橡皮擦拭。

- 插头、插座或插槽清洁：针对插头、插座或插槽的金属引脚上的氧化现象，可以细砂纸擦除氧化层。

- 大规模集成电路、元器件等引脚处的清洁：可用小毛刷或吸尘器等除掉灰尘，同时要观察引脚有无虚焊和潮湿的现象，元器件是否有变形、变色或漏液现象。如果比较潮湿，应先使其干燥后再处理。可用工具如电风扇、电吹风等，也可让其自然风干。

第四步：故障定位和故障处理

① 系统加电，电源指示灯不亮

- 检查主机外电源插头是否连接正常，检查设备电源是否正常，电源插头及插座是否接触良好、电源开关是否打开。

- 检查显示器的信号线是否松动，显示器的电源打开了没有。

- 关机，打开机箱，确认所有的插头和信号线都已接好，再开机。

若电源指示灯仍然不亮，可能电源坏了，关闭电源，更换新电源。

② 系统加电，无显示

- 观察各指示灯是否正常闪亮。

- 电源风扇、CPU 风扇是否不转或转动一下马上就停止。

- 注意风扇、驱动器等的电机是否有正常的运转声音或声音是否过大。

- 无显示，注意能否正常自检（硬盘灯闪烁，且自检完成有鸣叫声），若自检正常，先检查显示系统是否有故障，否则检查主机问题。

③ 用硬件最小系统法进行故障定位和处理

- 系统不启动，无报警声

主板短路：如果机箱和主板不能很好配合就会造成主板短路，松开主板固定螺钉或取出主板，再打开电源试试。

BIOS 设置错误：清除 CMOS 设置内容，恢复默认设置。

BIOS 烧毁：换一个新的 BIOS。

CPU 超频或故障：把 CPU 按照原有的外频和内频重新设置。如果没有超频或已恢复了原有的设置，故障还依旧，那很可能 CPU 有故障了，更换 CPU。

- 系统不启动，有报警声，提示内存有故障

检查内存条是否插好，重新插好后再次启动。如果故障还依旧，关闭电源，拔出多余的内存条，只留下基本内存条，再次启动，如果故障依旧，则表示这根内存条已损坏，更换内存条。反之如果故障消失，则表示这根内存条正常，再换另一根继续测试，直到找出有问题的内存条。

④ 用主板诊断卡检测故障

主板诊断卡是一个相当有用的故障诊断工具，如图 7 - 10 所示，它利用主板中 BIOS 内部自检程序对系统的电路、存储器、键盘、视频部分、硬盘、软驱等各个组件进行严格测试，通过代码显示检测结果，结合代码含义速查表可以迅速定位故障。

图 7 - 10　主板诊断卡

拔除主板上的各种板卡，将主板诊断卡插入 PCI 扩充槽。打开电源，检查各发光二极管指示是否正常，看主板诊断卡上的显示，如果从 00 变到 FF 则表示主板没有问题。

- 如果一开机就显示 FF，则表明 BIOS 无法进行开机自检。
- 如果停在 01，02，表示 CPU 故障。
- 如果停在 03，表示主板故障。
- 如果停在 04，C1，表示内存故障。

把各种板卡插上去，再用主板诊断卡测试一遍。如果数码从 "00" 变到 "FF"，则表示主机正常。

- 如果停在 05，表示键盘故障，键盘损坏或者主板键盘控制器损坏。
- 如果停在 7F，表示显卡故障，检查显卡是不是没有插紧，或者是显存频率太高，数据无法重写。

主板诊断卡的具体操作方法和代码含义速查表，可以参考相应的产品说明书。

⑤ 用插拔法进行故障定位和处理

关机，将插件板逐块拔出，每拔出一块板就开机检查故障是否消失，一旦拔出某块插件板后主板运行正常，那么故障原因就是该插件板故障或相应 I/O 总线插槽及负载电路故障。若拔出所有插件板后系统启动仍不正常，则故障很可能就在主板上。对主板上的所有设备进行重新卸除与安装，并重新开机。通过插拔法确认发生故障的设备，更换正常的设备，重新开机测试。

如果通过重新插拔来解决，应检查部件安装是否过松，后挡板尺寸是否不合适，是否插座太紧以致插不到位或被挤出。

检查内存的安装，要求内存的安装总是从第一个插槽开始顺序安装。如果不是这样，请重新插好。

⑥ 软件故障

如果系统能加电启动，首先应该考虑是否软件故障，在排除软件故障后，再考虑硬件故障，毕竟软件故障的比例要大得多。

• 检查病毒和防病毒程序

检查用户的机器是否被病毒感染，使用杀毒软件杀毒；检查用户是否安装了两个或两个以上的防毒软件，建议用户使用其中一个，并卸载其他的防毒软件；检查是否有木马程序，用最新版的杀毒程序可以查出木马程序；可以通过安装补丁来弥补程序中的安全漏洞，或者安装防火墙。

• 检查操作系统故障

检查硬盘是否有足够的剩余空间，并检查临时文件是否太多。整理硬盘空间，删除不需要的文件；对于系统文件损坏或丢失，可以使用系统文件检查器进行检查和修复；检查操作系统是否安装了合适的系统补丁；检查是否正确安装了设备的驱动程序，驱动程序的版本是否合适。

• 检查软件冲突、兼容故障

检查用户应用软件的运行环境与操作系统是否兼容，可查看软件说明书或到应用软件网站上查找相关资料，并查看网站上有没有升级程序或补丁。可用任务管理器观察故障机器的后台是否有不正常的程序在运行，并尝试关闭程序，只保留最基本的后台程序。注意查看故障机内是否有共用的 DLL 文件，可通过改变安装顺序或安装目录来解决问题。

（4）讨论、交流

• 小组讨论，总结实训的过程和结果，推荐一名小组发言人。

• 全体同学相互交流、讨论。每个小组发言人汇报本小组故障检测和处理的过程，说明本组的故障现象，分析故障的原因，并陈述解决故障采用的方法。实训指导教师讲评，指出各小组所存在的问题和值得推荐的经验，明确正确的操作和处理方法。

（5）整理工作台

清点实训设备、工具和资料是否齐全和完好无损，如微机部件、说明书等。整理工作台，为下次实验做好准备。

（6）实训总结

通过本实训，能够对微机故障检测和处理有一个较深入的实战演习，并能掌握微机常见故障的处理。结合教材内容和实训情况，结合本小组、其他小组的故障处理，认真总结，按要求及时完成实训报告。

本章小结

本章主要介绍了微机故障的分类和故障处理的基本原则。由于微机系统是由各种部件组合而成的，每一个部件发生故障都可能导致系统不能正常工作，因此正确掌握微机故障的常用诊断方法和各种部件的故障原因及处理方法是非常重要的。本章着重介绍了先简单后复杂、先电源后负载、先外设后主机的硬件故障处理原则，介绍了观察法、清洁法、拔插法、替换法、最小系统法和软件诊断法等硬件故障诊断和处理的常用方法。从实际应用出发，重点介绍了主板、CPU、内存、显卡、显示器、硬盘、电源、鼠标、键盘、光驱和打印机等硬件常见故障的主要类型、主要表现、产生原因和处理方法。同时也对微机软件常见故障进行了分析，介绍了微机故障的一般诊断与处理方法。通过本章学习，学生应能根据故障现象，分析故障原因，判断故障，并给出故障的解决办法。

思考与练习

1. 思考题

(1) 说明微机故障处理应遵循的基本原则。

(2) 说明微机硬件故障诊断和处理的一般原则。

(3) 说明微机软件故障的特点。

2. 单项选择题

(1) 微机加电开机后，系统提示找不到引导盘，不可能是（　　　）。

　　A. 主板 CMOS 中硬盘有关参数的设置错误

　　B. 显示器连接不良

　　C. 硬盘自身故障

　　D. 硬盘连接不良

(2) 为了避免人体静电损坏微机部件，在维修时可采用（　　　）来释放静电。

　　A. 电笔　　　　　　B. 螺丝刀　　　　　　C. 钳子　　　　　　D. 防静电手环

(3) 下面有关硬盘故障的论述，不正确的是（　　　）。

　　A. 硬盘故障不可能影响微机大型应用软件的使用

　　B. 硬盘故障会使微机无法正常启动

　　C. 硬盘故障会使微机找不到引导盘

　　D. 硬盘故障会使微机的数据或文件丢失

(4) 引起内存故障的原因很多，但不太可能发生的是（　　　）。

　　A. 内存条温度过高，爆裂烧毁

　　B. 内存条安插不到位，接口接触不良

    C. 使用环境过度潮湿，内存条金属引脚锈蚀

    D. 静电损坏内存条

（5）微机正常使用过程中，出现死机现象，很可能的原因是（   ）。

    A. 声卡损坏　　　　　　　　　　B. 内存没有安装

    C. CPU 温度过高，散热器工作不良　　D. 检测不到鼠标

（6）微机运行正常，但是电源风扇噪声很大，转速下降，甚至发展到不转，引发该故障的原因很可能是（   ）。

    A. 风扇内积聚过多的灰尘污物　　　　B. 供电不良

    C. 感染病毒　　　　　　　　　　　　D. 主板损坏

（7）微机使用过程中，键盘出现部分按键失效或不灵敏，引发该故障的原因不可能的是（   ）。

    A. 键盘受灰尘污染严重　　　　　　　B. 键盘与主机连接失误

    C. 用户非常规的操作失误　　　　　　D. 感染病毒

（8）微机运行一切正常，但是某一应用软件（例如：3D MAX）打不开，或不能使用，引发该故障的原因不可能的是（   ）。

    A. 软件被破坏　　　　　　　　　　　B. 感染病毒

    C. 操作系统有故障　　　　　　　　　D. 系统资源严重不足

3. 填空题

（1）微机故障一般可分为软件故障和硬件故障，在实际排除时，应先排除_____，再排除_____。

（2）在故障排除过程中，经常需要插拔一些部件，每次插拔都应该在_____的情况下进行。

（3）诊断微机系统故障的常用方法主要有_____、_____、拔插法、替换法、最小系统法和软件诊断法等。

4. 判断题

（1）CRT 显示器若受到电磁影响，会出现显示画面扭曲或变色的现象。（   ）

（2）主板背部的引脚接触到机箱的金属外壳不会引起故障。（   ）

（3）CPU 无法安插到位，需使劲按压，使其与插槽接触良好。（   ）

（4）主板的固定螺丝不要拧得过紧，不然会使主板印制电路出现变形开裂。（   ）

（5）显卡可以与主板集成在一起，这对偏重图像处理及动画设计的用户来说一般没有影响。（   ）

5. 实训题

（1）分析引起微机发生死机的主要原因有哪些。

（2）分析引起微机运行不稳定的主要原因有哪些。

参 考 书 目

1. 曾双明等. 计算机组装与维修实训教程. 北京：机械工业出版社. 2006 年 4 月

2. 周洁波. 计算机组装于维护. 北京：人民邮电出版社. 2004 年 7 月

3. 电脑报. 最新电脑组装与维护培训教程. 汕头：汕头大学出版社. 2006 年 3 月

4. 陈章侠，肖伟. 计算机维护与维修. 西安：西北工业大学出版社. 2006 年 6 月

5. 刘瑞新. 计算机组装、维修及实训教程. 北京：电子工业出版社，2004 年 6 月

6. 史秀璋. 微机组装与维护教程. 第 2 版. 北京：电子工业出版社，2006 年 3 月

7. 赵家俊，李华，郑基亮. 最新局域网组建与管理培训教程. 北京：清华大学出版社，2006 年 7 月

8. 厉毅. 计算机网络技术. 北京：中国科学技术出版社，2006 年 8 月

9. 孟兆宏，党留群，高翔. 电脑组装与维护教程. 第 4 版. 北京：电子工业出版社，2006 年 5 月

10. 童柳溪，马忻. 电脑组装与维护教程. 北京：清华大学出版社，2006 年 3 月

11. 刘瑞新. 计算机组装、维修及实训教程. 北京：电子工业出版社，2004 年 6 月

12. 李洋，王红，梁计峰. 计算机组装、维护与优化教程. 北京：电子工业出版社，2005 年 8 月

13. 白凤娥. 计算机维护技术. 北京：电子工业出版社，2004 年 2 月

14. 程显华，苏国彬. BIOS 设置、调整与优化终极解析. 北京：电子工业出版社，2004 年 11 月

教育部"一村一名大学生计划"

微机使用与维护

课程形成性考核册

（附：考核说明）

学校名称：＿＿＿＿＿＿＿＿＿＿＿＿＿

学生姓名：＿＿＿＿＿＿＿＿＿＿＿＿＿

学生学号：＿＿＿＿＿＿＿＿＿＿＿＿＿

班　　级：＿＿＿＿＿＿＿＿＿＿＿＿＿

中央广播电视大学出版社

形成性测评是学习测量和评价的一个重要组成部分。对学生学习行为和成果进行形成性考核，是"中央广播电视大学'一村一名大学生计划'项目"教、学测评改革的一个重要举措。《形成性考核册》是根据课程教学大纲和考核说明的要求，结合您的学习进度而设计的测评方法、要求与试题的汇集，旨在帮助学生学习、教师教学及学校管理。

通过您完成形成性考核册中要求的任务，您可以达到以下目的：

1. 加深您对所学内容的印象，巩固您的学习成果。
2. 增强您学习中的情感体验，端正学习态度，激发学习积极性。
3. 实现自我监控学习过程，帮助您及时发现学习中的薄弱环节，并采取措施改进。
4. 学以致用，提高您综合分析问题，解决问题的能力。
5. 获得相应的成绩记录。

通过您完成形成性考核册中要求的任务，教师可以达到以下目的：

1. 了解您的学习态度。
2. 对您的学习行为包括学习过程、学习表现进行综合评价。
3. 了解您学习中存在的问题，及时反馈学习信息、有针对性的进行指导。
4. 分析并帮助您提高学习能力，学会学习。
5. 记录您的学习测评分数。

中央电大对形成性考核管理的基本要求：

1. 完成《形成性考核册》的规定任务，是教学管理的基本要求。"中央广播电视大学统设必修课程形成性考核实施细则（试行）"（电校考［2002］9 号）文件中规定，学生必须完成《形成性考核册》中要求任务的一半以上和课程的教学实践活动（实验），才能参加课程终结性考试。

2. 完成《形成性考核册》要求任务的评价分数按比例记入课程学习总成绩。

3. 形成性考核的任务，要求独立完成，不得抄袭他人的答案。抄袭答案者和被抄袭者的成绩均做 0 分处理。如果学生端正学习态度，提出重新完成形成性考核的任务，其成绩认定最高为 60 分。

姓　　名:＿＿＿＿＿＿

学　　号:＿＿＿＿＿＿

得　　分:＿＿＿＿＿＿

教师签名:＿＿＿＿＿＿

微机使用与维护作业1

第1章～第2章

一、单项选择题

1. 鼠标是目前使用最多的(　　)。

　A. 存储器　　　　　　　　B. 输入设备

　C. 微处理器　　　　　　　D. 输出设备

2. 下列设备中,属于微机最基本输出设备的是(　　)。

　A. 显示器　　　　　　　　B. 打印机

　C. 鼠标　　　　　　　　　D. 手写板

3. 系统软件中最基本最重要的是(　　),它提供用户和计算机硬件系统之间的接口。

　A. 应用系统　　　　　　　B. IE 浏览器

　C. Office 组件　　　　　　D. 操作系统

4. CPU 的中文意义是(　　)。

　A. 中央处理器　　　　　　B. 不间断电源

　C. 微机系统　　　　　　　D. 逻辑部件

5. 组成一个完整的微机系统必须包括(　　)。

　A. 硬件系统和软件系统

　B. CPU、存储器和输入输出设备

　C. 主机和应用软件

　D. 主机、键盘、显示器、音箱和鼠标器

6. 某 CPU 的倍频是 8,外频是 100MHz,那么它的主频是(　　)。

　A. 8MHz　　　　　　　　B. 80000MHz

　C. 800 MHz　　　　　　　D. 0.8MHz

7. 某一 CPU 型号为 Intel Pentium D 915 2.8GHz,其中 2.8GHz 指的是 CPU 的(　　)。

　A. 主频　　　　　　　　　B. 倍频

　C. 外频　　　　　　　　　D. 运行速度

8. 微机系统采用总线结构对 CPU、存储器和外部设备进行连接。总线通常由三部分组成,它们是(　　)。

　A. 逻辑总线、传输总线和通信总线

　B. 地址总线、运算总线和逻辑总线

　C. 数据总线、地址总线和控制总线

D. 数据总线、信号总线和传输总线

9. 以下显示器的像素点距规格,最好的是( )。

    A. 0.39   B. 0.33

    C. 0.31   D. 0.28

10. 位于 CPU 附近的主板芯片组俗称( )。

    A. 南桥芯片   B. 副芯片

    C. 主芯片   D. 北桥芯片

二、选择填空题

1. 以下属于存储器的是( )、( )。

    A. 打印机   B. 显示器   C. 内存   D. 硬盘

2. 对于一台微机而言,必备的设备是( )、( )。

    A. 显示器   B. 键盘   C. 扫描仪   D. 手写板

3. 以下属于系统软件的是( )、( )和( )。

    A. Windows XP   B. Office 2003

    C. DOS   D. Unix

4. CPU 不能直接访问的存储器是( )、( )和( )。

    A. 光盘   B. 硬盘   C. 内存   D. U 盘

5. 微机硬件系统由( )、( )、存储器、输入设备和输出设备等部件组成。

    A. 运算器   B. 软盘   C. 键盘   D. 控制器

6. 以下与主板选型有关的是( )、( )和( )。

    A. CPU 插座   B. 寻道时间   C. 内存插槽   D. 芯片组性能

7. 以下四种存储器中,不是易失存储器的是( )、( )和( )。

    A. RAM   B. ROM   C. CD – ROM   D. PROM

8. 以下选项中,属于硬盘接口的有( )。

    A. PCI   B. IDE   C. SCSI   D. IEEE1394

9. USB 闪存的优点有( )。

    A. 抗震性好   B. 体积小,携带方便

    C. 存取速度比内存还要快   D. 即插即用

10. 硬盘的容量与哪些参数有关( )。

    A. 磁头数   B. 磁道数   C. 扇区数   D. 盘片厚度

三、判断题

1. 微机的核心部件是硬盘,它是微机的控制中枢,因为微机没有硬盘就无法正常工作。( )

2. 微机的软件系统可分为系统软件和应用软件。( )

3. 计算机内部采用十进制表示指令,采用二进制表示数据。( )

4. 内存指在主机箱内的存储部件,外存指主机箱外可移动的存储设备。( )

5. 微机的性能与系统配置没有关系。( )

6. 微机在实际运行过程中的速度完全由 CPU 的频率决定。( )

7. ROM 和 RAM 中的信息在断电后都会丢失。( )

8. CPU 可从内存读取数据,也可从外存读取数据。( )

9. SRAM 存储器的特点是速度快,价格较贵,常用于高速缓冲存储器。(   )

10. 在选购微机部件时,主板类型和 CPU 类型的选择没有关系。(   )

四、简答题

1. 简述微机系统的组成。

2. 简述微机的发展历程。

3. 简述 CPU 的主要组成和工作过程。

姓　　名：＿＿＿＿＿＿

学　　号：＿＿＿＿＿＿

得　　分：＿＿＿＿＿＿

教师签名：＿＿＿＿＿＿

微机使用与维护作业2

第3章～第4章

一、单项选择题

1. 为了避免人体静电损坏微机部件,在维修时可采用(　　　)来释放静电。

    A. 电笔　　　　　B. 防静电手环　　　　　C. 钳子　　　　　D. 螺丝刀

2. 安插内存条时,要保证内存条与主板构成的角度是(　　　)。

    A. 30°　　　　　B. 60°　　　　　C. 90°　　　　　D. 120°

3. 内存插槽两端的白色卡子的作用是(　　　)。

    A. 只是装饰

    B. 具有开关作用

    C. 具有连接主板的功能

    D. 固定内存条,使内存条与主板插槽接触良好

4. 如果要从光驱启动,需在 BIOS 设置的【Boot】菜单中把第一个启动设备设置为(　　　)。

    A. Floppy Drive　　　　　　　　　B. Removable Drive

    C. Hard Drive　　　　　　　　　　D. CD – ROM Drive

5. 对 Windows XP 操作系统进行更新时,以下方法不正确的是(　　　)。

    A. 购买操作系统更新安装盘

    B. 在网上下载补丁程序,然后进行安装

    C. 利用 Windows Update 进行更新

    D. 利用原安装盘中相关选项进行更新

6. 以下关于硬件设备驱动程序的说法,正确的是(　　　)。

    A. 硬件设备驱动程序一次安装完成后就再也不需要更新了

    B. 安装 Windows XP 操作系统时已经自动安装好一部分设备的驱动程序

    C. 所有硬件的驱动程序在安装好操作系统后都需要手动安装

    D. 硬件驱动程序一旦安装完成后,将不能更新而只能重新安装

7. 在用安装盘安装 Windows XP 前,必须做的工作包括(　　　)。

    A. 启动 DOS 系统

    B. 对磁盘的所有空间进行分区

    C. 对磁盘分区进行格式化

    D. 在 BIOS 中将第一启动设备改为光驱

二、选择填空题

1. 机箱面板连接线主要包括扬声器线缆 SPEAKER、（　　）、（　　）和（　　）。
   A. 复位开关线缆 RESET SW
   B. U 盘开关线缆 UDISK SW
   C. 电源开关线缆 POWER SW
   D. 硬盘指示灯线缆 H. D. D LED

2. 主板电源连接线主要有（　　）和（　　）。
   A. 20/24 针 ATX 12V 主电源插头电源线
   B. 10/20 针 ATX 12V 主电源插头电源线
   C. 4 针 ATX 12V 辅助电源插头电源线
   D. 10 针 ATX 12V 辅助电源插头电源线

3. 装机时一般先将（　　）和（　　）安装到主板上,然后再把主板固定在机箱里。
   A. CPU
   B. 显卡
   C. 声卡
   D. 内存

4. BIOS 是基本输入输出系统,用于（　　）、（　　）和（　　）。
   A. 上电自检
   B. 基本外设和系统的 CMOS 设置
   C. 查杀病毒
   D. 开机引导

5. 以下叙述中,正确的有（　　）和（　　）。
   A. CPU 的散热器可装,可不装。
   B. 安装 CPU 时,需将 CPU 与 CPU 插座的缺口标志对齐才能正确安装。
   C. 主板的固定螺丝不要拧得过紧,不然会使主板印制电路出现变形开裂。
   D. 安装时,主板背部的引脚可以接触到机箱的金属外壳。

三、判断题

1. 组装微机需要学习基本的硬件知识。（　　）
2. 在安装 CPU 散热器时,为了使散热器固定需要在 CPU 上涂大量的硅脂。（　　）
3. 所有的硬件设备直接连接上电脑就能正常使用。（　　）
4. 在拆卸主机之前必须断开电源,打开机箱之前可以双手触摸地面或墙壁释放静电。（　　）
5. CPU 无法安插到位,需使劲按压,使其与插槽接触良好。（　　）
6. 尽管 BIOS 芯片的种类繁多,但都可以在开机未启动操作系统时按"Del"键进入设置程序。（　　）
7. 在 BIOS 中可以更改系统日期和时间。（　　）
8. 在安装 Windows XP 前,必须通过专门的分区软件对硬盘进行分区。（　　）
9. 安装应用软件时,通常可以由用户设置计算机名。（　　）
10. 驱动程序一旦安装后,只能对其更新不可卸载。（　　）

四、简答题

1.组装微机硬件前要注意哪些事项?

2.微机硬件组装一般要进行哪些步骤?

3. Windows XP 有几种安装方式？

微机使用与维护作业3

第5章~第6章

一、单项选择题

1. 以下哪个不是网线压线钳的功能?（　　　）

　A. 剪线　　　　B. 剥线　　　　　　C. 压线　　　　D. 连线

2. 用于整理小块内存映射到虚拟内存以释放物理内存的优化大师组件是（　　　）。

　A. 系统医生　　B. 文件粉碎机　　　C. 内存整理　　D. 系统个性设置

3. 在运行窗口中输入什么命令可以打开注册表编辑器（　　　）。

　A. regedit　　B. regedt　　　　　C. reegit　　　D. reggidt

4. 备份文件的扩展名通常为（　　　）。

　A. bkf　　　　B. reg　　　　　　C. bak　　　　D. tmp

5. 磁盘清理程序不能清理的内容是（　　　）。

　A. 临时 Internet 文件　　　　　　　B. 不再使用的 Windows 组件和安装程序

　C. Windows 临时文件　　　　　　　D. "我的文档"中的文件

二、选择填空题

1. 人们将彼此独立的计算机连接起来实现（　　　）与（　　　），从而形成了计算机网络。

　A. 故障诊断　　B. 相互通信　　　　C. 信息隔离　　D. 资源共享

2. 双绞线一般可分为（　　　）与（　　　）两种。

　A. 屏蔽（UTP）　　　　　　　　　　B. 非屏蔽（STP）

　C. 非屏蔽（UTP）　　　　　　　　　D. 屏蔽（STP）

3. 对微机进行系统测试,通常有两个目的:（　　　）和（　　　）。

　A. 联机测试　　B. 参数测试　　　　C. 性能测试　　D. 开机测试

4. 压缩工具和解压缩工具有很多种,目前应用最为广泛的是（　　　）系列和（　　　）系列。

　A. WinZip　　　　　　　　　　　　B. Windows Media Player

　C. WinRAR　　　　　　　　　　　　D. ACDSee

三、判断题

1. 集线器的基本功能是信息分发,把从一个端口接收的信号向所有端口分发出去。（　　　）

2. 水晶头质量的好坏并不影响通信质量的高低。（　　　）

3. 高级备份软件越来越多,简单备份方式已完全被淘汰。（　　　）

4. 注册表由"system. dat"和"user. dat"两个文件组成,存放在 Windows 目录下。（　　　）

5.计算机病毒是指编制或者在计算机程序中插入的破坏计算机功能或者毁坏数据,影响计算机使用,并能自我复制的一组计算机指令或者程序代码。(　　　)

四、简答题

1.计算机联网可以实现哪些功能?

2.制作网线有哪些要点?

3.常用的比较有名的杀毒软件有哪些? 各有什么特点?

姓　　名：_____

学　　号：_____

得　　分：_____

教师签名：_____

微机使用与维护作业4

第7章

一、单项选择题

1. 微机加电开机后，系统提示找不到引导盘，不可能是（　　）。
   A. 主板 CMOS 中硬盘有关参数的设置错误
   B. 显示器连接不良
   C. 硬盘自身故障
   D. 硬盘连接不良

2. 如果一开机显示器就黑屏，故障原因不可能是（　　）。
   A. 显示驱动程序错　　　　　　　B. 显卡没插好
   C. 显示器坏或没接好　　　　　　D. 内存条坏或没插好

3. 微机运行中突然重新启动，不可能出现的问题是（　　）。
   A. CPU　　　B. 主板　　　　C. 软件　　　D. 显示器

4. 下面有关硬盘故障的论述，不正确的是（　　）。
   A. 硬盘故障不可能影响微机大型应用软件的使用
   B. 硬盘故障会使微机无法正常启动
   C. 硬盘故障会使微机找不到引导盘
   D. 硬盘故障会使微机的数据或文件丢失

5. 微机组装完成，加电开机后发现系统时间不对，经调试关机后重启还是不对，最可能的原因是（　　）。
   A. 系统不正常　　　　　　　　　B. 内存故障
   C. CPU 工作不良　　　　　　　　D. 主板 CMOS 的电池失效

二、选择填空题

1. 微机正常使用过程中，出现死机现象，不可能的原因是（　　）、（　　）和（　　）。
   A. 声卡损坏　　　　　　　　　　B. 存储器没有安装或检测不到硬件
   C. CPU 温度过高，散热器工作不良　　D. 检测不到显示器或显卡损坏

2. 微机运行一切正常，但是某一应用软件（例如：3D MAX）打不开，或不能使用，引发该故障的原因可能是（　　）、（　　）和（　　）。
   A. 软件被破坏　　　　　　　　　B. 感染病毒
   C. 操作系统有故障　　　　　　　D. 系统资源严重不足

3. 微机出现"死机"故障,引发该故障的原因可能是(　　)、(　　)和(　　)。

    A. 计算机感染病毒　　　　　　　　B. 鼠标没有安装

    C. 内存发生故障　　　　　　　　　D. CPU 散热器损坏

4. 下面有关内存故障的论述,正确的有(　　)、(　　)和(　　)。

    A. 内存故障基本不影响微机的正常工作

    B. 内存故障会使微机无法启动并不断警报

    C. 内存故障会使微机在启动过程中死机

    D. 内存故障会使微机启动后,屏幕出现乱码或花屏

5. 微机显示器显色不正常,缺少一种颜色,引发该故障的原因可能是(　　)、(　　)和(　　)。

    A. 主机内的显卡有故障　　　　　　B. 没有安装显卡

    C. 显示器与主机的接口连接不良　　D. 显示器信号线接头有一根铜针歪斜

三、判断题

1. 计算机故障分为硬件故障和软件故障两大类。(　　)

2. CRT 显示器若受到电磁影响,会出现显示画面扭曲或变色的现象。(　　)

3. 硬盘是被密封在高度无尘的环境中,在日常大气中不能打开外壳。(　　)

4. 微机运行正常,但是电源风扇噪声很大,转速下降,甚至发展到不转,引发该故障的原因不可能是风扇内积聚过多的灰尘污物。(　　)

5. 微机使用过程中,键盘出现部分按键失效或不灵敏,引发该故障的原因是键盘与主机的连接错误。(　　)

四、简答题

1. 简述微机故障处理应遵循的基本原则。

2. 简述微机硬件故障诊断和处理的一般原则。

实训报告(一)

实训日期	
实训地点	
实训内容 和 实训要求	
实训结果	
实训成绩	指导教师签名

实训报告（二）

实训日期	
实训地点	
实训内容 和 实训要求	
实训结果	

实训成绩		指导教师签名	

实训报告（三）

实训日期	
实训地点	
实训内容 和 实训要求	
实训结果	
实训成绩		指导教师签名	

微机使用与维护课程考核说明

微机使用与维护课程是中央广播电视大学为"一村一名大学生计划"农村信息管理专业的统设选修课程。课程总学时数为 90 学时,5 学分(其中理论教学 2 学分,实训 3 学分),理论教学 36 学时,实训 54 学时。

第一部分 有关说明和实施要求

一、考核对象

本课程的考核对象为注册学习中央广播电视大学"一村一名大学生计划"农村信息管理专业微机使用和维护课程的学生。

二、考核方式与总成绩的记分方法

本课程采用形成性考核与终结性考试相结合的考核方式评定学生成绩。形成性考核成绩占课程总成绩的 60%,终结性考试成绩占总成绩的 40%。课程总成绩按百分制记分,60 分为合格。

三、形成性考核的形式及要求

形成性考核主要考核学生实训及平时作业的完成情况,形成性考核由各教学点组织教师评定成绩,由省(市、自治区)级电大认定。实训成绩占形成性考核成绩的 80%,平时作业成绩占 20%。中央电大将对课程教学和实训等情况进行抽查。

四、终结性考试的形式及要求

命题依据

终结性考核的命题依据为本考核说明,考核说明的制定依据是本课程的教学大纲。本课程使用的教材为中央广播电视大学出版社出版的《微机系统与维护》(龚祥国主编,2007 年 7 月第一版)。

考核要求

本课程重点考核学生掌握微机系统各部件的基本性能及系统组装和日常维护的知识和能力。具体考核要求分"了解"、"理解"和"掌握"三个层次。

1. 要求学生了解微机基本结构、部件的工作原理和性能指标等基本知识。
2. 要求学生理解与微机组装和维护相关的基本知识。
3. 要求学生掌握系统硬件和软件的安装、设置以及维护方法。

组卷原则

根据微机使用与维护课程教学大纲和本考核说明规定的要求,按掌握、理解、了解三个层次命题。以大纲中所要求的"掌握内容"为主,约占 60%;"理解内容"为辅,约占 30%;了解的内容较少,约占 10%。

试题覆盖面广,并突出重点。在教学内容范围内,按照理论联系实际的原则,考察学生对所学知识应用能力的试题,不属于超纲。

试题类型

试题类型:单项选择题30%、选择填空题20%、判断题20%和简答题30%。

考试形式

考试采用开卷笔试的形式,由中央电大统一命题和制定评分标准,答题时限为90分钟。

第二部分　考核内容与考核目标

第1章　微机系统概述

考核知识点

1. 微机的发展历史。
2. 微机系统的组成(硬件、软件)和工作原理。
3. 微机硬件系统的组成(中央处理器 CPU、存储器、输入设备和输出设备)。
4. 微机软件系统的分类(系统软件和应用软件)。
5. 微机配置与选购。

考核要求

了解:微机的发展历史、微机的配置与选购。

理解:微机的性能评价。

掌握:微机的基本工作原理、微机系统的硬件系统与软件系统组成。

第2章　微机硬件系统

考核知识点

1. CPU 的发展和主流 CPU 产品,CPU 的工作原理,CPU 的物理结构,CPU 的主要性能指标,CPU 的新技术,CPU 的选购,CPU 散热器。
2. 主板结构,主板芯片组,CPU 插槽,主板的选购。
3. 内存的分类和主要性能指标,主流内存产品,内存的选购。
4. 硬盘的分类和结构、性能指标,光盘和光驱的分类、性能指标,软盘和软驱的结构,主流移动存储设备的主要性能指标。
5. 显示器(CRT、LCD)的工作原理、主要技术指标和选购。显卡、声卡的结构、技术指标,网卡和 Modem 的分类、技术指标和选购。音箱的分类、技术指标和选购。
6. 鼠标、键盘和打印机等设备的分类、工作原理和技术指标。
7. 机箱结构的分类和选购。电源的分类、性能指标和选购。

考核要求

了解：了解微机各部件的基本工作原理。

理解：键盘、鼠标、打印机、光驱、光盘、声卡和音箱等微机部件的主要性能指标，微机各部件的选购要点。

掌握：CPU、主板、内存、硬盘、显卡和显示器等主要微机部件的基本性能指标。

第3章 微机组装技术

考核知识点

1. 装机前的准备工作包括准备组装工具、购买计算机配件和准备相应的计算机软件。

2. 装机前的注意事项(防静电、禁止带电操作、轻拿轻放所有部件、用螺丝刀固定用力适可而止)。

3. 微机组装的基本步骤。拆卸机箱，安装电源、CPU、风扇、内存条，安装主板，安装硬盘、软驱、光驱，安装接口卡。

4. 连接机箱面板引出线，整理机箱内部线缆。

5. 连接外部设备。

考核要求

理解：微机硬件配置的类型和微机配置流程。

掌握：微机的组装顺序、组装技术和方法，内部数据线及信号线的连接。

第4章 微机软件系统安装

考核知识点

1. BIOS 设置方法和设置步骤。

2. 硬盘分区和硬盘格式化。

3. Windows XP 操作系统的安装和设置，安装操作系统的补丁程序。

4. 驱动程序的安装、更新和卸载。

5. 应用软件安装与卸载。

考核要求

了解：硬盘分区、格式化、文件系统格式等基础知识。

理解：BIOS 设置的必要性。

掌握：常用 BIOS 设置、Windows XP 操作系统的安装、硬件驱动程序的安装与更新、应用软件的安装与卸载方法。

第5章 微机上网

考核知识点

1. 网络连线的制作方法。

2. 微机连网硬件选择和配置。

3. 网络连接与设置,通过 Modem 与 Internet 连接,通过 ADSL 与 Internet 连接,通过局域网与 Internet 连接。

考核要求

了解:计算机网络的功能和作用。

理解:网络连接设备的作用,Internet 协议属性的设置。

掌握:网卡和 Modem 等网络设备的安装方法,网络连接的相关设置,将微机连入 Internet。

第6章 微机系统维护

考核知识点

1. 微机硬件的日常保养和维护。

2. 软件系统的维护,系统工具的使用,控制面板的使用,Windows XP 系统性能管理,管理工具的使用。

3. 注册表的功能、基本结构和操作与维护。

4. 常用工具软件的使用,磁盘分区工具,磁盘备份工具,压缩工具,系统测试工具,病毒防治工具。

考核要求

了解:系统测试工具和杀毒软件等的基础知识。

理解:微机系统维护的重要性、注册表的结构、注册表的维护。

掌握:系统工具和常用功具软件的使用,包括系统工具的使用、控制面板的设置、系统性能管理、管理工具的使用以及磁盘分区工具的使用。

第7章 微机常见故障分析和处理

考核知识点

1. 微机故障的分类,微机故障处理的基本原则。

2. 微机常见硬件故障诊断和处理方法,主板、CPU、内存、显卡、显示器、硬盘、电源、鼠标、键盘、光驱、打印机等微机硬件的常见故障诊断和处理。

3. 微机常见软件故障诊断与处理。

考核要求

了解:常见软件故障分析和处理的一般方法。

理解:常见硬件故障的分析和处理,如主板、CPU、内存、显卡、硬盘和电源等微机主要部件常见故障。

掌握:微机故障的种类和产生故障的一般原因。微机故障诊断和处理的基本原则和一般步骤。

图书在版编目(CIP)数据

微机使用与维护课程形成性考核册:附考核说明/中央广播电视大学理工学院编. —北京:中央广播电视大学出版社,2009.1

(教育部"一村一名大学生计划"系列教材)

ISBN 978-7-304-04264-6

Ⅰ.微... Ⅱ.中... Ⅲ.①微型计算机–使用–电视大学–习题 ②微型计算机–维修–电视大学–习题 Ⅳ.TP36-44

中国版本图书馆 CIP 数据核字(2009)第 003064 号

出版·发行:中央广播电视大学出版社

电话:发行部:010 – 68519502　　　　总编室:010 – 68182524

网址: http://www.crtvup.com.cn

地址: 北京市海淀区西四环中路 45 号

邮编: 100039

经销: 新华书店北京发行所

印刷: 河北永清县永龙印刷有限责任公司　　**印数:** 0001~2000

版本: 2009 年 1 月第 1 版　　　　　　　2009 年 1 月第 1 次印刷

开本: 787×1092 1/16　　　　　　　**印张:** 1.25　　**字数:** 20 千字

书号: ISBN 978-7-304-04264-6

定价: 2.80 元

ISBN 978-7-304-04264-6

9 787304 042646 >

定 价:2.80元

教育部"一村一名大学生计划"

微机使用与维护
课程学习指南

中央广播电视大学

微机使用与维护课程学习指南

亲爱的同学，欢迎参加"一村一名大学生计划"的学习活动，欢迎你选择微机使用与维护这门课程。

微机使用与维护课程的主要内容包括：微机各主要硬件部件及其工作原理，微机的硬件组装技术，软件系统安装，微机组网基础，微机系统维护，常见故障分析和处理。通过本课程的学习，你将掌握微机组装技术、软件安装技术、系统优化技术和微机系统维护技术，同时具备一定分析问题和解决问题的能力。

学习这门课程，特别强调实际动手能力的培养。因此，在学习基础知识的同时，需要加强实践操作，认真完成实训任务，做到真正掌握所学知识，学以致用。

随着微机技术的高速发展，市场不断推出新的软、硬件。本课程的主要目标是通过实训操作和基础知识学习，使你掌握微机使用和维护的基本技能，同时拥有自主学习和跟踪技术发展的能力。

微机使用与维护是一门很实用的课程，希望你能在学习中获得快乐，也希望所学知识能为你的工作和生活带来方便！

一、教学资源

通常我们把各种教材统称为教学资源，它包括文字教材、录像教材、录音教材、VCD、网上辅导等。为了方便你的学习，本课程提供了 1 本文字教材、2 张 VCD 光盘以及丰富的网络资源。

1. 文字教材

本课程的配套文字教材是由龚祥国主编，中央广播电视大学出版社出版的《微机系统与维护》。

文字教材是课程的主媒体。本课程文字教材的编写体现了学科体系的先进性、科学性、适应性和实用性，强调实践性和可操作性。教材根据微机使用与维护课程的特点，为了适应学习者自主学习的要求，以介绍目前微机市场主流硬件产品为主，内容深入浅出，循序渐进。每一章都安排了精心设计的实训内容，以提高学习者的实际操作技能。教材每一章主要由基础知识和项目实训两大部分组成，同时配有学习要求、学习目标、思考与练习及实训练习题等。学习者在学习基础知识后，可以通过项目实训的实际操作训练和练习巩固所学知识，达到"学以致用"的真正目的。

2．VCD

本课程教学包中已有两讲如何学习本课程的导学和各章节重点、难点提示的讲课录像。另有 20 讲视频课正在建设中，每讲长度 25 分钟。

3．网上教学

网上教学主要提供课程的各种教学文件、教学资源，同时针对实际教学中学生提出的具体问题及时进行辅导和解答，此外，还介绍了该课程知识的发展动态和热点跟踪，使学生开阔视野，拓宽思路。

另外，网上教学还会交流各种教学信息，如介绍各地电大教师的先进教学经验，充分调动地方电大教师的积极性，把该课程的教学活动开展得更好。

文字教材、视频教材和网上教学密切配合，有机搭配，以文字教材为主，其他媒体为辅。文字教材是学生学习的基本依据，VCD 是文字教材的向导和补充，网上教学则是教师和学生相互交流的便捷方式。总之，多种媒体的分工和配合为学生提供较大的学习空间，便于学生自由选择、自主学习，提高学生的自学能力。

二、教学环节

根据课程特点，建议安排以下教学环节，学习者可以根据自身特点合理制订自己的学习计划。

1．充分利用各种教学资源进行自学

成人学习的最大特点就是自主学习，利用课程提供的各种教学媒体，根据自身的认知情况，安排适当的时间进行自学。在自主学习过程中，要认真思考，记录重点、难点及疑问点。

2．合理安排时间，重视面授辅导的作用

面授辅导作为一种传统的教学形式，有着其他教学形式所不具备的优势和特点。面授辅导可以帮助学习者解决自主学习过程中遇到的疑难问题，指导学习者进行有效地学习。各教学点都会适量安排一定的面授辅导，学习者应重视面授辅导，事先对辅导的课程内容进行认真的自主学习。带着自主学习中遇到的问题，积极参加面授辅导，将对课程内容的掌握起到很好的作用。

3．实训是本课程教学环节中的关键

根据课程特点，采用课堂讲解、实际操作、市场调研与参观相结合，理论课与实训课相结合的教学模式。

实训是该课程的重要组成部分，学习者必须认真完成实训内容，在实训过程中掌握课程的学习内容，提高自己的动手能力和解决实际问题的能力。

文字教材中安排了 13 个项目实训，你可以选做其中任意 6 个项目实训，且完成 3 个项目实训的实训报告撰写。

4. 积极参加学习小组的活动

小组学习是提高学习效率的一种有效方法。学习小组一般由 3～5 人组成，定期或不定期地开展活动，讨论学习中遇到的各种问题、交流学习经验，往往很多问题都会在讨论中得到解决。如果辅导教师参与学习小组的活动，将更有利于提高整个课程的教学效果。

5. 认真完成作业

独立完成作业是学好本课程的重要手段。为了强调学习过程，加强对学习过程的考核，我们设计了形成性考核册，其中包括平时作业和实训报告。认真完成各章节对应的作业题目，有利于理解和掌握课程的内容。同时，形成性考核（平时作业）的题目同终结性考核（期末考试）的题目也有一定的相关性，如果未能做好作业，在期末考试中就很难取得好成绩。

6. 网上学习

你可以在县电大或其他有条件的地方上网，进行网上学习，如参加网络辅导、网络答疑、课程讨论等，也可以发送邮件、搜索一些相关资料等。

电大在线网址：http://www.open.edu.cn

中央广播电视大学三农远程教育网网址：http://www.sannong.com.cn

中央广播电视大学网址：http://www.crtvu.edu.cn

7. 期末复习

在学期的最后阶段，你所要面临的就是期末复习和考试了。复习是整个学习过程的必要环节，通过复习你可以对课程内容进行回顾、梳理和总结，从而达到巩固所学内容的目的。

8. 考试

本课程的考核采用期末终结性考核和形成性考核相结合的方式。期末终结性考核由中央电大根据教学大纲统一命题，占课程总成绩的 40%；形成性考核由各教学点自行组织考核，占课程总成绩的 60%。

期末考核涵盖实训内容，试卷中要求掌握的内容约占总分数的 60%，理解的内容约占 30%，了解的内容约占 10%。形成性考核内容包括实训和作业，其中实训占 80%，作业占 20%。

三、学习建议

从本课程的特点和学习目标出发，建议在课程的学习中做到以下几点：

1. 认真阅读文字教材

文字教材是课程的主媒体。教材介绍了目前微机市场主流硬件产品，内容深入浅出，循序渐进。根据学习要求和学习目标，认真阅读教材内容，通过完成思考与练习题，巩固对课程基础知识的理解和掌握。

2. 认真完成实训任务

课程安排了精心设计的实训内容，用来提高学习者的实际操作技能，达到"学以致用"

的真正目的。

通过项目实训的实际操作训练，可以加强对课程内容的理解，符合从"实践"到"理论"的学习规律，实现从感性认识到理性认识的飞跃。

3．认真完成形成性考核册

形成性考核手册主要用于对课程学习过程的控制，要求学习者在学习过程中逐步完成平时作业和实训任务，而不是临到期末时才突击完成。学习需要日积月累，只有通过平时的认真学习，才能取得好的成绩。

四、学时分配

本课程总学时数为 90 学时，5 学分（其中理论教学 2 学分，实训 3 学分）。其中，理论教学 36 学时，实训 54 学时，具体学时分配如表 1。

表 1

章 号	内 容	课内学习	实训学时
1	微机系统概述	2	6
2	微机硬件系统	10	6
3	微机组装技术	5	12
4	微机软件系统安装	5	12
5	微机上网	4	3
6	微机系统维护	5	9
7	微机常见故障分析和处理	5	6
总 计		36	54

五、参考资料

如果你还想更深入地了解这门课程所涉及的内容，推荐你参考以下资料：

[1] 曾双明，等．计算机组装与维修实训教程．北京：机械工业出版社，2006．

[2] 电脑报．最新电脑组装与维护培训教程．汕头：汕头大学出版社，2006．

[3] 陈章侠，肖伟．计算机维护与维修．西安：西北工业大学出版社，2006．

[4] 史秀璋．微机组装与维护教程．2 版．北京：电子工业出版社，2006．

[5] 孟兆宏，党留群，高翔．电脑组装与维护教程．4 版．北京：电子工业出版社，2006．

[6] 童柳溪，马忻．电脑组装与维护教程．北京：清华大学出版社，2006．

六、联系方式

中央电大主持教师：陶水龙

地址：北京市复兴门内大街 160 号

邮编：100031

电话：010－66490692

电子邮件：taoshl@crtvu.edu.cn

主讲教师：浙江广播电视大学　齐幼菊

地址：杭州市教工路 42 号　浙江广播电视大学　信息与工程学院

邮编：310012

电话：0571－88847403

电子邮件：qyj@zjtvu.edu.cn

省电大责任教师：

地址：

邮编：

电话：

电子邮件：

县电大联系教师：

地址：

邮编：

电话：

电子邮件：

乡镇学习点联系人：

地址：

邮编：

电话：

电子邮件：

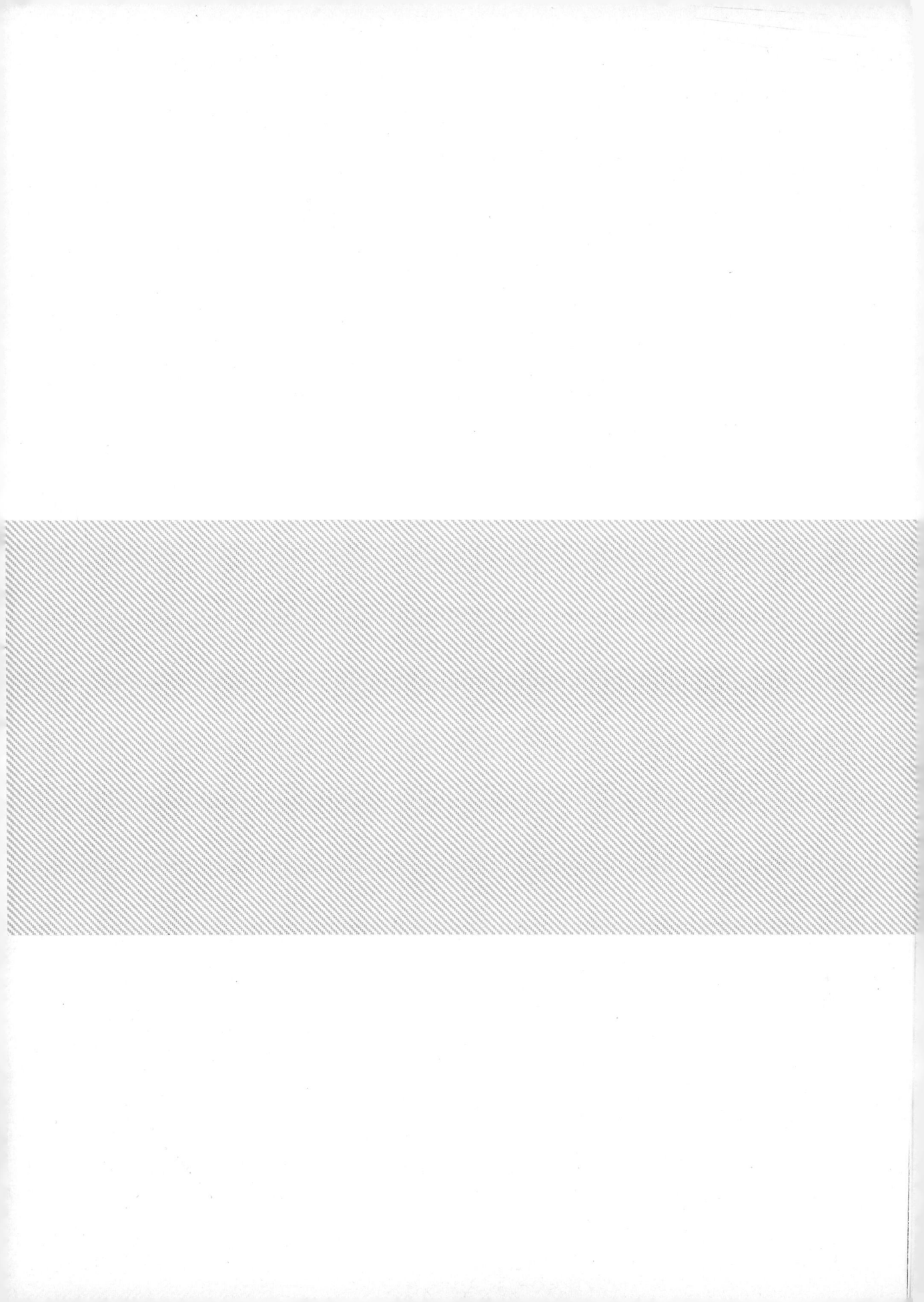